Zhen Li

Fortgeschrittene Methoden zur Beschreibung der Wirbelschicht-Sprühgranulation

Fortgeschrittene Methoden zur Beschreibung der Wirbelschicht-Sprühgranulation

von
Zhen Li

Dissertation, Karlsruher Institut für Technologie (KIT)
Fakultät für Chemieingenieurwesen und Verfahrenstechnik
Tag der mündlichen Prüfung: 07. Juni 2013
Referenten: Prof. Dr.-Ing. Matthias Kind, Prof. Dr.-Ing. Stefan Heinrich

Impressum

 Scientific
Publishing

Karlsruher Institut für Technologie (KIT)
KIT Scientific Publishing
Straße am Forum 2
D-76131 Karlsruhe

KIT Scientific Publishing is a registered trademark of Karlsruhe
Institute of Technology. Reprint using the book cover is not allowed.

www.ksp.kit.edu

Print on Demand 2013
ISBN 978-3-7315-0087-2

Fortgeschrittene Methoden zur Beschreibung der Wirbelschicht-Sprühgranulation

zur Erlangung des akademischen Grades eines
DOKTORS DER INGENIEURWISSENSCHAFTEN (Dr.-Ing.)

der Fakultät für Chemieingenieurwesen und Verfahrenstechnik des
Karlsruher Instituts für Technologie (KIT)

genehmigte
DISSERTATION

von
Dipl.-Ing. Zhen Li
aus Dalian, China

Referent: Prof. Dr.-Ing. Matthias Kind
Korreferent: Prof. Dr.-Ing. Stefan Heinrich
Tag der mündlichen Prüfung: 07. Juni 2013

Vorwort

Die vorliegende Arbeit entstand während meiner Zeit als wissenschaftlicher Mitarbeiter am Institut für Thermische Verfahrenstechnik des Karlsruher Instituts für Technologie vom August 2007 bis Januar 2013. An dieser Stelle möchte ich vielen Menschen danken, da diese Arbeit ohne ihre Unterstützung nicht zustande gekommen wäre.

Mein besonderer Dank gilt meinem Doktorvater, Herrn Prof. Dr.-Ing. Matthias Kind für seine Unterstützung, sein mir entgegengebrachtes Vertrauen und die Freiheit, die er mir für die Durchführung meiner Arbeit gewährte. Ich danke ihm für die wertvollen fachlichen und außerfachlichen Gespräche zur Lösung des Bottlenecks dieser Arbeit.

Herrn Prof. Dr.-Ing. Stefan Heinrich danke ich herzlich für die freundliche Übernahme des Korreferats und das Interesse, das er an dieser Arbeit gezeigt hat.

Der BASF SE Ludwigshafen und der Uhde Fertilizer Technology B.V. (UFT) sei für die finanzielle Unterstützung dieser Arbeit gedankt. Den Mitarbeitern der BASF SE, mit denen ich im Rahmen dieser Forschungskooperation eng zusammen gearbeitet habe, Herrn Dr.-Ing. Hermann Feise, Herrn Dr.-Ing Michael Schönherr, Herrn Prof. Dr. Frank Kleine-Jäger, Frau Dipl.-Ing Jasmina Kessel, Herrn Dr.-Ing. Gerald Grünewald und Herrn Dr.-Ing. Stefan Lipp, danke ich für die Ratschläge, die Hilfsbereitschaft und die Diskussionsbereitschaft. Außerdem danke ich Herrn Dr.-Ing Matthias Potthoff, Herrn Dr.-Ing Harald Franzrahe und Herrn Luc Vanmarcke von Uhde Fertilizer Technology B.V. für die Ratschläge und dem Interesse an dieser Arbeit.

Meinen Assistentenkollegen und Freunden am Institut danke ich für die fruchtbaren Diskussionen, die gute Zusammenarbeit und die menschliche Unterstützung. Insbesondere möchte ich mich bei Sandra Jeck, meinen Bürokollegen Philipp Lau, Lukas Metzger und Zhen Liu für die die fachlichen Diskussionen und auch die Korrektur der deutschen und englischen Grammatik bedanken.

Bei den Herren Eugen Mengesdorf, Stefan Fink, Michael Wachter, Markus Keller, Steffen Haury, Stefan Knecht, und Roland Nonnenmacher bedanke ich mich ganz herzlich für die sehr gute Unterstützung in der Planung, Konstruktion, Fertigung und beim Umbau meiner Versuchsanlage. Bei Frau Annette Schucker bedanke ich mich für die Unterstützung bei Labortätigkeiten. Bei Frau Gisela Schimana und Frau Tamara Cataldo bedanke ich mich für die hervorragende Unterstützung bei Verwaltungstätigkeiten.

Einen wichtigen Beitrag zu meiner Arbeit haben Bo Zhao, Jörn Gebauer, Daniel Hipp und Philipp Lau im Rahmen von Studien- und Diplomarbeiten geleistet. Mein Dank gilt Ihnen für ihre Unterstützung bei Modellentwicklung und Messungen.

Weiterhin möchte ich den Mitarbeitern vom Institut für Feststoffverfahrenstechnik und Partikeltechnologie der Technischen Universität Hamburg-Harburg danken, insbesondere Prof. Dr.-Ing. habil. Stefan Heinrich und Dr.-Ing. Sergiy Antonyuk, für ihre Unterstützung und den fachlichen Austausch.

Mein ganz besonderer Dank gilt natürlich meinen Eltern, die mir meine ausländische Ausbildung in Deutschland ermöglicht und mich jederzeit unterstützt haben. Meiner Ehefrau Lu Song danke ich für ihre Unterstützung, ihre Geduld, sowie die aufbauenden Worte in stressigen Zeiten und in äußerst schwierigen Phasen, in denen die Arbeit nicht wie gewünscht lief.

Zusammenfassung

Für die Produktion von Feststoffpartikeln aus Lösungen und Suspensionen gewinnt das gezielte Einstellen von Produkteigenschaften neben Kosten und apparativem Aufwand immer mehr an Bedeutung. Je nach Anwendungsgebiet spielen verschiedene Produkteigenschaften eine entscheidende Rolle für die Kaufentscheidung des Kunden. So sollten beispielsweise Produkte wie Wasch- und Düngemittel gut dosierbar, rieselfähig und staubarm sein, um ein problemloses Abfüllen ohne die Gefahr einer Staubexplosion oder ein leichtes Ausbringen auf dem Feld zu gewährleisten. Bei gesundheitsschädlichen Produkten können bei Staubentwicklung zusätzlich die Atemwege gefährdet werden. Für den Einsatz von Farbpigmenten und Instantpulvern für Getränke wünscht man sich eine gute Redispergierbarkeit, um die Produkte möglichst schnell und vollständig wieder in Lösung zu bringen.

Das Verfahren der Wirbelschicht-Sprühgranulation vereint die Schritte der Feststoffbildung und -formulierung in einem Apparat und kann sowohl kontinuierlich als auch absatzweise betrieben werden. In dem Prozess wird die Suspension mit einer Zweistoffdüse zerstäubt und in eine Wirbelschicht aus Granulatpartikeln des gleichen Materials eingedüst. Die Tropfen werden auf den Wirbelschichtpartikeln abgeschieden und bilden einen Film, der im heißen, ungesättigten Fluidisationsgas trocknet und eine Feststoffschicht zurücklässt. Aufgrund der Partikelbewegung durch den impulsreichen Düsenstrahl zirkulieren die Wirbelschichtpartikel zwischen einer düsennahen Zone, in der die Befeuchtung stattfindet, und dem Freeboard oberhalb des Strahls sowie der übrigen Wirbelschicht, wo die Trocknung der Partikel erfolgt. Sukzessiv wird so aus den einzelnen Feststoffschichten ein zwiebelartig aufgebautes Produktpartikel erzeugt. Im kontinuierlichen Betrieb werden über einen klassierenden Produktaustrag Partikeln, die die Zielgröße erreicht haben, abgezogen. Nicht alle Tropfen werden auf den Partikeln abgeschieden, sondern trocknen teilweise direkt zum Staub. Aus diesem so genannten Overspray und aus Abrieb der Partikeln entsteht Staub, der mit dem Fluidisationsgas ausgetragen wird. Da der Feststoff ein Wertprodukt ist, könnte er wieder suspendiert und erneut in die Wirbelschicht eingedüst werden. Allerdings ist es energieeffizienter, den Staub direkt in den Granulatorraum zurückzuführen. Dadurch kann der Staub an nassen Granulaten abgeschieden werden, was als Staubeinbindung bezeichnet wird. Außerdem kollidieren Staubteilchen mit Tropfen wodurch sich Kerne bilden, die groß genug sind um im Granulator bleiben zu können.

Durch experimentelle Untersuchungen und Modellierung der Mechanismen hat sich gezeigt, dass die Fluiddynamik im Granulatorraum von großer Bedeutung ist. Hierbei spielt insbesondere der Düsenstrahl, die durch ihn verursachte Partikelbewegung sowie Tropfenausbreitung, Abscheidung auf den Granulaten, Staubeinbindung und Keimbildung eine entscheidende Rolle. Daher wurde die

Fluiddynamik der Wirbelschicht mithilfe des Two-Fluid-Models simuliert und durch Experimente validiert.

Die Entwicklung der Bettpartikelgrößenverteilung kann mithilfe einer Population Balance Equation (PBE) beschrieben werden. Allerdings sind die Wachstumsrate der Bettpartikel und die interne Keimbildungsrate meistens unbekannt. Die CFD-Simulation wird in dieser Arbeit verwendet, um die Raten zu generieren. Jedoch ist eine transiente CFD-Simulation zeitaufwändig und nicht für eine lange Prozessdauer geeignet. Daher wird in dieser Arbeit eine "Multiskalen" Modellierung angewendet. Die Wachstumsraten von Granulat und Staub sowie die Agglomeration von Staub werden aus der CFD-Simulation für eine kurze Prozesszeit (~ Sekunde) gerechnet. Diese Raten werden in den PBEs von Staub und Bettpartikeln eingesetzt, um die Entwicklung der Partikelgrößenverteilung (PSD) für eine lange Prozesszeit (~ Stunde) vorauszuberechnen. In der CFD-Simulation sind Luft, Bettpartikel, Tropfen und Staub als Euler-Phasen mit Multi-Fluid-Model (MFM) behandelt. Die Staubphase enthält alle Teilchen, die kleiner als ein Kern (primäre Staub und Keimteilchen) sind, und wird unter Verwendung einer Teilchengrößenverteilung betrachtet. Die PBE des Staubes wird dann mithilfe DQMOM (Direct Quadrature Method of Moments) in der CFD-Simulation (Der Staub wird mittels zwei Euler-Phasen beschrieben) gekoppelt gelöst. Die Kollisionsraten zwischen Staub und Tropfen und zwischen Staub und Staub werden mit dem Turbulenz-Scherungsmodell simuliert. Um die von der Teilchengröße abhängige Wachstumsrate der Bettpartikeln zu erhalten, wird eine vereinfachte DQMOM für die Bettpartikel in dieser Arbeit verwendet (Die Granulate werden ebenfalls mittels zwei Euler-Phasen beschrieben), da die Makro-Agglomeration der Bettpartikel bei diesen Verfahrensbedingungen nicht auftritt. Die Tropfenabscheidung und Staubeinbindung, die gleichzeitig mit Keimbildung erfolgen, werden als Mass-Transfer zwischen verschiedenen Phasen formuliert. Die Verdampfung der Tropfen und der benetzten Oberfläche der Bettpartikel haben einen großen Einfluss auf die Staubeinbindung und die Keimbildung. Daher werden das Trocknungsverhalten und das Temperaturfeld ebenfalls in CFD simuliert. Jeder prozessrelevante Mechanismus, wie Tropfenabscheidung, Trocknung, Staubeinbindung, wird jeweils mithilfe geeigneter Experimente validiert. Das Gesamtmodell, welches sechs Euler-Phasen enthält, wird ebenfalls mithilfe eines Konti-Versuchs mit der Staubrückführung validiert. Die Simulationsergebnisse mit dem Gesamtmodell zeigen eine gute Übereinstimmung mit den experimentellen Daten.

Abschließend wird das in dieser Arbeit entwickelte Modell zu anderen Anlagenkonfigurationen übertragen, z. B. Anlage mit Top-Spray, Hochbett-Wirbelschicht und Granulator mit zwei Düsen usw. Die simulierten Ergebnisse geben die experimentellen für das Hochbett-Wirbelschicht und Top-Spray Wirbelschicht gut wieder.

Abstract

Tailoring of product properties is becoming more and more important for the production of solid particles from solutions and suspensions, besides costs and technical investments. Depending on the application area, product properties play a crucial role in the purchasing decisions of the customer. Thus, for example, products like detergent and fertilizer must be easy to dose, free-flowing and dust-free to guarantee trouble-free filling without risk of dust explosion and a uniform distribution on the field. With noxious products, the respiratory tract can be damaged by dust accumulation. In the application of color pigments and instant powder for drinks, a good dispersibility is desired, so that the products dissolve completely and as quickly as possible.

The process of fluidized bed spray granulation unites the steps of the solid creation and solid formulation in one apparatus and can be operated continuously or in batch-mode. In the process, the suspension is atomized with a swirl nozzle and sprayed into the fluidized bed which contains granulate particles of the same material. The drops deposit on the particles and form a film which can be dried to a solid layer in the hot, unsaturated fluidization gas. Due to the intensive interaction between particles and gas in the jet flow, the particles circulate between a zone close to the nozzle in which the wetting takes place, the freeboard above the jet flow and the remaining fluidized bed where the drying of the particles occurs. Progressively, an onion-like product particle is generated by layering. In the continuous process, particles with the target size are withdrawn via a classifier. Not all drops deposit on the particles. Some dry without striking granulates. The dust which is generated from this so-called overspray and from attrition of the particles can be filtered from the exhaust. Because the solid is a valuable product, the dust can be used for the suspension and returned to the fluidized bed. However, it is more energy-efficient to transport the dust directly back into the granulator. Thus, the dust can deposit on the wetted granules. This is called dust integration. Furthermore, dust collides with droplets in the jet to form nuclei, which are large enough to stay in the granulator.

Through experimental investigations and modeling of the mechanisms, it has been shown that the fluid dynamics in the granulator, in particular in the jet flow, which causes the movement particles as well as drop propagation, deposition on the granules, dust integration and nucleation play a crucial role. Therefore, the fluid dynamics of the fluidized bed was simulated using the Two-Fluid-Model and validated by experiments.

The development of the bed particle size distribution can be described using a population balance equation (PBE). Unfortunately the growth kinetics of the bed particles and the internal nucleation rate are mostly unknown. A CFD simulation is used to obtain the kinetics in this work. However a transient CFD simulation is time-consuming and inapplicable for a long process time. Thus a "multiscale" modeling is adopted. The growth rate of granules and dust as well as the agglomeration rate of the dust are obtained from the CFD simulation for a short process time (~s). These rates are applied in the PBEs of dust and bed particles to generate the development of the particle size distributions (PSD) of them for a long process time (~h). In the CFD simulation the air, bed particles, drops and dust are treated as eulerian phases using Multi-Fluid-Model (MFM). The dust phase contains all particles smaller than a nucleus (primary dust and seed particles) and is described using a particle size distribution. To obtain the internal nucleation rate the PBE of the dust is solved using DQMOM (Direct Quadrature Method of Moments) in the CFD simulation (The dust phase is described using two eulerian phases). The collision rates between dust and drops and between dust and dust are simulated using turbulence shear model. To obtain the particle size dependent growth rate of the bed particles a simplified DQMOM is adopted for the bed particles (The granular phase is also described using two eulerian phases) because the macro agglomeration of the bed particles does not occur by these process conditions. The drop deposition and dust integration, which happen concurrently with the nucleation, are considered using mass transfers between different phases. The evaporation of drops and the wetted surface of the bed particles have a large influence on the nucleation and the dust integration. Therefore the drying behavior and temperature field are also simulated in CFD. Each process relevant mechanism, such as drop deposition, drying, dust integration, is validated using an appropriate experiment. The entire model, which contains six eulerian phases, is also validated using a continuously operated experiment with dust feed back. The simulated results indicate a well agreement with the experimental data.

Furthermore, the model developed in this study is transferred to other system-configurations, i.e. process with top-spray, process with a high fluidized bed, fluidized bed with two nozzles etc. The simulated results agree with the experimental data of the high fluidized bed and the fluidized bed with top spray well again.

Inhalt

Symbolverzeichnis

Lateinische Buchstaben

a	$[-]$	Konstanten
$\dot{a}$	$[m^2/(m^3 \cdot s)]$	spezifische Flächenänderung
a_V	$[m^2/(m^3)]$	volumenspezifische Oberfläche
A	$[m^2]$	Fläche
b	$[-]$	Konstanten
C_D	$[-]$	Widerstandsbeiwert
c_p	$[kJ/(kg \cdot K)]$	spezifische Wärmekapazität
d	$[m]$	Durchmesser
D	$[m^2/s]$	Diffusionskoeffizient
e_{ss}	$[-]$	Restitutionskoeffizient
E	$[J]$	Energie
F	$[-]$	F-Faktor
g_0	$[-]$	radiale Verteilungsfunktion
G_L	$[m/s]$	Wachstumsrate (Längenbasiert)
G_V	$[m^3/s]$	Wachstumsrate (Volumenbasiert)
h	$[-]$	Haftanteil
Δh	$[m]$	Zellenhöhe
Δh_v	$[kJ/kg]$	Verdampfungsenthalpie
$K_{g,s}$	$[kg/(m^3 \cdot s)]$	Impulsaustauschskoeffienzient
L_i	$[m]$	Abszisse
m	$[kg]$	Masse
$\dot{m}$	$[kg/s]$	Massenstrom
m_i	$[m^{(i)}]$	i-te Momente (i=0,1,2…)
$\tilde{M}$	$[kg/kmol]$	Molmasse
n	$[\#/m^3]$	Anzahlkonzentration (N/V)
n_L	$[1/m]$	Anzahldichteverteilung ($\Delta N/\Delta L/N_{ges}$)

n_V	$[1/m^3]$	Anzahldichteverteilung $(\Delta N/\Delta V/N_{ges})$
N	$[-]$	Anzahl
$\dot{N}$	$[\#/s]$	Anzahlstrom
p	$[N/m^2]$	Druck
p^*	$[N/m^2]$	Sattdampfdruck
r	$[m]$	Radius
S	$[m^2]$	Surface
t	$[s]$	Zeit
T	$[K]$	Temperatur
T_{trenn}	$[-]$	Trennfunktion
u	$[m/s]$	axiale Geschwindigkeit
$\bar{u}$	$[m/s]$	mittlere axiale Geschwindigkeit
v	$[m/s]$	radiale Geschwindigkeit
V	$[m^3]$	Volumen
$\bar{v}$	$[m/s]$	mittlere radiale Geschwindigkeit
w_i	$[-]$	Wichtung
w	$[m/s]$	tangentiale Geschwindigkeit
$\bar{w}$	$[m/s]$	mittlere tangentiale Geschwindigkeit
x	$[-]$	Massenanteil
Δx_F	$[m]$	Filmdicke
X	$[-]$	Beladung
y	$[-]$	Massenanteil in der Gasphase
$\tilde{y}$	$[-]$	Molenbruch in der Gasphase

Griechische Buchstaben

α	$[W/(m^2 \cdot K)]$	Wärmeübergangskoeffizient
α_s	$[-]$	Volumenanteil der Partikelphase
$\alpha_{s,max}$	$[-]$	Packungslimit
β	$[m/s]$	Stoffübergangskoeffizient
β_0	$[m^3/s]$	Agglomerationskernel

β_{max}	[-]	maximale Ausbreitung
ε	$[m^2/s^3]$	Energiedissipation
η	[-]	Abscheidegrad
λ	$[W/(m \cdot K)]$	Wärmeleitfähigkeit
ρ	$[kg/m^3]$	Dichte
μ	$[kg/(m \cdot s)]$	dynamische Viskosität
ν	$[m^2/s]$	kinematische Viskosität
σ	$[kg/s^2]$	Oberflächenspannung
τ	[s]	Relaxationszeit
$\overline{\overline{\tau}}$	$[N/m^2]$	Schubspannung
φ	[-]	Auftreffgrad
θ	[°]	Kontaktwinkel
Θ_s	$[m^2/s^2]$	Granulattemperatur

Indizes

B	Beharrung
benetz	benetzt
Bez	Bezug
crit	kritisch
dens	maximale spezifische Oberfläche
d	Drag
diss	Dissipation
DL	Düsenluft
F	Film
FL	Fluidisationsluft
FS	Feststoff
g	Gas
Gran	Granulat
ges	gesamt

K	kinetisch
p	Partikel
Prod	Produkt
rel	relativ
s	Solid
St	Staub
St_einb	Staubeinbindung
Sus	Suspension
Tr	Tropfen
Tr_ab	Tropfenabscheidung
U	Umgebung
W	Wasser
WS	Wirbelschicht

Dimensionslose Kennzahlen

C	Courant-Zahl	$C = u\dfrac{\Delta t}{\Delta x}$
Ma	Mach-Zahl	$Ma = \sqrt{\dfrac{k}{a^2}}$
Nu	Nusselt-Zahl	$Nu = \dfrac{\alpha \cdot L}{\lambda}$
Oh	Ohnesorge-Zahl	$Oh = \dfrac{\mu}{\sqrt{\rho \sigma L}}$
Pr	Prandtl-Zahl	$Pr = \dfrac{\nu}{\kappa}$
Re	Reynolds-Zahl	$Re = \dfrac{u \cdot L}{\nu}$
Sc	Schmidt-Zahl	$Sc = \dfrac{\nu}{D}$
Sh	Sherwood-Zahl	$Sh = \dfrac{\beta \cdot L}{D}$

St   Stokes-Zahl $St = \dfrac{\rho_{Tr} \cdot v_{rel} \cdot d_{Tr}^2}{18 \cdot d_p \cdot \mu_g}$

We   Weber-Zahl $We = \dfrac{\rho u^2 d}{\sigma}$

Konstanten

Erdbeschleunigung $g = 9{,}81\ \dfrac{m}{s^2}$

Universelle Gaskonstante $R = 8{,}314\ \dfrac{J}{mol \cdot K}$

Kreiszahl $\pi = 3{,}1415926$

Abkürzungen

CFD   Computational Fluid Dynamics

DEM   Discrete Element Method

DPM   Discrete Phase Model

DQMOM   Direct Quadrature Method of Moments

LDA   Laser Doppler Anemometry

MFM   Multi-Fluid Model

PBE   Population Balance Equation

PDE   Partial Differential Equation

PVP   Polyvinylpyrrolidon

QMOM   Quadrature Method of Moments

RDF   Radiale Verteilungsfunktion

RRSB   Rosin-Rammler-Sperling-Bennet-Verteilung

RSM   Reynolds Stress Model

TFM   Two-Fluid-Model

UDF   User Defined Functions

UDS   User Defined Scalars

1 Einleitung

Für die Produktion von Feststoffpartikeln gewinnt das gezielte Einstellen von Produkteigenschaften neben Kosten und apparativem Aufwand immer mehr an Bedeutung. Je nach Anwendungsgebiet spielen verschiedene Produkteigenschaften eine entscheidende Rolle für die Kaufentscheidung des Kunden. So sollten beispielsweise Produkte, wie Wasch- und Düngemittel gut dosierbar, rieselfähig und staubarm sein, um ein problemloses Abfüllen ohne die Gefahr einer Staubexplosion oder ein leichtes Ausbringen auf dem Feld zu gewährleisten. Bei gesundheitsschädlichen Produkten können bei Staubentwicklung zusätzlich die Atemwege gefährdet werden. Für den Einsatz von Farbpigmenten und Instantpulvern für Getränke wünscht man sich eine gute Redispergierbarkeit, um die Produkte möglichst schnell und vollständig wieder in Lösung zu bringen.

Das Verfahren der Wirbelschicht-Sprühgranulation wird verwendet, um sphärische Partikel mit gezielten Produkteigenschaften, wie z. B. Partikelgröße und Partikelgrößenverteilung, aus Suspensionen oder Schmelzen herzustellen. Es vereint die Schritte der Feststoffbildung und -formulierung in einem Apparat und kann sowohl kontinuierlich als auch absatzweise betrieben werden. Die Suspension in dem Prozess wird üblicherweise mit einer Zweistoffdüse zerstäubt und in eine Wirbelschicht aus Granulatpartikeln des gleichen Materials eingedüst. Die Tropfen werden auf den Wirbelschichtpartikeln abgeschieden und bilden einen Film, der im heißen, ungesättigten Fluidisationsgas trocknet und eine Feststoffschicht zurücklässt. Aufgrund der Partikelbewegung durch den impulsreichen Düsenstrahl zirkulieren die Wirbelschichtpartikel zwischen einer düsennahen Zone, in der die Befeuchtung stattfindet, und dem Freeboard oberhalb des Strahls sowie der übrigen Wirbelschicht, wo die Trocknung der Partikel erfolgt. Sukzessiv wird so aus den einzelnen Feststoffschichten ein zwiebelartig aufgebautes Produktpartikel erzeugt. Im kontinuierlichen Betrieb werden über einen klassierenden Produktaustrag Partikeln, die die Zielgröße erreicht haben, abgezogen. Nicht alle Tropfen werden auf den Partikeln abgeschieden, sondern trocknen teilweise auch, ohne auf Granulate aufzutreffen. Aus diesem sogenannten Overspray und aus Abrieb der Partikeln entsteht Staub, der mit der Fluidisationsgas ausgetragen wird. Da der Feststoff ein Wertprodukt ist, könnte er wieder suspendiert und erneut in die Wirbelschicht eingedüst werden. Allerdings ist es energieeffizienter, den Staub direkt in den Granulatorraum zurückzuführen.

Die Prozessentwicklung basiert zurzeit meistens auf Know-how und Erfahrungen zu Scale-up und Prozessoptimierung. Durch experimentelle Untersuchungen und Modellierung der Mechanismen hat sich gezeigt, dass die Fluiddynamik im Granulatorraum von großer Bedeutung ist. Hierbei spielt insbesondere der Düsenstrahl, die durch ihn verursachte Partikelbewegung sowie Tropfenausbreitung und Abscheidung auf den Partikeln eine entscheidende Rolle. Mittels einer „Computational Fluid Dynamics" (CFD) Rechnung wird die Fluiddynamik im Granulatorraum simuliert. Die gekoppelte Simulation von CFD und Populationsbilanz ermöglicht es, den Prozess vollständig zu beschreiben.

1.1   Stand des Wissens

1922 wurde von Fritz Winkler ein Wirbelschichtreaktor zum ersten Mal für die Kohlevergasung entwickelt. Durch die Anwendung der Wirbelschicht für das katalytische Cracken von Mineralölen in den vierziger Jahren erfolgten rasch umfangreiche theoretische und experimentelle Untersuchungen des Fließbettes. In den 1960er Jahren wurde das erste Kraftwerk mit zirkulierender Wirbelschicht zur Verbrennung ballastreicher Steinkohlen gebaut, später für die Kalzinierung von Aluminiumhydroxid. Inzwischen werden Wirbelschichtanlagen für viele verschiedene Zwecke benutzt, z. B. zur Granulation pharmazeutischen Produkte (Wurster, 1959). Seither wird dieser Prozess intensiv erforscht, und zahlreiche Beiträge zu diesem Thema im Hinblick auf Fluiddynamik, Wechselwirkungen zwischen Partikeln und Fluid (Geldart, 1986; Fan & Zhu 1998; Jackson, 2000), Wärmeübergang (Schlünder, 1988), Einflüsse der Betrieb- bzw. Stoffparameter, Feuchteverteilung (Heinrich, 2000) und Wachstumsbzw. Agglomerationskinetiken (Schaafsma, 2000; Zank, 2003; Peglow, 2005; Grünewald, 2011) sind vorhanden. Eine umfassende Darstellung der prozessrelevanten Aspekte ist in Uhlemann und Mörl (2000) zu finden. Während des rasanten Wachstums der Rechenkapazität gewinnt die numerische Simulation immer mehr Bedeutung für Design und Scale-up eines Fluid-Partikel Prozesses. Dazu wird der sogenannte Multiskalen-Ansatz (Multiscale approach) (Li et al., 2004; Ge et al., 2004; Zhu et al., 2007) benötigt, um die Phänomene auf den verschiedenen Längen- und Zeitskalen zu verstehen. In der Vergangenheit wurden viele Untersuchungen entweder auf der molekularen Skala in Bezug auf Thermodynamik und Kinetik oder auf der großen Skala (large scale) in Bezug auf das makroskopische Verhalten der Anlage durchgeführt. Allerdings fehlt die quantitative Beschreibung von mikroskaligen Phänomenen in Bezug auf das Verhalten von Partikel, Tropfen und Blasen, welche wichtig für die Modellbildung für das zuverlässige Scale-up, Design und Steuerung eines partikulären Prozesses sind. Daher wurde die Simulation der Fluid-Partikel-Strömung in den letzten Jahrzehnten fokussiert. Die Fluidphase kann mit verschiedenen Methoden auf unterschiedlichen Zeit- bzw. Längenskalen simuliert werden, z. B. von dem molekularen Bereich: molecular dynamics (MD) (Bird, 2000), Lattice Boltzman (LB) (Ladd, 1993), bis zum Kontinuum: Direct Numerical Simulation (DNS) (Moin, 1998), Large Eddy Simulation (LES) (Pitsch, 2006) und Reynolds Average Navier Stokes (RANS) (Launder & Spalding, 1972; Wilcox, 1998; Pope, 2000). Yu und Xu (2003) haben gezeigt, dass die Schwierigkeit für die Simulation eines Fluid-Partikel-Systems an der Partikelphase aber nicht an der Fluidphase lag. Daher ist die CFD-Simulation, wie RANS oder LES, für die Fluidphase in diesem Fall aufgrund der „Simplizität" im Vergleich zu DNS oder LB für die Untersuchung eines industriellen Prozesses besser geeignet. Für die Modellierung der Partikelphasen lassen sich zwei Hauptmethoden unterscheiden: Der Euler-Euler-Ansatz mit der Kontinuums-Betrachtungsweise der Partikelphase (Two Fluid Model (TFM)) und der Euler-Lagrange-Ansatz mit der diskreten Betrachtungsweise der Partikelphase mit der Discrete Elemente Methode (DEM).

In dem TFM (Gidaspow, 1994) werden Fluid- und Partikelphase als sich gegenseitige durchdringende Kontinua in einer Rechenzelle betrachtet. Die Transportgröße zur Beschreibung der Partikelphase ist der Volumenanteil α_s. Die Schließbedingung dafür ist, dass die Summe des Volumenanteils aller beteiligen Phasen in einer Zelle eins sein muss. Aufgrund dieser integralen Betrachtungsweise werden die Partikel-Partikel Wechselwirkungen nur indirekt durch einen Feststoffdruck und die Scher- und Volumenviskosität (Bulk viscosity) der Feststoffphase ausgeprägt. Dafür werden die „Kinetic Theory of Granular Flow" (KTGF) analog zur kinetischen Gastheorie (Chapman & Cowling, 1970) benötigt, welche von Jenkins & Savage (1983), Lun et al. (1984) und Ding & Gidaspow (1990) entwickelt wurden. KTGF formuliert den Feststoffdruck und die Scher- und Bulkviskosität mittels Volumenanteil, Stoßzahl (Restitutionskoeffizient) und Granulattemperatur (analog zur Gastemperatur in der kinetischen Gastheorie (Gidaspow, 1994; Syamlal, 1995; Kuipers, 1997; Arastoopour, 2001)). Die Wechselwirkungen zwischen Fluid und Partikeln werden durch Widerstandsmodelle entweder empirisch (Ergun, 1952; Wen & Yu, 1966; Gidaspow, 1994) oder numerisch mit Hilfe der LB-Methode (Hill et al., 2011; Benyahia 2006; Beetstra, 2007) formuliert. Allerdings hat das ursprüngliche TFM Schwierigkeiten, um ein polydisperses System zu beschreiben. Dazu wurde diese Methode zum Multi Fluid Model (MFM) (Fox, 2007) entwickelt. Hierzu wird eine mit CFD gekoppelte Transportgleichung der Partikelgrößenverteilung (PSD) gelöst. Verschiedene Methoden können an dieser Stelle eingesetzt werden, z. B. Discrete Method (Hounslow, 1988; Lister, 1995; Ramkrishna, 2000), Standard Moment Method (SMM) (Randolph & Larson, 1971), Quadrature Method of Moments (QMOM), (McGraw, 1997; Marchisio, 2003) und Direct Quadrature Method of Moments (DQMOM) (Fan & Fox, 2004). Für alle diese Methoden werden zusätzliche Modelle benötigt, um die Wechselwirkungen zwischen Feststoffphasen zu bestimmen. Das Modell von Syamlal (1987) wird am häufigsten verwendet, mit dem die Segregation von binären Feststoffphasen mit unterschiedlichen Durchmessern oder Dichten (Goldschmidt, 2002; Gera, 2004) beschrieben werden kann.

Dagegen fokussiert die diskrete Methode die einzelnen Partikel. Dazu gehören z. B. die Monte Carlo (MC) (Terrazas et al., 2009) und die Discrete Elemente Methode (DEM), welche zuerst von Cundall und Strack (1979) veröffentlicht wurde. Die Kopplung von DEM mit der CFD-Simulation für ein partikuläres System, wie Wirbelschicht, pneumatische Förderung usw., bietet die Möglichkeit, einzelne Partikel individuell zu beobachten (Tsuji, 1993; Kuipers, 1996; Yu, 1996; Xu & Yu, 1997; Pöschel & Schwager, 2004; Garg et al., 2012; Kloss et al., 2012). Diese Methode berechnet die Flugbahn einzelner Partikel mithilfe der Newtonschen Bewegungsgleichung. Die Kontaktkraft zwischen zwei miteinander stoßenden Partikeln während der Kollision wird durch z. B. das lineare Feder-Dämpfer-Modell (Cundall & Strack, 1979) oder das Hertz-Mindlin Modell (Hertz, 1898; Zhou, 1999) beschrieben. Gleichzeitig wird die Gasphase als eine Euler-Phase mit Berücksichtigung der Wechselwirkung zwischen Gas- und Partikelphase simuliert. Der Vorteil von der DEM-CFD Simulation im Vergleich zum TFM ist, dass die Konstitutionsgleichungen zur Berechnung der Eigenschaften des Feststoffs, z. B. die Viskosität und der Druck, nicht benötigt werden. Außerdem sind keine zusätzlichen Gleichungen bzw. Komplexität für Rechnungen des polydispersen Systems erforderlich. Trotzdem ist diese Methode stark durch die Anzahl der simulierten Partikel beschränkt. Mit heutiger Rechenkapazität kann ein System mit ca. 10^7 Partikeln unter Verwendung solcher Methoden simuliert werden. Fries et al. (2011) hat einen Wurster Coater mit 150000 Granulaten und einem Durchmesser von ca. 2 mm mithilfe des gekoppelten CFD-DEM Modells erfolgreich simuliert. Allerdings ist die Partikelanzahl umgekehrt proportional zur 3. Potenz des Durchmessers bei gleich bleibender Bettmasse.

Mit modernen Hochleistungsrechnern kann ein partikuläres System mit hoher Teilchenanzahl immer noch schwierig abgebildet werden. Daher strebt man an, die Rechenkomplexität durch die „Multiscale" Strategie zu reduzieren. Diese Methode wird häufig in der Physik, Meteorologie, Mathematik und im Ingenieurwesen verwendet. Grundidee der Methode ist, dass mehrere zeitliche oder örtliche Ebenen verwendet werden, um Stoffeigenschaften oder Systemverhalten vorherzusagen. Die häufig verwendeten Ebenen sind z. B. quantenmechanische Ebene (Informationen über Elektronen), molekular dynamische Ebene (Informationen über einzelnes Atom oder Molekül), mesoskale Ebene (Informationen über eine Gruppe von Atomen oder Molekülen), Kontinuumsmechanische Ebene und die Ebene der Prozesse. Speziell für das partikuläre System spielen die „particle scale" Modellierungen und ihre Analyse eine wichtige Rolle bei der Aufklärung der grundlegenden Basis und ihre Verknüpfung mit der angewandten Forschung, weil das Verhalten eines partikulären Systems stark von den kollektiven Wechselwirkungen zwischen den individuellen Partikeln abhängt. Abbildung 1.1 zeigt eine schematische Darstellung solcher „Multiscale" Simulation. In „microscale" soll eine umfangreiche Theorie und experimentelle Technik zur Untersuchung und Quantifizierung der Wechselwirkungen zwischen Partikeln bzw. zwischen Partikeln und Fluid unter unterschiedlichen Randbedingungen generiert werden. In „macroscale" soll eine generelle Theorie für die Verknüpfung zwischen diskreten und Kontinuums-Ansätzen vorgestellt werden. Damit können die Informationen aus DEM-basierten Simulationen zu makroskopischen Bilanzgleichungen, Konstitutionsgleichungen und Randbedingungen quantifiziert werden, welche in kontinuums-basierten Modellierungen implementiert werden. In „Applikation" sollen robustere Modelle entwickelt werden, um die Leistungsfähigkeit der „particle scale" Simulation, z. B. von zweiphasig zu mehrphasig bzw. von sphärischen zu nicht-sphärischen Partikeln, welche besser die realen Prozesse beschreiben können, auszunutzen.

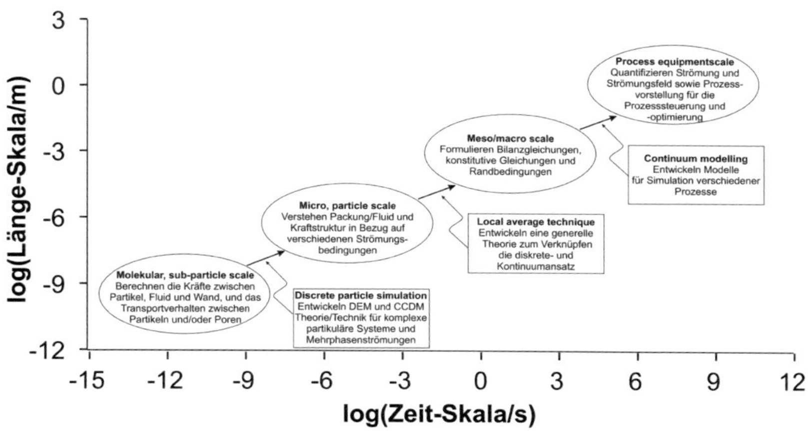

Abbildung 1.1: Multiskale Simulation (Zhu, 2007).

1.2 Zielsetzung der Arbeit

Ziel der Arbeit ist es, eine Methode zu entwickeln, um Prozesse der Wirbelschicht-Sprühgranulation und dabei insbesondere die zeitliche Entwicklung der

Partikelgrößenverteilung mit physikalisch plausiblen Modellen zu beschreiben. Diese Arbeit schließt an die Untersuchungen von Link (1997), Becher (1998), Zank (2003) und Grünewald (2011) an. Aufbauend auf den in den Vorgängerarbeiten gewonnenen Kenntnissen bzw. der semi-empirischen Modelle soll ein physikalisch begründetes dynamisches Gesamtmodell für den kontinuierlichen Prozess erstellt werden.

1.3 Simulationsmethodik und zugrunde liegende Arbeitshypothesen

Durch Kombination von Computational Fluid Dynamics (CFD) mit Wärme- und Stoffübertragung und den Partikel-Populationsbilanzen (in engl. Population Balance Equations (PBE)) soll ein „Multiscale" Simulationsmodell entwickelt werden. In diesem Modell soll die zeitlich aufwendige CFD-Simulation als Generator für die Partikelwachstumsraten bzw. Keimbildungsraten unter Berücksichtigung von Fluiddynamik, Trocknung und vielfältigen Wechselwirkungen (Tropfenabscheidung, Staubeinbindung und Keimbildung) zwischen verschiedenen Partikeln (Tropfen, Staub und Granulate) für kurze Prozesszeiten (im Sekunden-Bereich) dienen. Diese Raten sollen in eine dynamische Populationsrechnung eingesetzt werden, um die Partikelgrößenverteilung in der Wirbelschicht für lange Prozesszeiten (im Stunden-Bereich) vorherzusagen. Mehrmalige Aktualisierung der Raten soll es ermöglichen, einen instationären Prozess in einer industriell relevanten Zeitskala abzubilden.

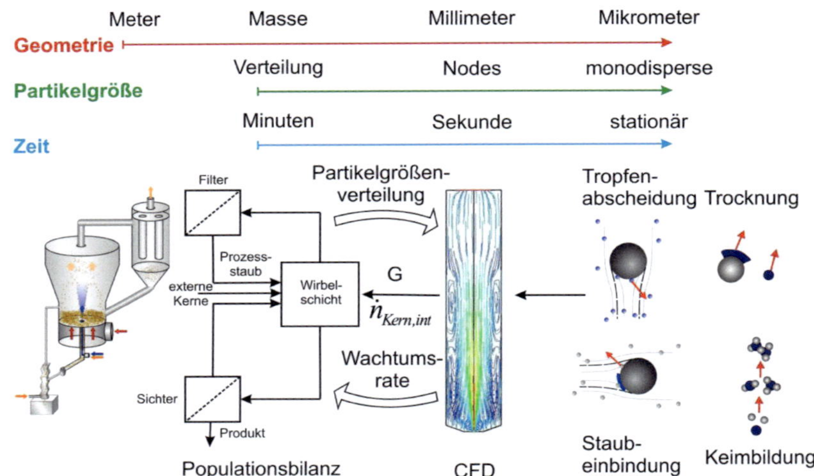

Abbildung 1.2: Hierarchie der Modellierung.

Eine CFD-Simulation ist aufgrund des hohen Rechenaufwands nur für Prozesszeiten im Sekunden-Bereich anwendbar. Um lange Prozesszeiten im Stunden-Bereich abbilden zu können, wird in dieser Arbeit eine skalenübergreifende (multiscale) Methode verwendet (Abbildung 1.2). Dabei wird die durch CFD Simulationen ermittelte Wachstums- und Keimbildungskinetik als Parameter für die den Prozess beschreibende Populationsbilanz genutzt. Die Lösung dieser Populationsbilanz liefert die zeitliche Entwicklung der Partikelgrößenverteilung für lange Prozesszeiten (Stunden-Bereich). Da die detaillierte Beschreibung der Fluiddynamik in der Populationsbilanzierung nicht berücksichtigt wird, ist der Rechenaufwand zur Lösung der Populationsbilanz im Vergleich zu einer CFD Simulation gering. Die durch die Lösung der Populationsbilanz neu generierte Partikelgrößenverteilung wird für den nächsten Iterationszyklus an die CFD Simulation zurückgegeben, und die Wachstumskinetiken werden aktualisiert.

In der CFD Simulation werden vier für das Partikelwachstum relevante Mechanismen, die Tropfenabscheidung, die Trocknung des an der Granulatoberfläche abgeschiedenen Flüssigkeitsfilms, die Staubeinbindung und die Keimbildung jeweils mit geeigneten Modellen berücksichtigt. Alle diese Mechanismen hängen stark von der Fluiddynamik in der Wirbelschicht ab. Daher wird zunächst ein fluiddynamischer Ausgangszustand mithilfe des Two (Multi-) Fluid Modells in CFD simuliert. Anschließend wird durch Simulation eine Abschätzung für das Temperaturfeld unter Berücksichtigung von Wassereindüsung und -trocknung generiert. Danach erfolgt erst die vollständige Berechnung der Granulation unter Berücksichtigung aller relevanten Vorgänge wie Overspray und Staubrückführung.

Für die Berechnung der Partikelgrößenverteilung werden die Populationsbilanzen der größenverteilten Granulatphase

$$\frac{\partial\left(N_{Gran}n_{L,Gran}\right)}{\partial t} + \frac{\partial\left(G_{L,Gran}\cdot N_{Gran}n_{L,Gran}\right)}{\partial L} =$$

$$\dot{N}_{Kern,ext}n_{L,Kern,ext} + \dot{N}_{Kern,int}n_{L,Kern,ext} - \dot{N}_{Prod}n_{L,Prod}$$
(Gl. 1.1)

bzw. der größenverteilten Staubphase

$$\frac{\partial\left(N_{St}n_{L,St}\right)}{\partial t} + \frac{\partial\left(G_{L,St}\cdot N_{St}n_{L,St}\right)}{\partial L} =$$

$$B_{ag} - D_{ag} - \dot{N}_{Kern,int}n_{L,Kern,int} + \dot{N}_{overspray}n_{L,overspray} - \dot{N}_{St\_einb}n_{L,St\_einb}$$
(Gl. 1.2)

gelöst. Für die CFD Rechnung werden anstelle der Partikelgrößenverteilung charakteristische, monodisperse Granulat- und Staubphasen, sogenannte ***Nodes***, betrachtet, welche mithilfe des Product-Difference Algorithmus aus den ersten

Momenten der Partikelgrößenverteilung (Anzahl, Länge, Oberfläche, Volumen usw.) generiert werden. Diese Phasen werden in der CFD-Rechnung als kontinuierliche Phasen (Euler-Phasen) betrachtet, die miteinander und mit der Staub-, Gas- und Tropfenphase wechselwirken, also Impuls, Energie und Stoff austauschen.

Aus der Granulationsrechnung in CFD werden die zur Ermittlung der aktuellen Wachstums- und Keimbildungsraten benötigten Massenströme gewonnen. Die Massenströme durch Tropfenabscheidung und Staubeinbindung auf den beiden Granulatphasen werden in die Wachstumsraten für die beiden Granulatphasen umgerechnet, die wiederum in die Populationsbilanz für die Granulatphase eingesetzt werden. Der auf den Staubphasen abgeschiedene Feststoffstrom aus der Tropfenphase wird in die Wachstumsrate der Staubphase umgerechnet. Die Agglomerationsrate der Staubteilchen wird aus der Kollisionsrate zwischen Staub und Staub berechnet. Die Wachstums- sowie die Agglomerationsrate der Staubphase werden in die Populationsbilanz für die gesamte Staubphase eingesetzt.

Die Simulationen bzw. die experimentellen Validierungen der Fluiddynamik, der einzelnen Mechanismen und des gesamten Modells sowie die Modellübertragung werden in den folgenden Kapiteln detailliert beschrieben.

2 Populationsbilanz

Die in der CFD generierten Wachstums- und Keimbildungsraten werden in die Populationsbilanz eingesetzt, um die Entwicklung der Partikelgrößenverteilung für technisch relevante Prozesszeiten zu berechnen. Die Populationsbilanz ist durch eine Transportgleichung der Partikelgrößenverteilung formuliert.

$$\frac{\partial}{\partial t}\left[n_V\left(V,t\right)\right]+\nabla_V\cdot\left(G_V\cdot n_V\left(V,t\right)\right)=$$

$$\underbrace{\frac{1}{2}\int_0^V\beta\left(V-V',V'\right)n_V\left(V-V',t\right)n_V\left(V',t\right)dV'}_{\text{Birth aufgrund Aggregation } B_{ag}}-\underbrace{\int_0^\infty\beta\left(V,V'\right)n_V\left(V,t\right)n_V\left(V',t\right)dV'}_{\text{Death aufgrund Aggregation } D_{ag}}$$

$$+\underbrace{\int_{\Omega_v}vg\left(V'\right)p\left(V\mid V'\right)n_V\left(V',t\right)dV'}_{\text{Birth aufgrund Bruch } B_{br}}-\underbrace{\int_0^\infty g\left(V\right)n_V\left(V,t\right)dV'}_{\text{Death aufgrund Bruch } D_{br}}$$

$$(\text{Gl. 2.1})$$

G_V	Wachstumsrate	m^3/s
$\beta\left(V,V'\right)$	Agglomerationsrate	m^3/s
$g\left(V\right)$	Bruchfrequenz	$1/m^3/s$
$p\left(V\mid V'\right)$	Wahrscheinlichdichtefunktion	
v	Anzahl der Partikeln nach dem Bruch (child particle)	

Die Populationsbilanzgleichung ist eine Integro-Differentialgleichung und nur für spezielle Randbedingungen analytisch lösbar. In der Literatur werden verschiedene Methoden zur Lösung der Populationsbilanz vorgeschlagen (Randolph & Larson, 1971; Hounslow et al., 1988; Ramkrishna, 2000; Marchisio et al., 2003). Im Folgenden werden die am häufigsten verwendeten Methoden gelistet:

1. Method of characteristics

2. Finite difference schemes/discrete population balances

3. High resolution finite volume method

4. Method of weighted residual

5. Method of moments

6. Monte Carlo simulation

Nach der **"Method of Characteristics"** können gewisse einfache Typen von partiellen Differenzialgleichungen (hier: Populationsbilanz in L und t) durch geeignete Koordinatentransformation in eine gewöhnliche Differenzialgleichung (hier: in Abhängigkeit von t) überführt werden. Die im vorliegenden Fall geeignete Koordinatentransformation wirkt sich so aus, als ob die Klassengrenzen mit der Wachstumsrate der jeweiligen Klasse wanderten (moving mesh). Unter anderem werden auf diese Weise Fehler, die durch numerische Dispersion ansonsten auftreten würden, vermieden. Da das hier zu behandelnde Problem wegen der zu beschreibenden Partikelagglomeration bzw. -fragmentierung nicht zu dem geforderten einfachen Typ einer partieller Differenzialgleichung führt, muss diese Methode mit anderen Methoden, wie beispielsweise einer Diskretisierung gekoppelt werden (Kumar & Ramkrishna, 1997), wodurch der beschriebene Vorteil wieder verloren ist.

"Finite difference schemes/discrete population balances" ist eine Art von Klassenmethode, in der die kontinuierliche Partikelgrößenverteilung als eine Reihe von mehreren Klassen dargestellt wird. Daher wird die partielle Differenzialgleichung zu einer Gruppe von gewöhnlichen differenziellen Gleichungen umgeformt. Darin ist die Cell-Average-Methode (Kumar et al., 2006) gut zur numerischen Lösung der Populationsbilanzierung geeignet. Da diese Methode kein bestimmtes Gitter voraussetzt, ist sie flexibler als beispielsweise der Algorithmus von Hounslow (1988). Außerdem erhält man die gesamte Anzahl und Masse (nulltes und drittes Moment) mithilfe des Cell-Average Algorithmus.

Die **"High resolution finite volume method"** (HRFVM) ist eine Methode mit Genauigkeit zweiter Ordnung. Durch einen so genannten „flux limiter" z. B. Van-Leer-limiter (LeVeque, 2004) wird die Störschwingung, insbesondere für den Fall mit Unstetigkeit, vermieden. Abbildung 2.1 zeigt für eine konstante Wachstumsrate (G_L = 1 µm/min, t = 30 min) die Lösung der Populationsbilanz, die mithilfe der HRFVM und der cell-average-Methode bestimmt wurde. Die numerische Lösung der HRFVM erreicht eine hohe Genauigkeit trotz eines groben Gitters. Dagegen taucht in der Rechnung mit der cell-average Methode die numerische Dispersion auf, welche durch Verfeinerung des Gitters verringert werden kann. Dennoch treten Abweichungen zur analytisch berechneten Verteilung auf. Ein Vergleich dieser beiden Methoden für den Fall mit einer Stufen-Funktion als Anfangsverteilung wird in Kapitel 9.1 dargestellt.

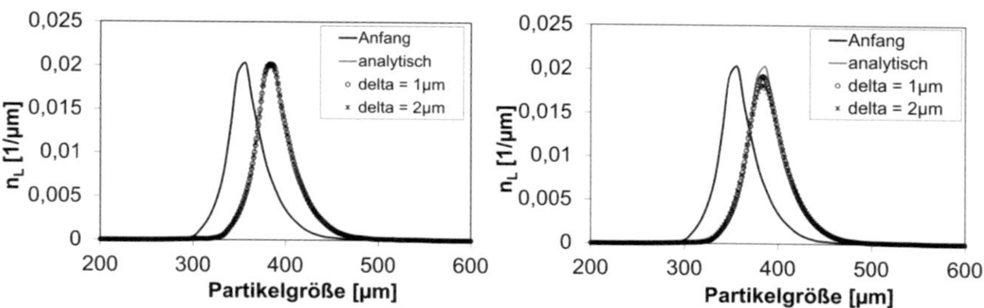

Abbildung 2.1: Lösung der Populationsbilanz mit der HRFVM-Methode (links) bzw. Cell-Average-Methode (rechts) für verschiedene Klassenbreiten delta.

Die **"Method of weighted residual" (gewichtete Residuen Methode)** sucht eine Näherungslösung (z. B. durch Polynom n-ter Ordnung) für die differenziellen Gleichungen. Die freien Parameter werden durch Minimierung des Fehlers (Residuen) durch verschiedene geeignete Methoden, z. B. Verfahren der orthogonalen Kollokation, Galerkin-Verfahren, gefunden. Unter dieser Methodenart füllt die h-p adaptive Galerkin-Methode (Wulkow, 1997) durch Anpassung des Gitterabstands (h) und der Polynomordnung (p) die Genauigkeit und die Schnelligkeit zur Lösung der Populationsbilanz. Das kommerzielle Software-Paket *Parsival* arbeitet mit dieser Methode. Ein Vergleich einer Testrechnung für einen Konti-Prozess mit externer Kernzufuhr und Produktabfuhr bei einer konstanten Wachstumsrate wird in Kapitel 9.1 gegeben.

In der Praxis wird nicht immer die vollständige Partikelgrößenverteilung benötigt, sondern einige charakteristische Größen, z. B. die ersten Momente, Sauter-Durchmesser usw. Daher ist die **„Method of Moments" (MOM)** (Randolph und Larson, 1971) dafür gut geeignet. In der „Standard Method of Moments" (SMOM) werden statt Lösung der Transportgleichungen der Partikelgrößenverteilung n_0 die Transportgleichungen der ersten k-ten Momente m_k gelöst.

$$m_{\text{k}} = \int_0^\infty L^k n_L(L)\,dL \qquad \text{(Gl. 2.2)}$$

$$\frac{\partial}{\partial t}(\rho m_{\text{k}}) = \rho\left(\overline{B}_{ag,k} - \overline{D}_{ag,k} + \overline{B}_{br,k} - \overline{D}_{br,k}\right) + \rho 0^k \dot{N}_{Keim} + \rho Growth_k \qquad \text{(Gl. 2.3)}$$
$$\underbrace{\phantom{\rho\left(\overline{B}_{ag,k} - \overline{D}_{ag,k} + \overline{B}_{br,k} - \overline{D}_{br,k}\right) + \rho 0^k \dot{N}_{Keim} + \rho Growth_k}}_{Quellterm}$$

In dieser Formulierung wird der Durchmesser der gebildeten Keime vernachlässigt (bei k = 0, $0^k = 1$; sonst, $0^k = 0$). Die Quellterme für das k-te Moment aufgrund der Agglomeration und des Bruches sind dann:

$$\overline{B}_{ag,k} = \frac{1}{2}\int_0^\infty n_L(L_j)\int_0^\infty \beta(L_i,L_j)(L_i^3 + L_j^3)^{k/3} n_L(L_i)\,dL_i\,dL_j \qquad \text{(Gl. 2.4)}$$

$$\overline{D}_{ag,k} = \frac{1}{2}\int_0^\infty L^k n_L(L)\int_0^\infty \beta(L,L_j)n_L(L_j)dL_j dL \qquad \text{(Gl. 2.5)}$$

$$\overline{B}_{br,k} = \int_0^\infty L^k \int_0^\infty g(L_j)p(L\,|\,L_j)n_L(L_j)dL_j dL \qquad \text{(Gl. 2.6)}$$

$$\overline{D}_{br,k} = \int_0^\infty L^k g(L)n_L(L)dL \qquad \text{(Gl. 2.7)}$$

$$Growth_k = \int_0^\infty kL^{k-1}G(L)n_L(L)dL \qquad \text{(Gl. 2.8)}$$

Allgemein sind die Quellterme für SMOM nur durch Reihenentwicklung als m_k darstellbar. Diese Beschränkung wird durch die sogenannte „Quadrature Method of Moments" (QMOM) (McGraw, 1997) überwunden. Drin wird die Partikelgrößenverteilung durch einige repräsentative **Nodes** (N = 2, 3 oder 4) mit jeweiliger dazugehöriger **Wichtungen (w_i)** und **Abszissen (L_i)** approximiert.

$$n_L(L,t) \approx \sum_{i=1}^N w_i(t)\delta\big[L - L_i(t)\big] \qquad \text{(Gl. 2.9)}$$

Mit der Eigenschaft von einem Dirac-Stoß

$$\int_0^\infty f(L(t))\delta\big[L - L_i(t)\big] = f(L_i(t)) \qquad \text{(Gl. 2.10)}$$

ergibt sich das k-te Moment m_k:

$$m_k = \int_0^\infty L^k n_L(L,t)dL \approx \sum_{i=1}^N w_i(t)L_i^k(t) \qquad \text{(Gl. 2.11)}$$

Die Quellterme lassen sich dann statt Integral durch Summe berechnen:

$$\overline{B}_{ag,k} = \frac{1}{2}\sum_{i=1}^N w_i \sum_{j=1}^N w_j \left(L_i^3 + L_j^3\right)^{k/3}\beta(L_i,L_j) \qquad \text{(Gl. 2.12)}$$

$$\overline{D}_{ag,k} = \frac{1}{2}\sum_{i=1}^N L_i^k w_i \sum_{j=1}^N w_j\beta(L_i,L_j) \qquad \text{(Gl. 2.13)}$$

$$\overline{B}_{br,k} = \sum_{i=1}^N w_i \int_0^\infty L^k g(L_i)p(L\,|\,L_i)dL \qquad \text{(Gl. 2.14)}$$

$$\overline{D}_{br,k} = \sum_{i=1}^N w_i L_i^k g(L_i) \qquad \text{(Gl. 2.15)}$$

$$Growth_k = \sum_{i=1}^{N} k \cdot w_i L_i^{k-1} G(L_i)$$

(Gl. 2.16)

Die Wichtungen w_i und die Abszissen L_i (i = 0…N-1) werden mithilfe des „Product Difference" (PD) Algorithmus (McGraw, 1997; Marchisio et al., 2003) aus den ersten k-ten (k = 0…2N-1) Momenten berechnet (siehe Kapitel 9.2). Allerdings muss der rechnerische, aufwendige PD-Algorithmus in QMOM für jeden Zeitschritt durchgeführt werden. Daher wird die „Direct Quadrature Method of Moments" (DQMOM) (Fan & Fox, 2004) vorgeschlagen, um das Problem mit geringem Aufwand zu lösen. Bei DQMOM werden die Wichtungen w_i (i = 0…N-1) und die Abszissen L_i der i-ten Node bestimmt, wobei $l_i = w_i L_i$ gilt.

$$\frac{\partial w_i}{\partial t} = a_i(w_i, L_i)$$

(Gl. 2.17)

$$\frac{\partial l_i}{\partial t} = b_i(w_i, L_i)$$

(Gl. 2.18)

a_i und b_i sind die Quellterme für w_i und l_i und werden, anderes wie bei QMOM, mithilfe eines linearen Gleichungssystems berechnet, das rechnerisch günstiger als der PD-Algorithmus ist:

$$(1-k)\sum_{i=1}^{N} L_i^k a_i + k \sum_{i=1}^{N} L_i^{k-1} b_i = \bar{S}_k$$

(Gl. 2.19)

für $N = 2$:

$$\begin{bmatrix} a_1 \\ a_2 \\ b_1 \\ b_2 \end{bmatrix} = A \cdot \begin{bmatrix} S_0 \\ S_1 \\ S_2 \\ S_3 \end{bmatrix}$$

(Gl. 2.20)

$$A =$$

$$\begin{pmatrix} (3L_1 - L_2)L_2^2 & -6L_1L_2 & 3(L_1 + L_2) & -2 \\ (L_1 - 3L_2)L_1^2 & 6L_1L_2 & -3(L_1 + L_2) & 2 \\ 2L_1^2L_2^2 & -(4L_1^2 + L_1L_2 + L_2^2)L_2 & 2(L_1^2 + L_1L_2 + L_2^2) & -L_1 - L_2 \\ -2L_1^2L_2^2 & (L_1^2 + L_1L_2 + 4L_2^2)L_1 & -2(L_1^2 + L_1L_2 + L_2^2) & L_1 + L_2 \end{pmatrix} \frac{1}{(L_1 - L_2)^3}$$

(Gl. 2.21)

Auf der rechten Seite der Gleichung stehen die Quellterme $\bar{S}_k$, welche in der Populationsbilanz die Quellterme der k-ten Momente (wie in QMOM) bezeichnen. Sowohl QMOM als auch DQMOM (Marchisio et al., 2003; Fan et al., 2004, Fan & Fox, 2008; Fox et al., 2008) können leicht in die CFD-Simulation implementiert werden, um die Populationsbilanz für eine Partikelphase bei Kopplung mit dem Strömungsfeld zu simulieren. Mit diesen Methoden wird der Rechenaufwand drastisch reduziert, da zum Lösen der Populationsbilanz einige repräsentative Nodes (2, 3 oder 4) und die jeweiligen Gewichtungsfaktoren benötigt werden. Die Implementierung der DQMOM in *Fluent* wird in Kapitel 5.1 detailliert erläutert.

Es gehen allerdings auch einige wichtige Informationen, z. B. bezüglich der Partikelgrößenverteilung, bei Verwendung von Momente-Methoden (SMOM, QMOM, DQMOM) verloren. Die Partikelgrößenverteilung kann entweder durch Parameteranpassung der vorgegebenen Verteilung (z. B. Gauss'sche Verteilung, β-Verteilung, γ-Verteilung) oder mithilfe der Methode finiter Momente nach dem Prinzip „statistically most probable distribution" (Pope, 1979) mit hinreichender Genauigkeit rekonstruiert werden (Die Vorgehensweise wird in Kapitel 9.3 erklärt).

Die Untersuchungen der Genauigkeit der QMOM bzw. DQMOM wurden in zahlreichen Veröffentlichungen (McGraw, 1997; Marchisio et al., 2003) diskutiert. In Kapitel 9.4 wird hierfür ein Beispiel für den Fall der reinen Agglomeration gezeigt.

Die **Monte Carlo Methode** ist eine stochastische Methode zur Lösung von Populationsbilanzen, die insbesondere für komplexe Systeme als gut geeignet erscheint (Ramkrishna, 2000). Jedoch ist der rechnerische Aufwand sehr hoch, deshalb wird diese Methode hier nicht weiter verfolgt.

Fazit: Für die Lösung der Populationsbilanz der Granulatphase ist die *HRFVM*-Methode am besten geeignet. Die Populationsbilanzierung der Granulatphase wird deshalb mit der *HRFVM*-Methode durchgeführt. Das kommerzielle Programm *Parsival* wird in dieser Arbeit nur verwendet, um die Genauigkeit von verschiedenen Methoden, wie z. B. der *HRVFM*-Methode, zu überprüfen. Die Populationsbilanz für die Staubphase wird hier aufgrund der Agglomeration zwischen den Staubteilchen mithilfe der „Cell-Average" Methode berechnet.

3 Simulation der Fluiddynamik

Untersuchungen zu den für die Wirbelschicht-Sprühgranulation bedeutsamen Einzelmechanismen zeigen, dass die Fluiddynamik im Granulatorraum eine wesentliche Rolle für die Raten von beispielsweise Tropfenabscheidung, Staubeinbindung, Abriebsverhalten der Partikel etc. spielt. Die Fluiddynamik im Granulatorraum muss hinreichend genau bestimmt werden, um Partikelwachstum und Keimbildung bei unterschiedlichen Betriebsbedingungen quantitativ richtig beschreiben zu können. Gleichzeitig wird eine hohe Genauigkeit bei reduziertem Rechenaufwand in dieser Arbeit dadurch angestrebt, dass einerseits die notwendigen CFD-Simulationen nicht in 3D, sondern in 2D im axialsymmetrischen „Swirl Flow"-Modus durchgeführt werden. In diesem Modus können alle drei Geschwindigkeitskomponenten (axial, radial, tangential) berechnet werden. Dies ist notwendig, da durch die Zerstäubungsdüse ein zu berücksichtigender, tangentialer Strömungsimpuls in den Granulatorraum eingetragen wird. Ferner soll die für die Rechnungen notwendige Zahl der Gitterpunkte möglichst klein gehalten werden. Dies wird durch den Verzicht auf die Abbildung der konstruktiven Details der Düsenmündung erreicht. Schließlich kommt das sogenannte Two- (Multi-) Fluid Modell zum Einsatz, um die Fluiddynamik für ein Gas-Granulat-System zu simulieren.

3.1 Simulation des einphasigen Systems im Granulatorraum

3.1.1 Düsenströmung

Bei der Wirbelschicht-Sprühgranulation wird die Granulationsflüssigkeit (hier wässrige Kalksteinsuspension mit PVP als Binder) über eine Zweistoffdüse in den Granulatorraum eingedüst. Eine besondere Schwierigkeit bei der Two- (Multi-) Fluid Simulation der Wirbelschicht-Sprühgranulation als 2D-axialsymmetrische CFD Simulation ist es, die Strömung der Luft in Düsennähe richtig zu beschreiben. Dort sind die Gradienten der Strömungsgeschwindigkeiten besonders hoch, und die Strömung erfährt durch die Düse einen Impuls sowohl in axialer als auch in tangentialer Richtung. Daher muss die Randbedingung des Düsenlufteintritts für die 2D-Simulation richtig aus 3D-Simulation ermittelt werden, in der nur die Luftströmung berücksichtigt wird.

Für die in dieser Arbeit durchgeführten Rechnungen wird eine spezifizierte Düse bei einem Zerstäubungsluft-Durchsatz von 12 kg/h bei 30 °C (Standardfall) verwendet. Die Düse besteht aus einem Gehäuse und einem im Gehäuse eingesetzten Verdrängungskörper (Drallkörper). Die zu zerstäubende Flüssigkeit wird mit einem im Vergleich zur Luftströmung geringem Eintrittsimpuls ($v = 0,5$ m/s) durch die 1,5 mm große Bohrung im Verdrängungskörper geführt. Die Zerstäubungsluft strömt im Gehäuse um den Verdrängungskörper und tritt im Ringraum zwischen der Spitze des Verdrängungskörpers und der Gehäuseöffnung aus. Der Ringspalt hat eine Schlitzweite von 0,5 mm (Abbildung 3.1).

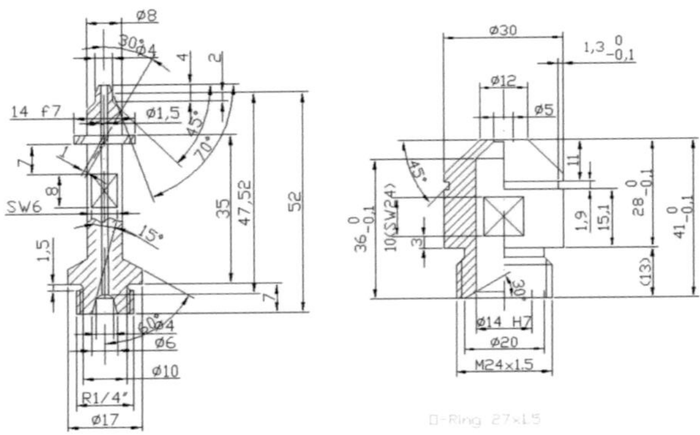

Abbildung 3.1: Technische Zeichnung der verwendeten Düse mit dem Gehäuse (links) und dem darin eingesetzten Verdrängungskörper (rechts).

Für die 3D-Rechnung der Luftströmung in der Düse wird mittels *GAMBIT* ein geeignetes Gitter mit ca. 350.000 Gitterpunkten erstellt (Abbildung 3.2). Das Gitter bildet die sechs Drallschlitze (Breite 1 mm) ab, welche einen für die Zerstäubungswirkung bedeutsamen Drall der Luftströmung erzeugen und so eine hohe tangentiale Geschwindigkeitskomponente bewirken. Die Geometrie wird aufgrund des komplizierten Aufbaus mit Tetraedern vernetzt. Da die Düsenmündung und die Drallkörperschlitze klein im Vergleich zur Düsengeometrie sind, wurde für die Vernetzung die sogenannte „Proximity"-Methode (allmähliche Vergröberung des Gitters) verwendet. Der größte Abstand zwischen zwei Gitterpunkten wird mit 3 mm vorgegeben.

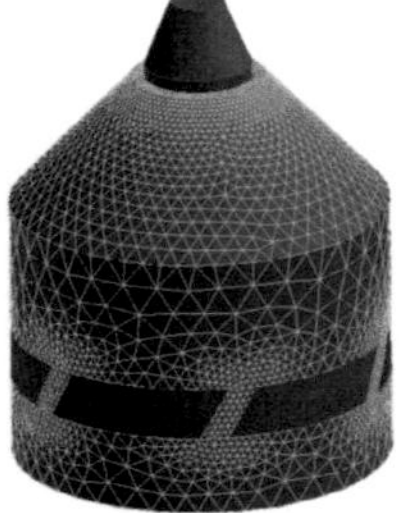

Abbildung 3.2: 3D-Darstellung der Düse.

Zur Simulation wird das „k-ε–realizable"-Modell als Turbulenzmodell (Zwei-Gleichungen Turbulenzmodell) (Spalding, 1972; Wilcox, 1998; Pope, 2000) verwendet. Die Luft wird wegen der auftretenden hohen Geschwindigkeiten als kompressibles ideales Gas beschrieben.

Bei einem Luftdurchsatz von 12 kg/h bei 30 °C betragen die Mittelwerte der drei Geschwindigkeitskomponenten an der Düsenmündung: $\bar{u} = 227\,m/s$ (axial), $\bar{v} = -67\,m/s$ (radial) und $\bar{w} = 101\,m/s$ (tangential). Abbildung 3.3 zeigt die lokale Verteilung von u, v und w sowie den Druck an der Düsenmündung. Der absolute Druck des Gases an der Mündung beträgt 1,6 bar. Der Druck vor der Düse beträgt 2,5 bar, was gut mit dem im Betrieb gemessenen Druck (Manometer, 2,5 bar) übereinstimmt.

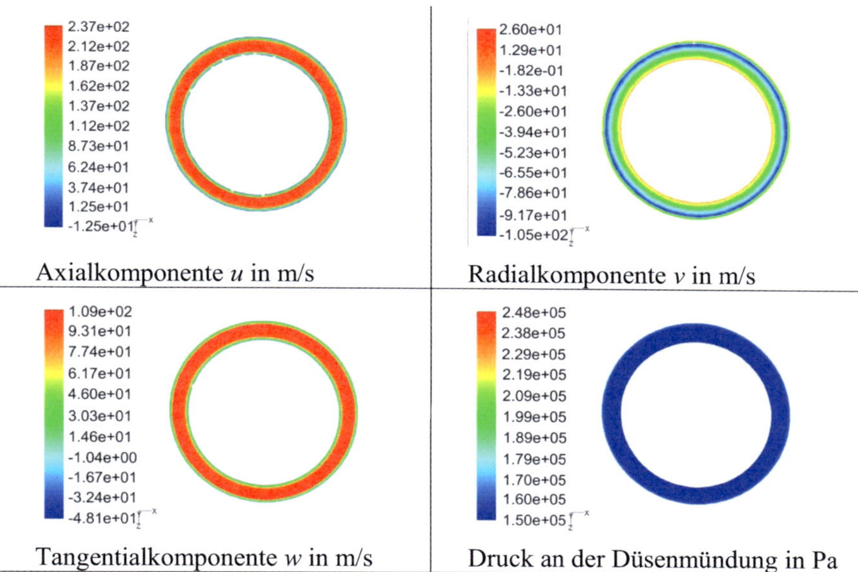

Abbildung 3.3: Darstellung der drei Geschwindigkeitskomponenten und des absoluten Drucks am Düsenaustritt.

3.1.2 2D-Ersatzmodell der Düse

Aus den obigen Ergebnissen ist ersichtlich, dass insbesondere die axiale Strömungsgeschwindigkeit am Düsenaustritt hohe Werte annimmt ($Ma \approx 0,7$). Daher ist die Kompressibilität der Luft nicht mehr vernachlässigbar und diese Geschwindigkeiten können nicht in das inkompressibel zu rechnende 2D-axialsymmetrische Strömungsmodell des Granulators übernommen werden.

Somit ist es also notwendig ein Ersatzmodell zu erstellen, bei dem die genannten hohen Geschwindigkeiten nicht auftreten.

Im hier vorgeschlagenen 2D-Ersatzmodell des Granulators (axialsymmetrisch, Swirl-Flow, inkompressibel) wird die Düse nicht mitgerechnet und die oben beschriebene ringförmige Düsenmündung, durch die die Zerstäubungsluft in den Granulatorraum eintritt, durch eine kreisförmige Eintrittsöffnung (Leerrohr) gleichen Durchmessers ersetzt. Unter dieser Voraussetzung beträgt die rechnerische Leerrohrgeschwindigkeit 150 m/s (bei dem üblichen Durchsatz an Zerstäubungsluft von 12 kg/h bei 30 °C) und liegt somit in einem Bereich, in dem bei inkompressibler Strömungsrechnung keine nennenswerten Fehler mehr auftreten ($Ma < 0,5$). In der Simulation wird die Luft als sogenanntes „inkompressibles, ideales Gas" gerechnet.

Zur Kalibrierung der drei Geschwindigkeitskomponenten, die die Zerstäubungsluft in diesem Modell als Eintrittsrandbedingung aufzuweisen hat, wird ein 3D-Modell von Düse und Granulatorraum benötigt. Die geometrischen Daten des Granulatorraums sind in Tabelle 3.1 aufgeführt.

Tabelle 3.1: Geometrische Abmessungen des Granulatorraums, entspricht den Abmessungen der Versuchsanlage am Institut für Thermische Verfahrenstechnik.

Abmessung der Begrenzungen des Rechenraums	in mm
Durchmesser des Düsenlufteinlasses	5
Außendurchmesser des Ringspaltes zur Produktentnahme	30
Innendurchmesser des Fluidisationsbodens	78
Durchmesser des Granulatorraums und gleichzeitig Außendurchmesser des Fluidisationsbodens	222,8
Höhe der Apparatewand	1861
Durchmesser des Luftauslasses	45
Höhe der Symmetrieachse	1887

Das hierzu erstellte 3D-Gittermodell weist oben genannte 350.000 Gitterpunkte für die Düse und weitere ca. 1.000.000 Gitterpunkte für den Granulatorraum auf und ist in Abbildung 3.4 dargestellt.

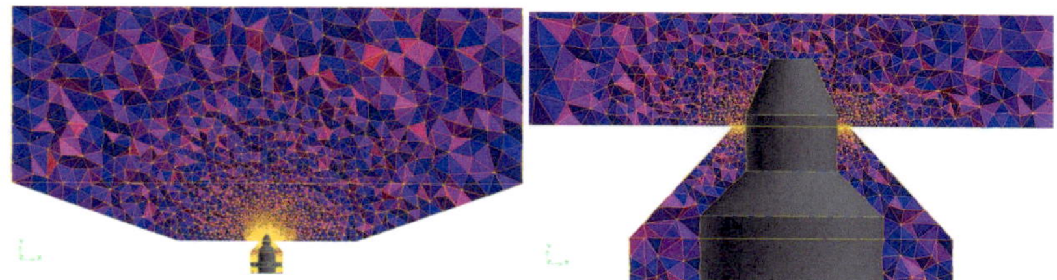

Abbildung 3.4: 3D-Darstellung der Anlage einschließlich der Düse (2D-Schnitt).

Das Ergebnis einer einphasigen Rechnung mit k-ε-realizable Turbulenzmodell für dieses 3D-Modell ist in Abbildung 3.5 dargestellt:

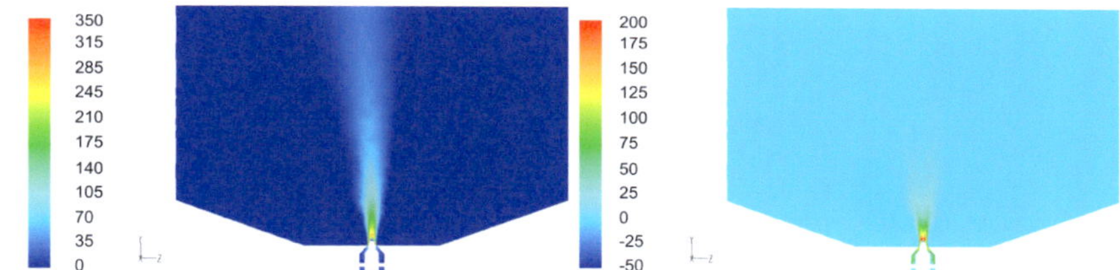

Abbildung 3.5: Vertikale (linke) und tangentiale (rechts) Geschwindigkeit (in m/s) im Granulatorraum in Düsennähe (Schnittebene von x = 0 mm).

Die gezeigte Rechnung ermöglicht es nun, festzustellen, in welchem Abstand von der Düsenmündung die über den Leerrohrdurchmesser gemittelte Axialgeschwindigkeit den Wert der rechnerischen Leerrohrgeschwindigkeit von $\overline{u} = 150\,m/s$ annimmt. Dies ist im Abstand von 1,9 cm von der Düsenmündung der Fall. Dort betragen die gemittelte radiale Geschwindigkeit $\overline{v} = -0,3\,m/s$ und die gemittelte tangentiale Geschwindigkeit $\overline{w} = 31,3\,m/s$. Für alle nachfolgenden Rechnungen werden die Verhältnisse dieser drei Geschwindigkeitskomponenten als konstant angenommen. Daher wird die Randbedingung an der Düsenmündung im 2D-Ersatzmodell mit kreisförmigem Eintritt der Zerstäubungsluft stets als Vektor (1; 0; 0,2) eingesetzt.

Mit dem so kalibrierten Ersatzmodell kann auf die detailgetreue Abbildung der Düsengeometrie verzichten werden, wodurch sich die insgesamt für die Simulation benötigte Gitteranzahl deutlich reduziert.

3.1.3   Fluiddynamik der Gasphase mit dem 2D-Ersatzmodell

Für den am TVT vorhandenen Granulator wurden mit *GAMBIT* zwei verschiedene 2D Gitter erstellt, um zu prüfen, ob die Vereinfachung eines zylinderförmigen Einlasses der Zerstäubungsluft gegenüber einem Rechengitter mit Berücksichtigung der Düsengeometrie zulässig ist. Beide Simulationsergebnisse werden mit eigenen Messungen an der vorhandenen Anlage verglichen. Das vereinfachte Ersatzgitter ohne Repräsentation der Düsengeometrie ist in Abbildung 3.6 wiedergegeben. Es weist 11.000 Gitterpunkte auf.

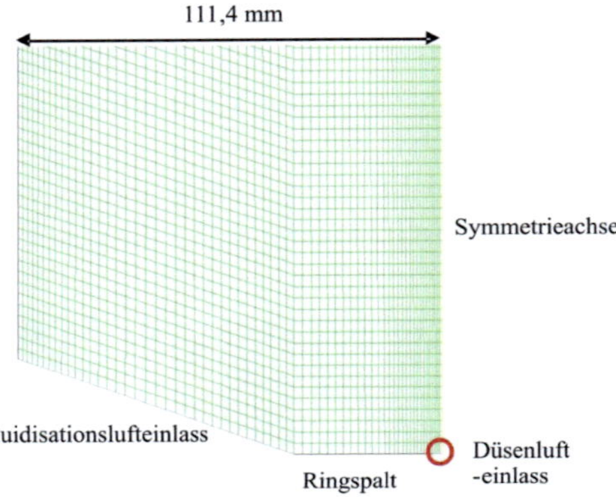

Abbildung 3.6: 2D-Gitter des Ersatzmodells ohne Düsengeometrie.

Das zweite Gitter (20.000 Gitterpunkte) repräsentiert die tatsächliche Düsengeometrie mit dem ringförmigen Einlass der Zerstäubungsluft und der kegelförmigen Spitze des Verdrängungskörpers, siehe Abbildung 3.7. In diesem Fall wird das Gitter während der Rechnung in Abhängigkeit des Gradienten der Luftgeschwindigkeit dynamisch adaptiert.

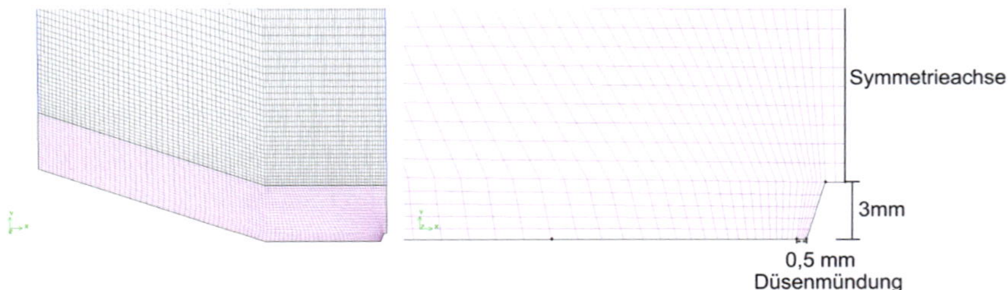

Abbildung 3.7: 2D-Gitter des Ersatzmodells mit Düsengeometrie (links) und seine vergrößerte Darstellung.

Für beide Gitter wurden stationäre, kompressible Rechnungen für einen Zerstäubungsluftstrom von 12 kg/h (30 °C) sowohl mit dem „k-ε realizable Model" als auch mit dem „Reynolds-Stress"-Modell (RSM, Mehr-Gleichungen Turbulenzmodell) (Pope, 2000) durchgeführt. Als Randbedingung wird ein „Mass Flow Inlet" verwendet und der Geschwindigkeitsvektor wird aus der 3D Rechnung übernommen. Die Ergebnisse für die axiale Geschwindigkeitskomponente sind in Abbildung 3.8 qualitativ wiedergegeben.

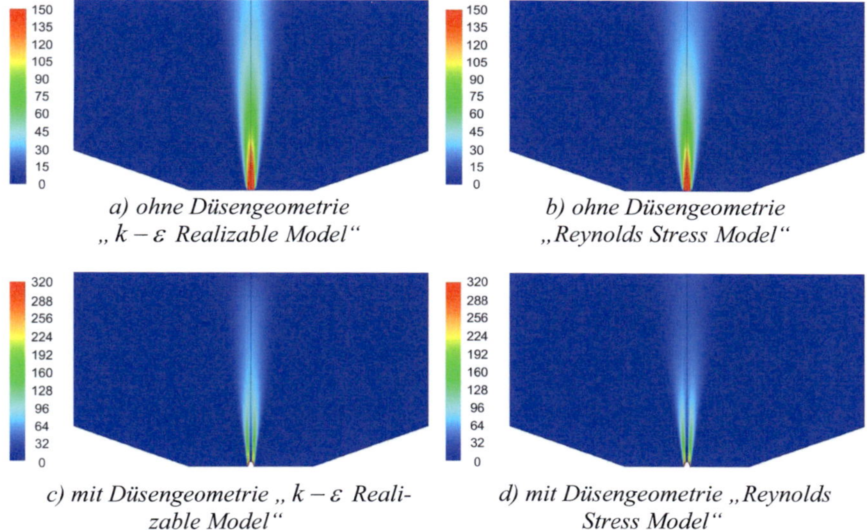

a) ohne Düsengeometrie
„ k − ε Realizable Model"			*b) ohne Düsengeometrie*
„Reynolds Stress Model"

c) mit Düsengeometrie „ k − ε Realizable Model"			*d) mit Düsengeometrie „Reynolds Stress Model"*

Abbildung 3.8: Berechnete axiale Geschwindigkeitskomponenten (in m/s) mit 2D-Gittern mit und ohne Berücksichtigung der Düsengeometrie für einen Düsenluftstrom von 12 kg/h.

In Abbildung 3.9 erfolgt die Validierung der obigen 3D- und der 2D-Rechnungen durch Vergleich mit Messungen. Die Abbildung zeigt die gemessenen und die berechneten Profile der axialen Geschwindigkeitskomponente in einer Höhe von 100 mm oberhalb der Düsenmündung. Die Messungen wurden mit einem 1-Komponenten Laser-Doppler-Anemometer (LDA) (siehe Kapitel 9.5) durchgeführt.

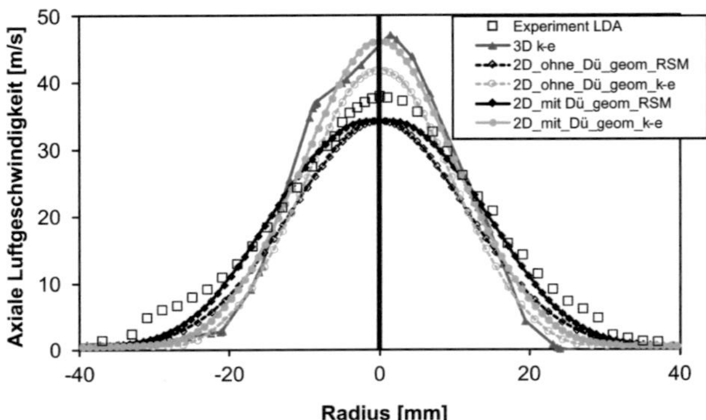

Abbildung 3.9: Radiale Verteilung der axialen Luftgeschwindigkeit im Abstand von 100 mm oberhalb der Düsenmündung Rechnung für verschiedene Turbulenz-Modelle für einen Luftdurchsatz von 12 kg/h.

Abbildung 3.10 zeigt die gemessenen und die berechneten Profile der axialen Geschwindigkeitskomponente in einer Höhe von 80 mm oberhalb der Düsenmündung. Die Messungen wurden mit einem Particle Image Velocimeter (PIV) (siehe Kapitel 9.5) durchgeführt.

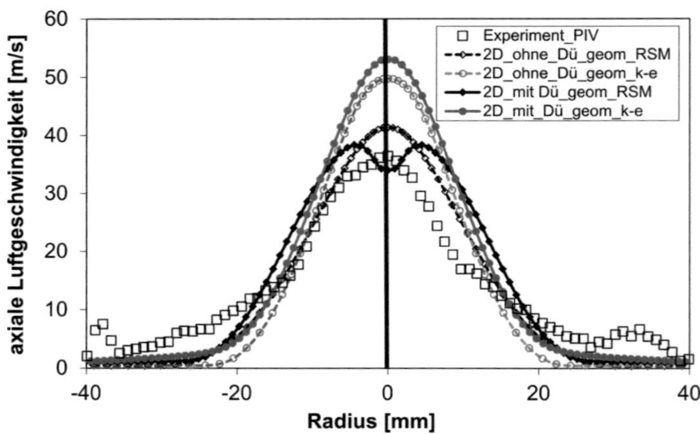

Abbildung 3.10: Radiale Verteilung der axialen Luftgeschwindigkeit im Abstand von 80 mm oberhalb der Düsenmündung Rechnung für verschiedene Turbulenz-Modelle für einen Luftdurchsatz von 12 kg/h.

Es ist zu erkennen, dass die experimentellen Messwerte verhältnismäßig gut mit den Simulationsergebnissen des „k-ε Realizable Model" und „Reynolds Stress Model" übereinstimmen. Insbesondere stimmt auch das vereinfachte 2D-Gitter ohne Düsengeometrie gut mit der Messung überein.

Die Geschwindigkeiten aus den Rechnungen mit dem „Reynolds Stress Model" sind in der Mitte des Düsenstrahls ca. 10 % niedriger als die Messdaten, während bei Verwendung des „k-ε Realizable Model" die Luftgeschwindigkeit an der Messstelle um ca. 13 % überschätzt wird. Die Geschwindigkeitsverteilung aus den Rechnungen mit dem 3D-Modell ist nicht axialsymmetrisch, was daran liegt, dass die Anlage selbst trotz einer verhältnismäßig hohen Anzahl an Gitterpunkten im dreidimensionalen Fall ein gröberes Gitter hat. Die Strahlbreite aus den Rechnungen mit 2D-Gitter und Berücksichtigung der Düsengeometrie stimmt bei beiden Turbulenzmodellen gut mit den Messdaten überein. Trotz der Abweichung in Düsennähe weisen die Rechnungen mit dem 3D-Gitter sowie dem 2D-Gitter mit und ohne Düsengeometrie beim „k-ε Realizable Modell" eine gute Übereinstimmung mit den Messdaten auf, wobei die Düsenstrahlbreite durch das „Reynolds Stress" Modell besser wiedergegeben wird als durch das „k-ε Realizable" Modell.

3.2 Fluiddynamik des zweiphasigen Systems Gas-Granulat

Neben der Gasphase befinden sich in der Wirbelschicht die Granulate, die miteinander bzw. mit der Gasphase wechselwirken. Im Hinblick auf den Rechenaufwand wird in dieser Arbeit das Gas-Granulat System mithilfe des TFMs simuliert. Ein Standardfall wird sowohl für die Simulation als auch für die experimentellen Validierungen ausgewählt. Die Randbedingungen für den Standardfall sind in Tabelle 3.2 gegeben. Im Experiment werden die Partikel mithilfe der Siebe auf Partikelgrößen von 630-700 µm klassiert.

Tabelle 3.2: Randbedingungen für den Standardfall.

Düsenluftmassenstrom [kg/h]	12
Temperatur der Düsenluft [°C]	30
Fluidisationsluftmassenstrom [kg/h]	105
Temperatur der Fluidisationsluft [°C]	100
mittlere Partikelgröße [µm]	650
Partikeldichte [kg/m^3]	1700
Bettmasse [g]	1000

3.2.1   Two-Fluid Model mit kinetischer Theorie

Die Schließbedingung des TFMs ist, dass die Summe der Volumenanteile aller beteiligten Phasen q eins sein muss:

$$\sum_{q=1}^{q=n} \alpha_q = 1$$

(Gl. 3.1)

Massenerhaltung:

Die Kontinuitätsgleichung für die Phase q mit dem Stoffaustausch (S_q) mit anderen Phasen lautet:

$$\frac{\partial}{\partial t}\left(\alpha_q \rho_q\right) + \nabla \cdot (\alpha_q \rho_q \vec{v}_q) = S_q$$

(Gl. 3.2)

Impulserhaltung

Die Erhaltungsgleichung der Impulse der Phase q (g, s) lässt sich wie folgt formulieren:

$$\frac{\partial}{\partial t}\left(\alpha_q \rho_q \vec{v}_q\right) + \nabla \cdot (\alpha_q \rho_q \vec{v}_q \vec{v}_q)$$
$$= -\alpha_q \nabla P + \nabla \cdot \overline{\overline{\tau}} + \alpha_q \rho_q g + \sum K_{p,q}(\vec{v}_p - \vec{v}_q),$$

(Gl. 3.3)

wobei $\overline{\overline{\tau}}$ der Reynolds-Spannungstensor ist:

$$\overline{\overline{\tau}} = \alpha_q \mu_q \left(\nabla \vec{v}_q + \nabla \vec{v}_q^{\,T}\right) + \alpha_q \left(\lambda_q - \frac{2}{3}\mu_q\right)\nabla \cdot \vec{v}_q \overline{\overline{I}}$$

(Gl. 3.4)

g ist die Erdbeschleunigung und $K_{p,q}$ ist der Impulsaustauschkoeffizient zwischen den beiden Phasen. Für ein Gas-Granulat-System, wie die vorliegende Wirbelschicht ist das Modell von Gidaspow (1994) gut geeignet, welches das Modell von Ergun (1952) und das Modell von Wen-Yu (1966) für hohe bzw. niedrige Konzentrationen der dispersen Phase kombiniert.

$$K_{g,s,Ergun} = 150\frac{\alpha_s^2 \mu_g}{\alpha_g d_s^2} + 1,75\frac{\alpha_s \rho_g}{d_s}\left|\vec{v}_g - \vec{v}_s\right|, \qquad \text{wenn } \alpha_g < 0,8 \qquad \text{(Gl. 3.5)}$$

$$K_{g,s,Wen-Yu} = \frac{3}{4}C_D \frac{\alpha_s \alpha_g \rho_g}{d_s}\left|\vec{v}_g - \vec{v}_s\right|\alpha_g^{-2,65}, \qquad \text{wenn } \alpha_g \geq 0,8 \qquad \text{(Gl. 3.6)}$$

wobei der Widerstandskoeffizient C_D definiert ist als:

$$C_D = \frac{24}{\mathrm{Re}_s}\left[1 + 0{,}15\left(\mathrm{Re}_s\right)^{0{,}687}\right], \qquad\qquad \text{wenn } \mathrm{Re}_s < 1000 \quad \text{(Gl. 3.7)}$$

$$C_D = 0{,}44, \qquad\qquad\qquad\qquad \text{wenn } \mathrm{Re}_s \geq 1000 \quad \text{(Gl. 3.8)}$$

Re_s ist die Reynolds Zahl der Feststoffpartikel und definiert als:

$$\mathrm{Re}_s = \frac{\alpha_g \rho_g \left|\vec{v}_g - \vec{v}_s\right| d_s}{\mu_g} \qquad\qquad \text{(Gl. 3.9)}$$

Zur Formulierung der Stoffeigenschaften der Granulatphase mittels der KTGF wird die Granulattemperatur Θ_s benötigt. Die Granulattemperatur wird analog zur Gastemperatur als Fluktuation der Partikelgeschwindigkeit v_s' definiert:

$$\Theta_s = \frac{1}{3}\left(v_s'^2\right) \qquad\qquad \text{(Gl. 3.10)}$$

Die Transportgleichung der Granulattemperatur ist dabei wie folgt formuliert:

$$\frac{3}{2}\left[\frac{\partial}{\partial t}\left(\rho_s \alpha_s \Theta_s\right) + \nabla \cdot \left(\rho_s \alpha_s \vec{v}_s \Theta_s\right)\right]$$

$$= \underbrace{\left(-P_s \bar{\bar{\mathbf{I}}} + \bar{\bar{\tau}}_s\right) : \nabla \vec{v}_s}_{\substack{\text{Energieerzeugung durch} \\ \text{Spannungstensor}}} - \underbrace{\nabla \cdot \left(k_{\Theta_s} \nabla \Theta_s\right)}_{\substack{\text{Energiedissipation} \\ \text{durch Diffusion}}} - \underbrace{\gamma \cdot \Theta_s}_{\substack{\text{Energiedissipation} \\ \text{durch Kollision}}} + \underbrace{\varphi_{g,s}}_{\substack{\text{Wechselwirkung zwischen} \\ \text{Gas und Solid Phase}}} \qquad \text{(Gl. 3.11)}$$

,

wobei $\left(-P_s \bar{\bar{\mathbf{I}}} + \bar{\bar{\tau}}_s\right) : \nabla \vec{v}_s$ die Erzeugung von Energie durch Schubspannung beschreibt. Der Druck der dispersen Phase lautet nach Lun et al. (1984) wie folgt:

$$P_s = \alpha_s \rho_s \Theta_s + 2\rho_s\left(1 + e_{ss}\right)\alpha_s^2 \Theta_s g_{0,ss} \qquad\qquad \text{(Gl. 3.12)}$$

$k_{\Theta_s} \nabla \Theta_s$ ist die Diffusion von Energie, wobei der Diffusionskoeffizient k_{Θ_s} in dieser Arbeit mit der Formel von Gidaspow (1994) berechnet wurde:

$$k_{\Theta_s} = \frac{150 \rho_s d_s \sqrt{(\Theta \pi)}}{384\left(1 + e_{ss}\right) g_{0,ss}}\left[1 + \frac{6}{5}\alpha_s g_{0,ss}\left(1 + e_{ss}\right)\right]^2 + 2\rho_s \alpha_s^2 d_s\left(1 + e_{ss}\right) g_{0,ss}\sqrt{\frac{\Theta_s}{\pi}} \quad \text{(Gl. 3.13)}$$

$\gamma \cdot \Theta_s$ ist die Energie-Dissipation aufgrund der Kollisionen der Partikeln untereinander,

$$\gamma \cdot \Theta_s = \frac{12\left(1 - e_{ss}^2\right) g_{0,ss}}{d_s \sqrt{\pi}}\rho_s \alpha_s^2 \Theta_s^{3/2} \qquad\qquad \text{(Gl. 3.14)}$$

e_{ss} charakterisiert den Restitutionskoeffizienten, für den als Standardwert 0,9 vorgeschlagen wird. $g_{0,ss}$ bezeichnet die radiale Verteilung der Granulatphase, wobei dieser Wert von der vorgegebenen maximalen Volumenfraktion der Granulatphase abhängt.

$$g_{0,ss} = \left[1 - \left(\frac{\alpha_s}{\alpha_{s,max}} \right)^{1/3} \right]^{-1}$$

(Gl. 3.15)

Hier wurde die maximale Volumenfraktion $\alpha_{s,max}$ der Granulatphase als 0,63 und damit nah an der zufällig dichtesten Kugelpackung (0,64) angenommen. Der Energieaustauschterm zwischen der Gasphase und der Granulatphase lautet:

$$\varphi_{g,s} = -3K_{g,s}\Theta_s$$

Schubspannung der Granulatphase

Zur Berechnung der Schubspannung der Granulatphase werden die dynamische Scherviskosität μ_s und die Volumenscherviskosität λ_s (Bulk Viskosität) benötigt. Die dynamische Scherviskosität besteht aus einem Kollisionsanteil, einem kinetischen Anteil und einem Reibungsanteil:

$$\mu_s = \mu_{s,col} + \mu_{s,kin} + \mu_{s,fric}$$

(Gl. 3.16)

Der Kollisionsanteil und der kinetische Anteil werden nach Ding und Gidaspow (1990) folgendermaßen berechnet:

$$\mu_{s,col} = \frac{4}{5}\alpha_s\rho_s d_s g_{0,ss}\left(1 + e_{ss}\right)\left(\frac{\Theta_s}{\pi}\right)^{1/2}$$

(Gl. 3.17)

$$\mu_{s,kin} = \frac{10\rho_s d_s \sqrt{\Theta_s \pi}}{96\alpha_s\left(1 + e_{ss}\right)g_{0,ss}}\left[1 + \frac{4}{5}g_{0,ss}\alpha_s\left(1 + e_{ss}\right)\right]^2$$

(Gl. 3.18)

Die Volumenviskosität ist gegeben durch (Lun et al., 1984):

$$\lambda_s = \frac{4}{3}\alpha_s\rho_s d_s g_{0,ss}\left(1 + e_{ss}\right)\sqrt{\frac{\Theta_s}{\pi}}$$

(Gl. 3.19)

In Tabelle 3.3 sind die im TFM verwendeten Modelle bzw. Modellparameter für den Standardfall aufgelistet. Nach der Initialisierung wird die Partikelphase bei allen Rechnungen durch den Befehl „Patch" in die Wirbelschicht zugegeben. Aus der Masse der Partikel und dem Anfangsvolumenanteil der Partikel, welcher auf 0,6 gesetzt wird, wird eine einzustellende Füllhöhe bestimmt.

Tabelle 3.3: Modelle bzw. Modellparameter für den Standardfall.

Parameter	Modell und Konstante
Bulk Viskosität	Lun
Granulatviskosität	Gidaspow
radiale Verteilungsfunktion	Lun
Granulatdruck	Lun
Drag	Gidaspow
Packungslimit	0,63
Restitutionskoeffizient	0,9

3.2.2 Turbulenzrechnung der Partikelphase

Verschiedene Modelle sind vorhanden, um die Turbulenz der dispersen Phase zu modellieren, das „Mixture Model", das „Dispersed Model" und das „Per Phase Model". Im „Mixture Model" werden alle Größen der beiden Phasen mit dem Volumenanteil gemittelt und die Transportgleichungen nur ein Mal berechnet. Dieses Modell gilt für den Fall, dass die Dichten von den beiden Phasen nicht sehr unterschiedlich sind. Ist wie bei der betrachteten Wirbelschicht der Dichteunterschied der beiden Phasen groß (~ 1000), kann das „Mixture Model" hier nicht verwendet werden. Im „Dispersed Model" werden die Transportgleichungen nur für die kontinuierliche Phase berechnet, die Turbulenz der dispersen Phase wird aus der Turbulenz der kontinuierlichen Phase mit empirischen Ansätzen berechnet. Im „Per Phase Model" werden die Transportgleichungen für beide Phasen gleichzeitig gelöst. Die drei Modelle können mit den Turbulenzmodellen für die Gasphase, wie „k-ε Model" (Zwei-Gleichungen Modell) und dem „Reynolds Stress Model" (Mehrgleichungen Modell) kombiniert werden. Aufgrund der Komplexität ist allerdings keine Kombination des „Reynolds Stress Modell" mit dem „Per Phase Model" in *Fluent* möglich. Eine detaillierte Diskussion über k-ε-Dispersed-Model, k-ε Per-Phase-Model und Reynolds-Stress-Dispersed Model ist in Kapitel 9.6 zu finden.

3.2.3 Simulationsergebnisse mithilfe des TFMs

Um ein geeignetes Turbulenzmodell für die Wirbelschichtrechnung zu finden, werden alle vorhandenen Turbulenzmodelle sowohl für das 2D-Gitter mit Düsengeometrie als auch ohne Düsengeometrie untersucht.

Simulationen mit dem 2D-Gitter mit der Düsengeometrie

Die Simulationen mit unterschiedlichen Düsenluftgeschwindigkeitsvektoren werden für den Standardfall durchgeführt. Die Geschwindigkeitsvektoren für die gerechneten Fälle sind in Tabelle 3.4 gegeben. Für das Gitter mit der Düsengeometrie sind die Randbedingungen des zweiphasigen Systems schwer anzupassen. Für das einphasige System (nur Luft) kann die Luftphase als kompressibles Gas (compressible ideal gas) betrachtet werden, wodurch ein Überdruck am Lufteintritt vorgegeben werden kann (initial gauge pressure). Im TFM (Euler-Euler) kann das Gas dagegen nicht mehr als kompressibles ideales Gas betrachtet werden, sondern muss als inkompressibles ideales Gas angenommen werden. Hierbei besteht jedoch keine Möglichkeit, durch den Druck die Gasdichte am Rand einzustellen. Aufgrund des Drucks an der Düsenmündung beträgt die axiale Gasgeschwindigkeit statt 227 m/s für das kompressible Gas jetzt 442 m/s für das inkompressible ideale Gas und ist damit nicht physikalisch sinnvoll, da sie über der Schallgeschwindigkeit von Luft liegt. Daher stimmt das Verhältnis zwischen den tangentialen und axialen Geschwindigkeiten nicht mehr mit dem aus der 3D Simulation ermittelten Verhältnis überein. Deshalb wurden drei Tests durchgeführt: Zunächst (Simulation 3) wird das Verhältnis zwischen tangentialer und axialer Geschwindigkeitskomponente gemäß dem aus der 3D-Rechnung ermittelten Verhältnis an der Düsenmündung auf 45% gesetzt (1; 0; 0,45). In einem zweiten Test (Simulation 2) wird der aus der 3D-Rechnung folgende Absolutwert der Tangentialgeschwindigkeit an der Düsenmündung konstant ($w = 101$ m/s) gehalten. Dadurch ergibt sich für den Geschwindigkeitsvektor das Verhältnis von tangentialer zu axialer Geschwindigkeit für das inkompressible Gas zu (1; 0; 0,2). Außerdem wird geprüft, ob die tangentiale Geschwindigkeit komplett vernachlässigt werden darf (Simulation 1). Die gerechneten Fälle sind in Tabelle 2 zusammengefasst.

Tabelle 3.4: Randbedingungen des Düsenluftgeschwindigkeitsvektors der berechneten Fälle.

Düsenluftgeschwindigkeitsvektor	Sim. 1	Sim. 2	Sim. 3
axiale Komponente	1	1	1
radiale Komponente	0	0	0
tangentiale Komponente	0	0,2	0,45

Die ersten Simulationen mit dem 2D-Gitter mit Düsengeometrie werden mit dem k-ε dispersed, k-ε Per Phase sowie dem RSM-dispersed Modell durchgeführt. Die Berechnungen zeigen, dass die Vernachlässigung der tangentialen Geschwindigkeit nicht zulässig ist. Die Rechnungen mit einem Verhältnis von tangentialer zu axialer Geschwindigkeitskomponente von 0,2 stimmen am besten mit den experimentellen Daten überein, d. h., der absolute Betrag der tangentialen Geschwindigkeit w von 101 m/s aus der 3D-Rechnung sollte als Randbedingung in die 2D-Rechnung eingesetzt werden. Die Vernachlässigung der tangentialen Geschwindigkeit führt zur Überschätzung der Partikelgeschwindigkeit. Die Rechnungen mit einem Verhältnis von tangentialer zu axialer Geschwindigkeitskomponente von 0,45 führen zu relativ größeren Abweichungen von den Messdaten. Das liegt daran, dass die Tangentialgeschwindigkeit aufgrund der Inkompressibilität der Luft an der Düsenmündung stark überschätzt wird und damit kaum Partikel in die Mitte des Düsenstrahls vordringen. Außerdem lassen die Kurven in Abbildung 3.11 bis Abbildung 3.13 erkennen, dass das Reynolds Stress Modell die experimentellen Daten am besten wiedergibt.

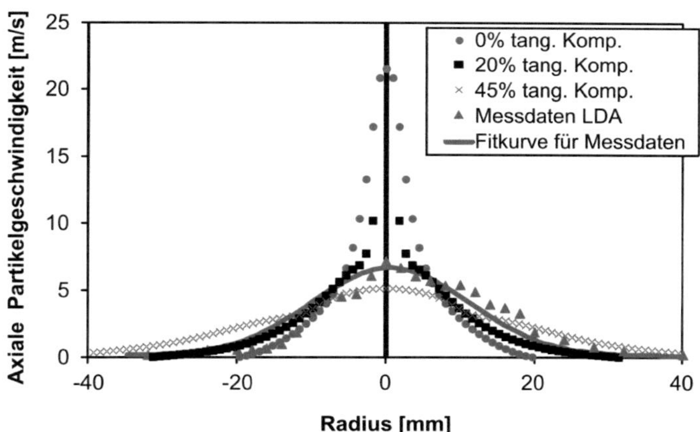

Abbildung 3.11: Simulierte axiale Partikelgeschwindigkeit mit verschiedenen Randbedingungen (70 mm oberhalb der Düsenmündung). (k-ε dispersed, mit Düsengeometrie).

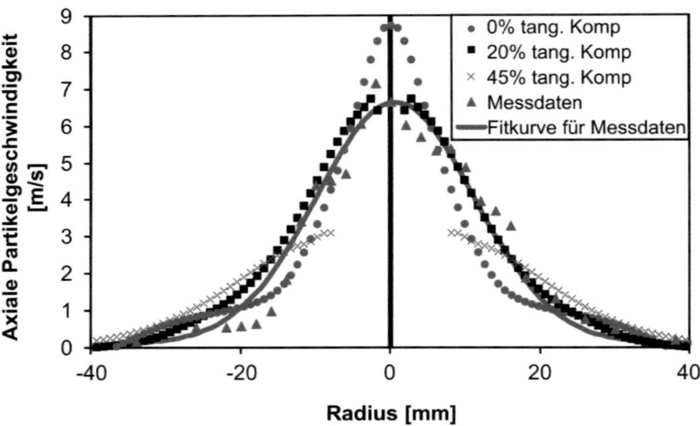

Abbildung 3.12: Simulierte axiale Partikelgeschwindigkeit mit verschiedenen Randbedingungen (70 mm oberhalb der Düsenmündung). (k-ε per phase, mit Düsengeometrie).

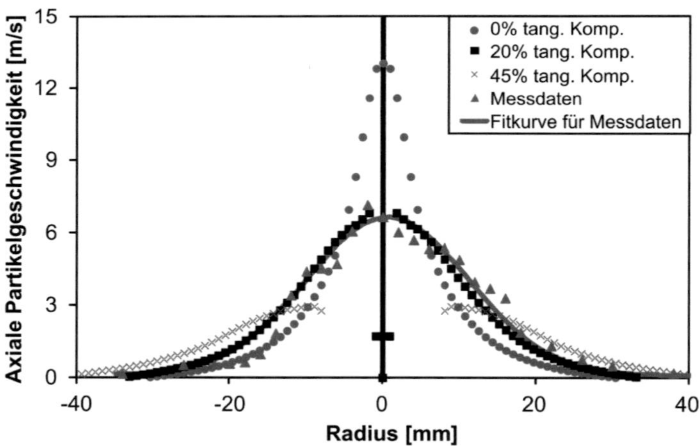

Abbildung 3.13: Simulierte axiale Partikelgeschwindigkeit mit verschiedenen Randbedingungen (70 mm oberhalb der Düsenmündung). (RSM dispersed, mit Düsengeometrie).

Simulationen mit dem 2D-Gitter ohne Düsengeometrie

Um die Genauigkeit des Ersatzmodells (ohne Düsengeometrie) zu überprüfen, wurden Simulationen mit dem entsprechend vereinfachten Gitter durchgeführt, wobei als Turbulenzmodell das RSM-dispersed verwendet wurde. Abbildung

3.14 zeigt, dass dieses Ersatzgitter die Fluiddynamik der Partikelphase genauso gut beschreiben kann wie das Gitter mit der Düsengeometrie. Das heißt, die Düsengeometrie darf aufgrund ihrer im Vergleich zur Gesamtanlage kleinen Abmessungen vernachlässigt werden.

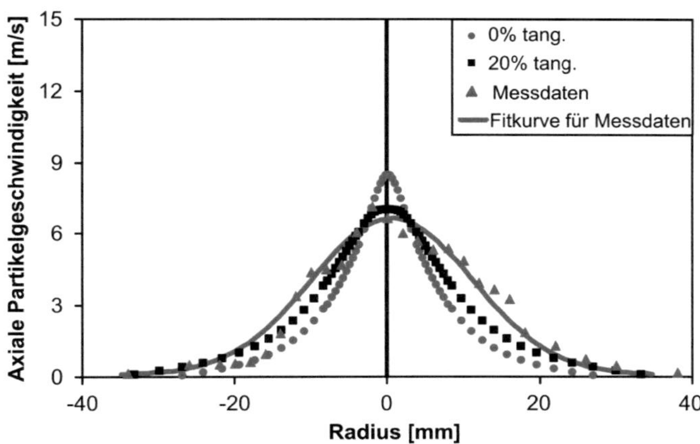

Abbildung 3.14: Simulierte axiale Partikelgeschwindigkeit mit verschiedenen Randbedingungen (RSM dispersed, ohne Düsengeometrie).

Fazit: Es konnte gezeigt werden, dass die axiale Geschwindigkeit der Partikel nur unwesentlich von der Düsengeometrie beeinflusst wird, sodass die Rechnungen mit und ohne Düsengeometrie keine deutlichen Unterschiede aufweisen. Allerdings muss für die Rechnungen mit Berücksichtigung der Düsengeometrie ein kleinerer Zeitschritt verwendet werden, um die Stabilität der Rechnung zu gewährleisten. Daher wird für die weiteren Rechnungen das Ersatzmodell ohne Düsengeometrie verwendet mit 20 % Tangentialanteil in der Geschwindigkeit. Als Turbulenzmodell wurde das RSM-dispersed ausgewählt.

3.2.4 Einflussparameter aus der kinetischen Theorie

Einige Modellparameter wie Restitutionskoeffizient, radiale Verteilungsfunktion oder Reibungsviskosität sind im TFM wichtig zur Beschreibung der kinetischen Theorie der Granulate (Gidaspow, 1994). Um den Einfluss dieser Parameter zu untersuchen, werden Parameterstudien durchgeführt. Dazu wird zuerst ein Standardfall (siehe Tabelle 3.3) berechnet und davon ausgehend jeweils ein Parameter variiert.

Restitutionskoeffizient (Stoßzahl)

Der Restitutionskoeffizient e_{ss} (Stoßzahl) ist ein Maß für die elastische Kollision zwischen zwei Partikeln. Durch den Restitutionskoeffizient kann der Verlust der kinetischen Energie bei der Kollision zwischen zwei Partikeln beschrieben werden. Für den perfekten elastischen Stoß ist e_{ss} gleich 1, bei vollständiger Dissipation der kinetischen Energie (vollplastischer Stoß) ist e_{ss} gleich 0.

Der Restitutionskoeffizient wurde ausgehend vom Standardfall $e_{ss} = 0{,}9$ variiert ($e_{ss} = 0{,}8$; $0{,}99$). Die Ergebnisse sind in Abbildung 3.15 dargestellt. Um die Vergleichbarkeit zu gewährleisten, sind die berechneten Kurven jeweils für das gleiche Zeitintervall ($15 - 25°$s reale Zeit) gemittelt. Es zeigt sich, dass e_{ss} keinen großen Einfluss auf die Fluiddynamik im Düsenstrahl hat. Daher wird wie in der Literatur (Gidaspow, 1994; Du et al., 2006) ein Restitutionskoeffizient e_{ss} von 0,9 verwendet.

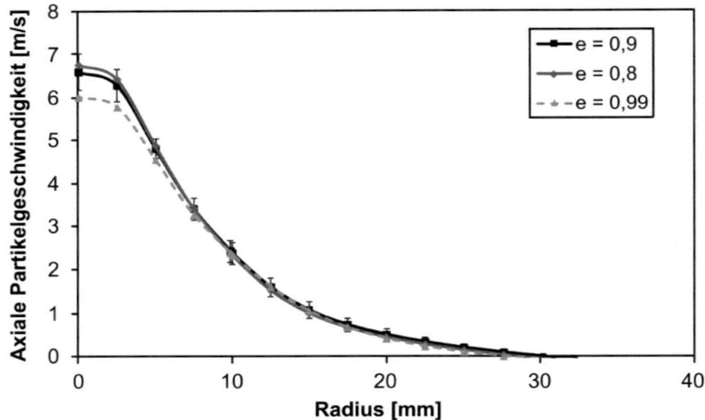

Abbildung 3.15: Axiale Partikelgeschwindigkeit im Strahl mit verschiedenen Restitutionskoeffizienten 70mm oberhalb der Düsenmündung.

Radiale Verteilungsfunktion

Um die räumliche Verteilung der Partikelphase zu beschreiben wird in der kinetischen Theorie eine sogenannte radiale Verteilungsfunktion $g_{0,ss}$ verwendet. Diese Funktion ist ein Korrekturfaktor zur Modifizierung der Wahrscheinlichkeit der Kollision zwischen den Partikeln bei dichter Partikelphase. Daher nimmt die radiale Verteilung $g_{0,ss}$ mit zunehmendem Volumenanteil der Partikel α_s zu. Im Fall einer verdünnten Partikelphase strebt der Abstand zweier Partikel $s \rightarrow \infty$ und damit geht $g_{0,ss} \rightarrow 1$. Sind die Partikel dagegen kompakt, so geht $s \rightarrow 0$ und damit $g_{0,ss} \rightarrow \infty$. Die Beschreibung der radialen Verteilungsfunktion ist analog einer Virial-Gleichung für die Zustandsgleichung eines realen Gases. Für Starrkörper (unendliches Potential) ergibt sich die Formel von Syamlal (1987) bei Modifizieren das Modell von Carnahan-Starling (1969):

$$g_{0,ss} = \frac{1}{1-\alpha_s} + \frac{3\alpha_s}{2(1-\alpha_s)^2} + \frac{\alpha_s^2}{2(1-\alpha_s)^3} \qquad \text{(Gl. 3.20)}$$

Ma und Ahmadi (1985) haben ein Modell für den Virial-Koeffizienten vorgestellt.

$$g_{0,ss} = \frac{1+2,5\alpha_s + 4,5\alpha_s^2 + 4,52\alpha_s^3}{(1-(\frac{\alpha_s}{\alpha_{s,max}})^3)^{0,678}} \qquad \text{(Gl. 3.21)}$$

In der Literatur gibt es außer den obigen Formeln verschiedene empirische Ansätze für die radiale Verteilungsfunktion. Die am häufigsten verwendeten Ansätze stammen von Lun et al. (1984). Arastoopour (2005) hat das Modell wie folgt vorgeschlagen:

$$g_{0,ss} = \frac{1}{(1-\frac{\alpha_s}{\alpha_{s,max}})} \qquad \text{(Gl. 3.22)}$$

Abbildung 3.16 zeigt die radiale Verteilungsfunktion in Abhängigkeit des Partikelvolumenanteils für die verschiedenen Modelle.

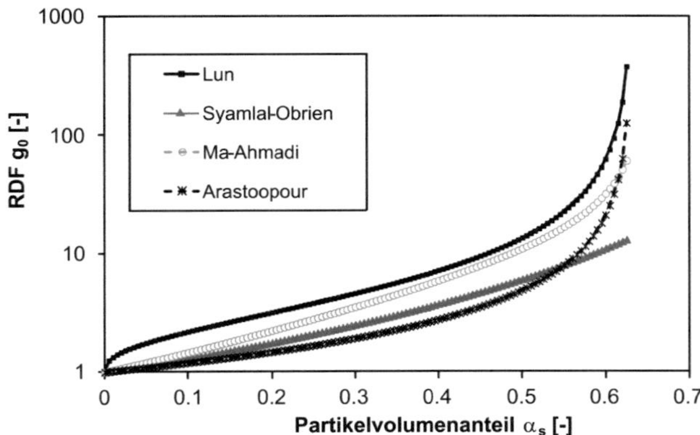

Abbildung 3.16: Radiale Verteilungsfunktion $g_{0,ss}$ in Abhängigkeit von dem Partikelvolumenanteil.

Abbildung 3.17 zeigt, dass die Wahl des Modells für die radiale Verteilungsfunktion keinen Einfluss auf die Fluiddynamik im Düsenstrahl hat. Alle untersuchten Modelle ergeben nahezu identische Verläufe für die axiale Partikelge-schwindigkeit im Düsenstrahl, was an dem im Düsenstrahl vorliegenden niedri-gen Partikelvolumenanteil liegt. Für die weiteren Rechnungen wird für die Ra-dialverteilung das Modell von Lun (1984) verwendet.

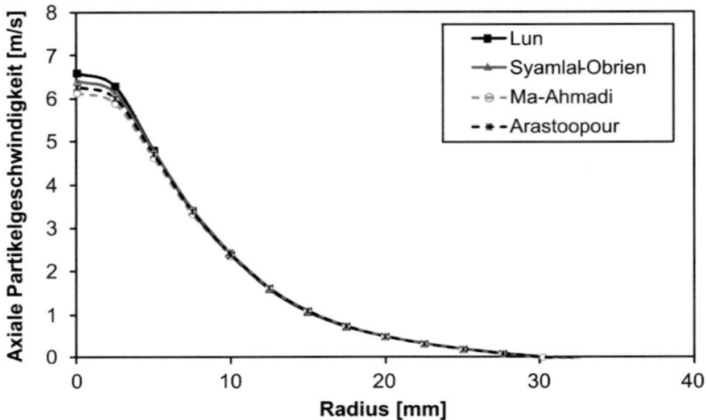

Abbildung 3.17: Axiale Partikelgeschwindigkeit für verschiedene Radialverteilungs-modelle, 70 mm oberhalb der Düsenmündung.

Packungslimit

In den oben erwähnten Formeln für die radiale Verteilungsfunktion erscheint der Parameter Packungslimit $\alpha_{s,max}$, der den maximalen Volumenanteil der Par-tikelphase beschreibt. In der Berechnung wird $\alpha_{s,max} = 0{,}63$ (Standardwert von *Fluent*) angenommen, was geringfügig kleiner ist als die kubisch dichteste Zu-fallspackung mit $\alpha_{s,max,zp} = 0{,}64$. In Abbildung 3.18 ist die axiale Partikelge-schwindigkeit im Düsenstrahl (70 mm oberhalb der Düsenmündung) für ver-schiedene Packungslimits dargestellt. Die Ergebnisse zeigen, dass die Partikel-geschwindigkeiten im Düsenstrahl unabhängig vom Packungslimit sind.

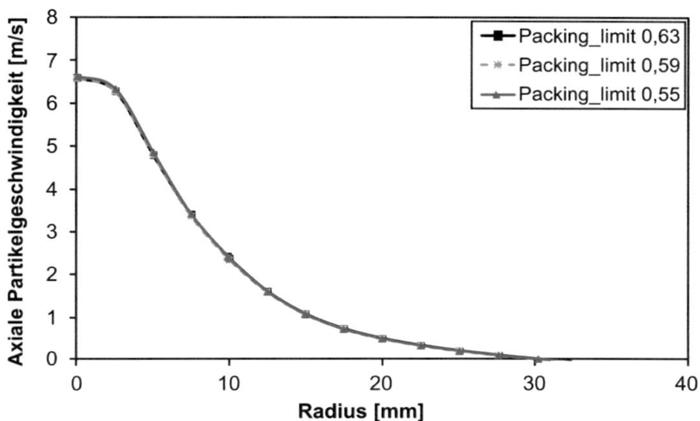

Abbildung 3.18: Axiale Partikelgeschwindigkeit für verschiedene Packungslimits, 70 mm oberhalb der Düsenmündung.

Reibung zwischen den Partikeln

Im dichten Bettbereich spielt die Reibung zwischen den Partikeln eine wichtige Rolle. Wenn der Volumenanteil der Partikel sich zu dem maximalen Volumenanteil der dispersen Phase nähert, wird die Schubspannung hauptsächlich durch die Reibung zwischen den Partikeln erzeugt. Dazu werden Simulationen mit und ohne Reibungsviskosität durchgeführt. Zwei empirische Modelle für die Reibungsviskosität sind vorhanden, das Modell von Schaeffer (1987) sowie das Modell von Johnson-Jackson (1987).

Die Reibungsviskosität $\mu_{s,fric}$ ist von Schaeffer (1987) dargestellt als:

$$\mu_{s,fric} = \frac{p_{fric} \sin \varphi}{2\sqrt{I_{2D}}} \qquad \text{(Gl. 3.23)}$$

wobei p_{fric} der Reibungsdruck und φ der Reibungswinkel ist. p_{fric} ist berechnet nach Schaeffer (1987) beim kritischen Zustand:

$$p_{fric} = p_c = \begin{cases} 10^{25} \left(\alpha_s - \alpha_{s,\min} \right)^{10} & \alpha_s > \alpha_{s,\min} \\ 0 & \alpha_s < \alpha_{s,\min} \end{cases} \qquad \text{(Gl. 3.24)}$$

oder nach Johnson (1987):

$$p_{fric} = p_c = \begin{cases} Fr\dfrac{\left(\alpha_s > \alpha_{s,min}\right)^n}{\left(\alpha_{s,max} > \alpha_s\right)^p} & \alpha_s > \alpha_{s,min} \\[2mm] 0 & \alpha_s < \alpha_{s,min} \end{cases}$$

(Gl. 3.25)

Als Reibungswinkel für lockere Schüttungen mit niedrigem Volumenanteil kann der Wert von φ=25-30° angenommen werden. Die in Gleichung 3.23 enthaltene zweite Invariante des Spannungsdeviators I_{2D} kann in allgemeiner, dreidimensionaler Form dargestellt werden:

$$I_{2D} = \frac{1}{6}\left[\left(D_{s,11} - D_{s,22}\right)^2 + \left(D_{s,22} - D_{s,33}\right)^2 + \left(D_{s,33} - D_{s,11}\right)^2\right] + D_{s,12}^2 + D_{s,23}^2 + D_{s,31}^2$$

(Gl. 3.26)

mit

$$D_{s,ij} = \frac{1}{2}\left(\frac{\partial u_{s,i}}{\partial x_j} + \frac{\partial u_{s,j}}{\partial x_i}\right)$$

(Gl. 3.27)

Dabei wird insbesondere untersucht, ob die Reibungsviskosität einen direkten Einfluss auf die Fluiddynamik im Düsenstrahl hat. Die Rechnungen mit Reibungsviskosität unter Verwendung des Modells von Schaeffer (1987) zeigen nahezu keinen Unterschied im Vergleich zur Rechnung ohne Reibungsviskosität (Abbildung 3.19). In der Simulation mit dem Modell von Johnson-Jackson (1987) ist die Breite des Düsenstrahls nahezu unverändert gegenüber der Vernachlässigung der Reibungsviskosität. Auch ergeben sich für die mit diesem Modell berechneten Partikelgeschwindigkeiten die gleichen Werte wie bei der Rechnung ohne Berücksichtigung der Reibung, außer in der Mitte des Düsenstrahls, wo aber der Feststoffanteil relativ gering ist, sodass die Reibungsviskosität für weitere Simulationen nicht berücksichtigt wird.

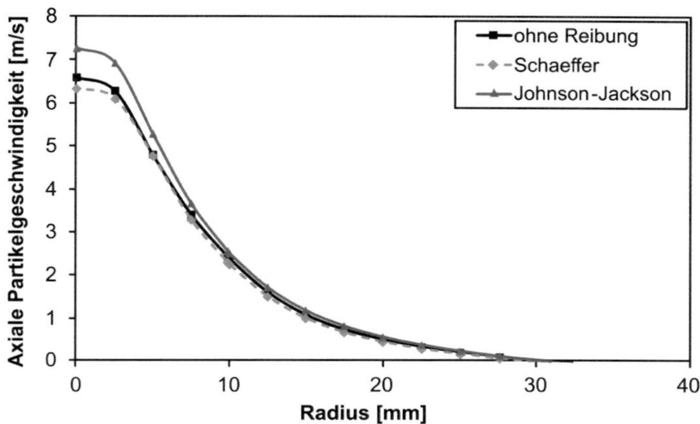

Abbildung 3.19: Axiale Partikelgeschwindigkeit für verschiedene Reibungsmodelle, 70 mm oberhalb der Düsenmündung.

Granulattemperatur

In der kinetischen Gas-Theorie für das Granulat ist die Granulattemperatur Θ_s eine wichtige Größe. Die Granulattemperatur kann nun auf zwei unterschiedliche Weisen ermittelt werden. Die eine ist die vollständige (numerische) Lösung der Transportgleichung für die Granulattemperatur. Nimmt man hingegen an, dass die Energie der Partikel nur lokal dissipiert, das heißt, dass die Energiedissipation durch Kollision dominant ist, so kann die Energieerzeugung und Dissipation näherungsweise gleich gesetzt werden. Somit lässt sich die Granulattemperatur algebraisch bestimmen (Syamlal, 1993, siehe Kapitel 9.7). Abbildung 21 zeigt, dass die Lösungsmethode zur Ermittlung der Granulattemperatur (Lösung mit oder ohne Transportgleichung der Granulattemperatur) einen großen Einfluss auf die Simulationsergebnisse hat.

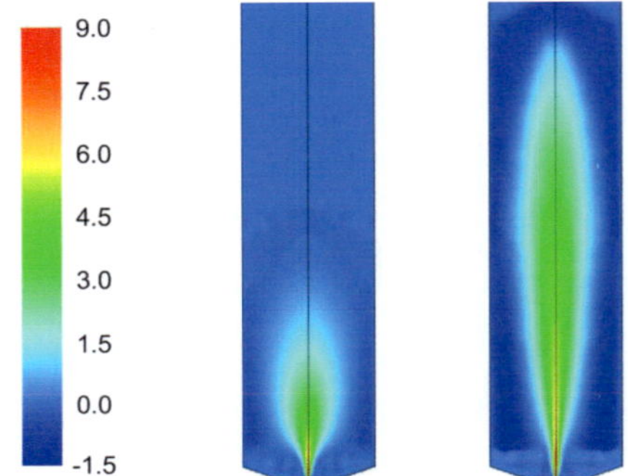

Abbildung 3.20: Kontur der Partikelgeschwindigkeit mit und ohne numerische Berechnung der Granulattemperatur.

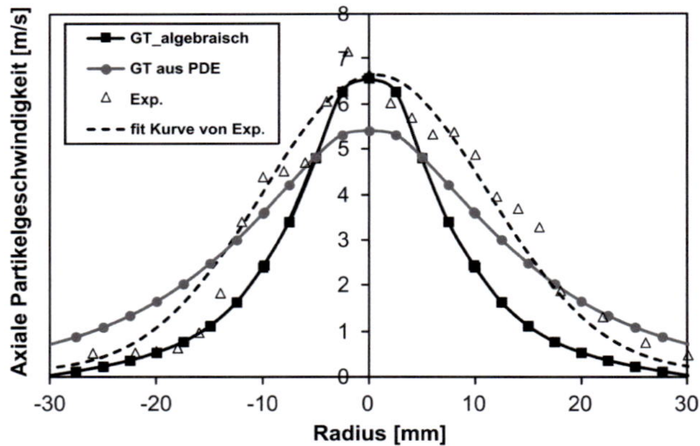

Abbildung 3.21: Vergleich der Partikelgeschwindigkeit mit und ohne numerische Berechnung der Granulattemperatur, 70 mm oberhalb der Düsenmündung.

Die berechneten Geschwindigkeiten ohne die numerische Lösung der Transportgleichung für die Granulattemperatur (algebraisch) geben die maximale Partikelgeschwindigkeit aus der Messung gut wieder, jedoch ist die berechnete Düsenstrahlbreite etwas zu schmal. Hingegen stimmt die Breite bei der Modellierung mit vollständiger Lösung der Transportgleichung besser überein, allerdings wird hier die Geschwindigkeit unterschätzt. In diesem Fall gibt die Rechnung mit analytischer Bestimmung der Granulattemperatur die experimentellen Daten besser wieder.

Außerdem ist die Rechnung mit vollständiger Lösung der Transportgleichung für die Granulattemperatur numerisch aufwendig, weil eine zusätzliche Transportgröße berücksichtigt werden muss. Hierbei werden kleinere Zeitschritte benötigt, um eine stabile Konvergenz zu gewährleisten. Daher wird die Granulattemperatur in den nachfolgenden Berechnungen nur analytisch, nicht numerisch bestimmt.

Fazit: Die radiale Verteilungsfunktion, die Restitutionskoeffizienten, das Packungslimit sowie die Reibungsviskosität haben keinen wesentlichen Einfluss auf die Fluiddynamik im Düsenstrahl. Daher werden hier die vorgegebenen Modelle bzw. Modellgrößen verwendet. Demgegenüber wirkt sich die Lösungsmethode für die Granulattemperatur sehr wohl auf die Fluiddynamik im Düsenstrahl aus. Anhand experimenteller Daten konnte gezeigt werden, dass die Rechnung ohne numerische Lösung der Transportgleichung in der Mitte des Düsenstrahls das Experiment besser beschreibt, die Rechnung mit numerischer Lösung der Transportgleichung jedoch insgesamt besser beschreibt. Allerdings ist die Rechenzeit bei Berücksichtigung der Transportgleichung für die Granulattemperatur höher und die Rechnung ist nicht stabil. Der Zeitschritt muss während der Rechnung fortlaufend angepasst werden (manchmal sehr klein $1,0e^{-7}$s), um eine stabile Lösung zu gewährleisten. Daher wird die Granulattemperatur im Folgenden algebraisch ermittelt.

Für die folgenden Rechnungen werden die aufgeführten Modelle und Koeffizienten verwendet:

Radiale Verteilungsfunktion: Modell von Lun (1984)

Restitutionskoeffizient: $e_{ss} = 0,9$

Reibungsviskosität: ohne

Granulattemperatur: algebraisch

3.2.5 Drag-Koeffizienten Modelle

Benyahia et al. (2006), Beetstra et al. (2007), Holloway et al. (2010) haben gezeigt, dass der Drag-Koeffizienten $K_{g,s}$ zwischen Gas und Partikel eine große Rolle zur Beschreibung der Wirbelschicht spielt, insbesondere für eine Wirbelschicht, in welcher die Feststoffkonzentration im Übergangsbereich zwischen verdünnter (dilute) und dichter (dense) Partikelphase liegt, z. B., ein Riser in einer zirkulierten Wirbelschicht. In solchen Situationen werden die Wechselwirkungen zwischen Gas- und Partikelphase, die über den Drag-Koeffizient mit dem Modell von Gidaspow (1994) berechnet werden, überschätzt. Daher werden Drag-Modelle basierend auf der Lattice-Boltzmann-Methode nach Hill et al. (2001) erstellt, in dem die Drag-Koeffizienten mittels Lösung der Lattice-Boltzmann Gleichungen von einer Partikel-Gas Suspension generiert werden.

Zwei Drag-Modelle basierend auf dieser Methode werden diskutiert, zum einen die Drag-Korrelation von Benyahia (2006) und zum anderen die Drag-Korrelation von Beetstra (2007).

Gemäß dem Stokes'schen Gesetz wird ein F-Faktor für Drag F_d definiert:

$$F_d = \frac{F_{drag}}{3\pi\mu dU}$$ (Gl. 3.28)

Allerdings steht F in der Rechnung von Hill et al. (2001) nicht für die viskosen Widerstandskräfte, sondern für die gesamte Kraft (F_{tot}) einschließlich der hydrostatischen Kräfte durch einen Druckgradienten ∇p.

Die Beziehung zwischen F_d und F ist:

$$F_d = F\left(1 - \alpha_s\right)$$ (Gl. 3.29)

mit α_s als Volumenanteil der Feststoffphase. Der Impulsaustauschkoeffizient wird dann formuliert als:

$$K_{g,s} = 18\mu_g \left(1 - \alpha_s\right)^2 \alpha_s \frac{F}{d_s^2}$$ (Gl. 3.30)

oder

$$K_{g,s} = 18\mu_g \left(1 - \alpha_s\right)\alpha_s \frac{F_d}{d_s^2}.$$ (Gl. 3.31)

Nach dem Fitten der simulierten Ergebnisse von Hill et al. (2001) ergibt sich für F eine abschnittsweise definierte Funktion nach Benyahia (2006). Die detaillierte Form ist in Kapitel 9.9 zu finden.

Ein ähnliches Modell wurde von Beetstra (2007) vorgestellt, welches sowohl die monodisperse als auch die polydisperse Verteilung der Partikel berücksichtigt (siehe Kapitel 9.9). Das bis jetzt am häufigsten verwendete Modell von Gidaspow (1994) kombiniert die Modelle von Ergun (1952) und Wen-Yu (1966), kann auch in dieser Weise definiert werden (siehe Kapitel 9.9). Die Abhängigkeiten des F-Faktors von der Reynolds-Zahl bei einem konstanten Volumenanteil der Partikel bzw. von dem Volumenanteil der Partikel bei einer konstanten Reynolds-Zahl sind in Abbildung 3.22 dargestellt.

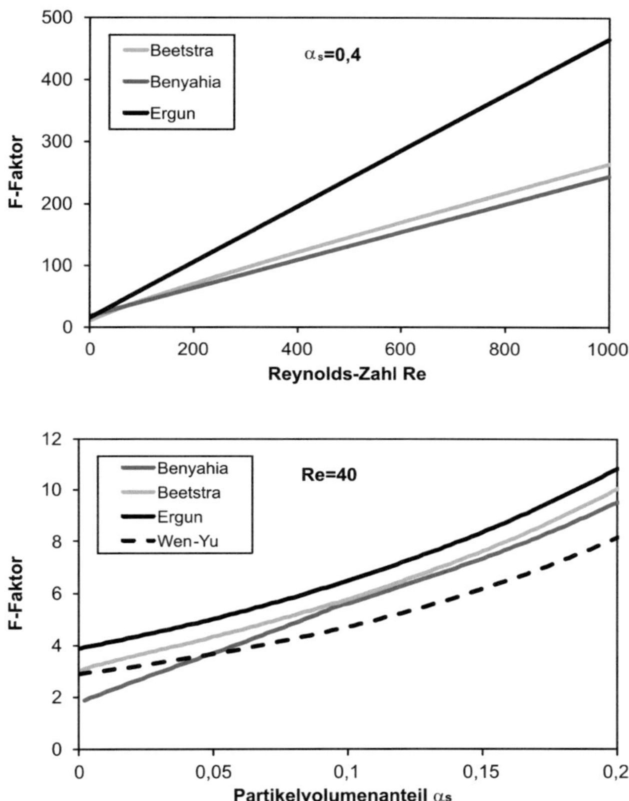

Abbildung 3.22: F-Faktor in Abhängigkeit von Reynolds-Zahl und Partikelvolumenanteil für verschiedene Modelle.

Im ersten Diagramm ist der *F*-Faktor über die Reynolds-Zahl *Re* bei einem Feststoffanteil von $\alpha_s = 0{,}4$ dargestellt. Im zweiten Diagramm ist der *F*-Faktor über dem Feststoffanteil bei einer konstanten Reynolds-Zahl von *Re* = 40 dargestellt. Hier ist der Feststoffanteil nur bis $\alpha_s = 0{,}2$ aufgetragen, weil die Wen-Yu Gleichung (1966) nur in diesem Bereich gültig ist. Die Abhängigkeit des *F*-Faktors von Feststoffanteil und Reynolds-Zahl ist für einen erweiterten Bereich gemäß dem Benyahia-Modell (2006) in Abbildung 3.23 dargestellt.

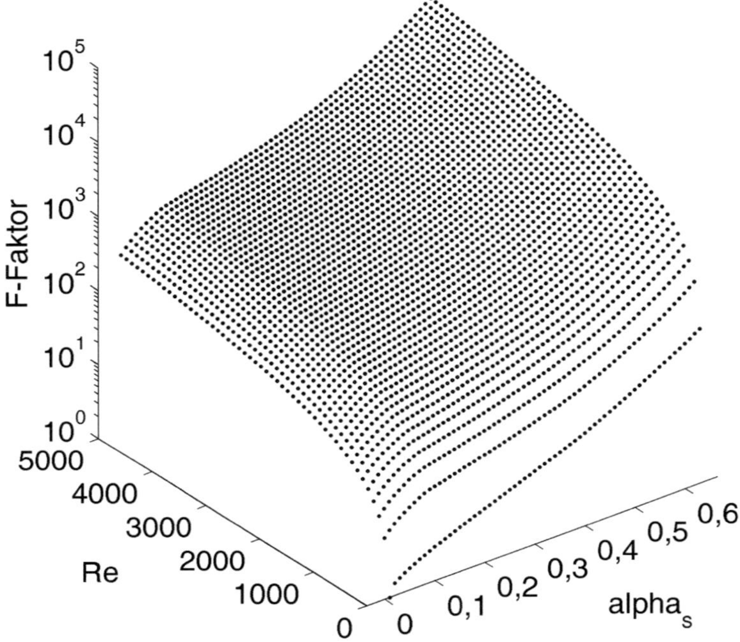

Abbildung 3.23: F-Faktor(Benyahia-Modell) in Abhängigkeit von Reynolds-Zahl (0-5000) und Partikelvolumenanteil (0-0,63).

Simulationsrechnungen wurden mit verschiedenen Widerstandskoeffizienten-Modellen für den Standardfall durchgeführt. Die berechneten Partikelgeschwindigkeiten im Düsenstrahl 70 mm oberhalb der Düsenmündung sind in Abbildung 3.24 dargestellt. Es ergeben sich vergleichbare Geschwindigkeitsverläufe mit den verschiedenen Modellen. In der Mitte des Strahls beschreibt das Modell von Gidaspow (1994) die Partikelgeschwindigkeit besser. Das liegt wahrscheinlich daran, dass für eine relativ verdünnte Partikelphase, wie sie im Düsenstrahl vorliegt (Partikelvolumenanteil < 0,1), die Wen-Yu-Gleichung (1966) besser als die neuen Korrelationen die Realität abbilden kann.

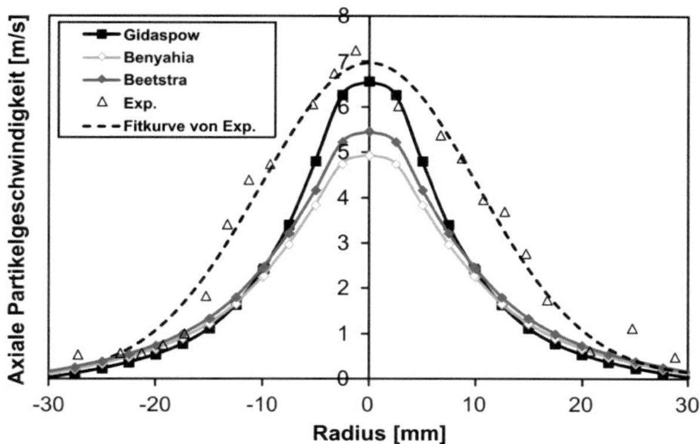

Abbildung 3.24: Simulierte axiale Partikelgeschwindigkeit in einem Abstand von 70 mm oberhalb der Düsenmündung für verschiedene Widerstandsmodelle (Gidaspow (1994), Benyahia (2006), Beetstra (2007)).

Fazit: Nach den Erwartungen müsste das Modell von Gidaspow (1994) schlechter die Physik beschreiben als die anderen Modelle. Die anderen Modelle sind physikalisch besser begründet. Aber der Vergleich mit dem Experiment zeigt, dass für den vorliegenden Fall das Modell von Gidaspow (1994) am besten geeignet ist, daher wird es im Folgenden verwendet.

Weiterhin wurde mit diesen Einstellungen eine 3D-Rechnung für den Standardfall durchgeführt. Es ergibt sich eine gute Übereinstimmung zwischen der 3D- und 2D-achsensymmetrische Rechnung (siehe Kapitel 9.8).

3.2.6 Gitterunabhängigkeit

Die Gitterunabhängigkeit wurde untersucht, um die Rechengenauigkeit zu überprüfen bzw. das Verhältnis von Gitterfeinheit zum Rechenaufwand zu optimieren. Dabei kann die Komplexität der Rechnung reduziert werden, indem die Anlage nur bis zu einer Höhe von 1200 mm betrachtet wird, da im Standardfall die Partikel im Düsenstrahl eine Höhe von 1000 mm nicht überschreiten. Dazu wird zunächst ein Gitter mit 5200 Zellen erstellt, welches zwei Mal durch sogenannte „hanging nodes" adaptiert wird. Dadurch erhöht sich die Zahl der Zellen auf das 4- bzw. 16-fache gegenüber dem Ursprungsgitter.

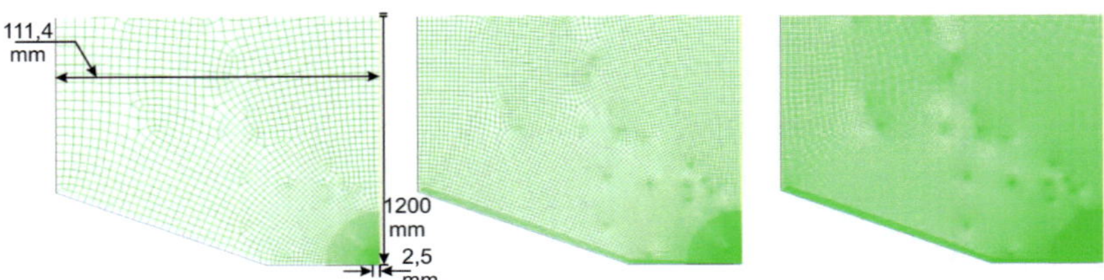

Abbildung 3.25: Gitter mit verschiedener Feinheit (Anzahl der Gitterpunkte: 5200, 23000,96000).

Die drei generierten Gitter (Anzahl der Gitterpunkte 5200, 23000, 96000) sind in Abbildung 3.25 dargestellt. Für diese Gitter wird nun jeweils der Standardfall (zweiphasiges System Luft-Partikel, Randbedingungen nach Tabelle 3.2) berechnet.

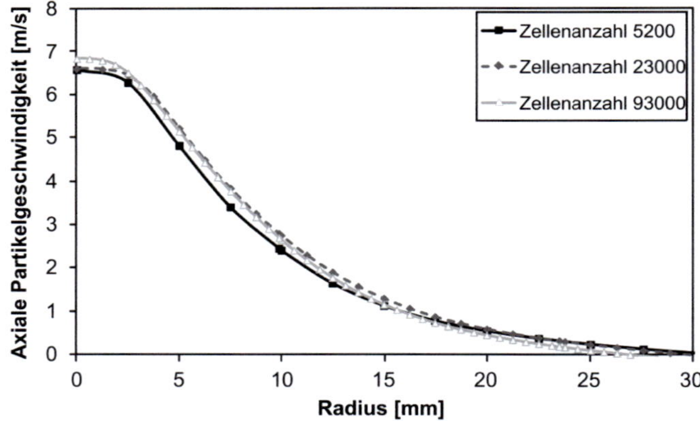

Abbildung 3.26: Simulierte Partikelgeschwindigkeit für verschiedene Gitterfeinheiten.

Das Geschwindigkeitsprofil der Partikel 70 mm oberhalb der Düsenmündung ist in Abbildung 3.26 dargestellt. Die Rechenergebnisse wurden dabei über eine Prozesszeit von mindestens 20 s gemittelt. Sie zeigen eine Gitterunabhängigkeit für die Simulation (Die Untersuchung durch Richardson-Extrapolation (Quarteroni et al. 2002) wird in Kapitel 9.10 diskutiert). Die benötigten Rechenzeiten (Rechnungen bei single core mit 3G Taktfrequenz) für diese drei Simulationen sind in Tabelle 3.5 aufgeführt. Es ist ersichtlich, dass die Rechenzeit mit der zunehmenden Anzahl der Gitterpunkte exponentiell ansteigt.

Tabelle 3.5: Rechenzeit für verschiedene Gitterfeinheit.

Zahl der Zellen	CPU Zeit [h/10s Prozesszeit]
5200	46
23000	74
93000	488

4 Modellierung der einzelnen Mechanismen

Die Modellierung des Zweiphasensystems erfolgt durch den Euler-Euler-Ansatz. Auf dieser Basis sollen die Mechanismen der Tropfenabscheidung, Partikeltrocknung etc. mittels eigener Funktionen (User-Defined-Functions, UDF) implementiert werden. Vier Mechanismen sind für die Partikelentstehung und das Partikelwachstum von Bedeutung: Tropfenabscheidung, Trocknung, Staubeinbindung und Keimbildung. Weitere Mechanismen wie Bruch, Abrieb und Makro-Agglomeration treten bei der Wirbelschicht-Sprühgranulation auch auf, werden aber zunächst nicht modelliert.

4.1 Modellierung der Tropfenabscheidung

Die Tropfenabscheidung ist einer der beiden für das Partikelwachstum wichtigen Mechanismen. In der Modellierung wurde die Tropfenphase als eine zusätzliche Euler-Phase betrachtet. Die Wechselwirkungen zwischen den Tropfen und der Luft werden mithilfe des Modells von Schiller-Naumann (1935, siehe auch Crowe, et al. 1998) berücksichtigt. Die Wechselwirkungen zwischen Tropfen und Granulaten werden durch Tropfenabscheidung berücksichtigt, wobei das Modell der Trägheitsabscheidung nach Löffler (1988) verwendet wird. Der Abscheidegrad η teilt sich nach Löffler (1988) in den Auftreffgrad φ und Haftanteil h auf:

$$\eta = \varphi \cdot h \qquad \text{(Gl. 4.1)}$$

Der Auftreffgrad φ beschreibt die Auftreffwahrscheinlichkeit der Tropfen auf der Partikeloberfläche. Er ist nach Löffler (1988) eine Funktion von Reynolds- und Stokes-Zahl:

$$\varphi = \left(\frac{St}{St + b} \right)^{a} \qquad \text{(Gl. 4.2)}$$

$$\mathrm{Re} = \frac{\rho_g v_{rel} d_s}{\mu_g} \qquad \text{(Gl. 4.3)}$$

$$\mathrm{St} = \frac{\rho_{Tr} v_{rel} d_{Tr}^2}{18 \mu_g d_s} \qquad \text{(Gl. 4.4)}$$

Dabei sind a und b experimentell bestimmte Parameter, die über den Gültigkeitsbereich der Reynolds-Zahl abschnittsweise gegeben sind (s. Tabelle 4.1).

Tabelle 4.1: Konstanten a und b in Abhängigkeit von Reynolds-Zahl

Re	Re < 1	$1 \leq$ Re< 30	$30 \leq$ Re< 50	$50 \leq$ Re< 90	Re $\geq$ 90
a	0,65	1,24	1,03	1,84	2
b	3,7	1,95	2,07	0,506	0,25

Der Haftanteil *h* gibt die Haftwahrscheinlichkeit nach dem Auftreffen der Tropfen auf der Partikeloberfläche an. Nach Panao und Moreira (2004) lassen sich 4 Fälle unterscheiden. Die Tropfen können ohne Deformation auf der Oberfläche aufsetzen und haften. Sie können auch reflektiert werden, auf der Oberfläche spreiten oder zerstäubt werden. Zur Berechnung der einzelnen Fälle kann eine von der Weber-Zahl abhängige Korrelation verwendet werden.

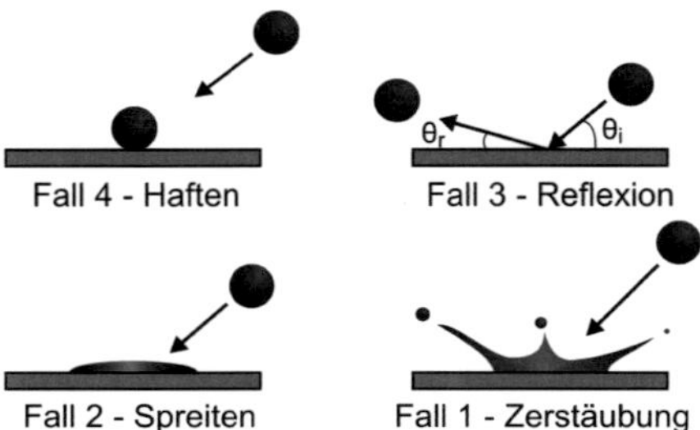

Abbildung 4.1: 4 Fälle beim Prallen eines Tropfens auf eine Oberfläche nach Panao und Moreira (2004).

Der für das Auftreten einer dieser Fälle entscheidende Parameter ist die kritischen Weberzahl, $We=(\rho u^2 d)/\sigma$. Nach Panao und Moreira (2004) werden die vier Fälle durch folgende kritische Weber-Zahlen voneinander abgegrenzt: $We_{crit,3} = 2$, $We_{crit,2} = 20$, und $We_{crit,1} = 450$. Der Haftanteil wird für jeden Fall unter Berücksichtigung einer Kugelform (Zank, 2003) berechnet. In Tabelle 4.2 sind die Berechnungsvorschriften für den Haftanteil in Abhängigkeit von der Weberzahl dargestellt. Da die Geschwindigkeitskomponente senkrecht zur Tropfenoberfläche mit dem Abstand zur Granulatmitte abnimmt, kann vollständige Tropfenhaftung nur im äußeren Bereich der Projektionsfläche erfolgen. Das Verhältnis dieser Fläche zur Projektionsfläche kann als Haftanteil interpretiert werden (Grünewald, 2011):

Tabelle 4.2: Haftanteil in Abhängigkeit von der Weber-Zahl.

$We < We_{crit,3}$ (Haft)	$h_1 = min\left(\left(\dfrac{u_{crit,3}}{u_{rel}}\right)^2, 1\right)$
$We_{crit,3} \leq We \leq We_{crit,2}$ (Reflexion)	$h_2 = \left(\dfrac{u_{crit,2}}{u_{rel}}\right)^2 - \left(\dfrac{u_{crit,3}}{u_{rel}}\right)^2$
$We_{crit,2} < We \leq We_{crit,1}$ (Spreiten)	$h_3 = \left(\dfrac{u_{crit,1}}{u_{rel}}\right)^2 - \left(\dfrac{u_{crit,2}}{u_{rel}}\right)^2$
$We > We_{crit,1}$ (Zerstäubung)	$h_4 = max\left(1 - \left(\dfrac{u_{crit,1}}{u_{rel}}\right)^2, 0\right)$

Nur im ersten und dritten Fall bleibt der Tropfen haften. Der zweite und vierte Fall (Reflexion und Zerstäubung) hat keine Auswirkungen auf die Tropfenphase. Es ist zu beachten, dass diese Berechnungsgleichung eine Vereinfachung dargestellt. Die extremen Düsenbetriebsbedingungen, bei denen sehr hohe Aufprallgeschwindigkeiten der Tropfen auf Partikeln und somit Prallzerstäubung auftreten kann, wurden nicht wiedergegeben, sodass sich der gesamte Haftanteil wie folgt berechnet:

$$h = h_1 + h_3 \qquad \text{(Gl. 4.5)}$$

Die differentielle Tropfenabscheidung in der Partikelschüttung wird nach Löffler (1988) wie folgt formuliert:

$$\frac{dN_{Tr}}{N_{Tr}} = -1,5 \cdot \eta \frac{1}{d_s} \frac{\alpha_s}{\alpha_g} dh \qquad \text{(Gl. 4.6)}$$

mit dem Abscheidegrad der Einzelpartikel η und einer differentielle Höhe *dh*.

Um dieses Modell in CFD zu implementieren, wird die Abscheidung über einer zum Quadrat äquivalenten Rechenzelle mit einer Zellenhöhe von Δh integriert mit der Annahme, dass sich alle Partikel in einer Zelle gleich verhalten (Abbildung 4.2):

$$\frac{\Delta N_{Tr}}{N_{Tr}} = 1 - \exp(-1,5 \cdot \eta \frac{1}{d_s} \frac{\alpha_s}{\alpha_g} \Delta h) \qquad \text{(Gl. 4.7)}$$

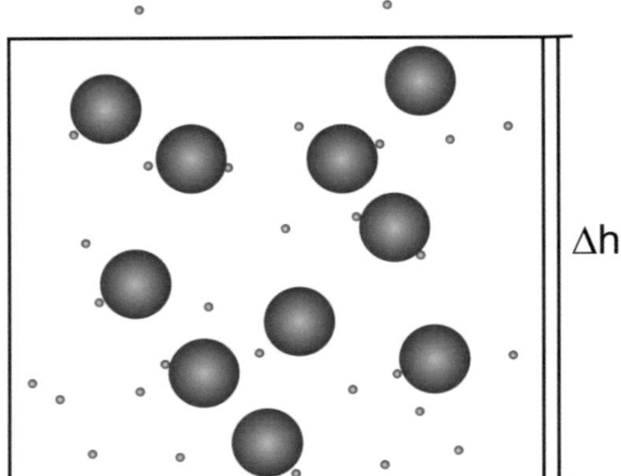

Abbildung 4.2: Tropfenabscheidung im monodispersen System.

Da sich die Partikel im Modell von Löffler (1988) nicht bewegen, wird hier in der Rechnung als Korrektur noch das Verhältnis aus der Relativgeschwindigkeit zwischen Tropfen und Partikel v_{rel} und der Tropfengeschwindigkeit v_{Tr} eingeführt:

$$\frac{\Delta \dot{N}_{Tr}}{\dot{N}_{Tr}} = 1 - \exp(-1{,}5 \cdot \eta \frac{1}{d_s} \frac{\alpha_s}{\alpha_g} \frac{v_{rel}}{v_{Tr}} \Delta h) = \eta_{Cell} \qquad \text{(Gl. 4.8)}$$

Im 2D-Problem wird die äquivalente Zellenhöhe aus dem 2D-Zellvolumen, welches im 2D-Fall einer Fläche entspricht, berechnet:

$$\Delta h = \sqrt{2D\_C\_VOLUME} \qquad \text{(Gl. 4.9)}$$

Im 3D-Fall kann die äquivalente Zellenhöhe direkt aus dem 3D-Zellvolumen berechnet werden.

$$\Delta h = \sqrt[3]{C\_VOLUME} \qquad \text{(Gl. 4.10)}$$

Die Tropfenabscheidung von der Tropfenphase zur Partikelphase wird mithilfe des „DEFINE_MASS_TRANSFER" Makros in *Fluent* implementiert. Dabei besteht die Partikelphase aus zwei Spezies und zwar Tropfen und Feststoff. Der Eintrittsmassenstrom der Tropfenphase in eine Zelle wird durch Summierung der Eintrittsströme der Tropfen durch die Zellenflächen einer Zelle berechnet.

4.1.1 Experimentelle Validierung der Tropfenabscheidung

Um die Rechnung zu validieren, wird für drei Fälle mit unterschiedlicher Bettmasse bzw. Partikelgröße der Abscheidegrad berechnet und mit experimentellen Daten verglichen. Diese Anhängigkeit ist in Abbildung 4.3 beispielhaft für eine Bettmasse von 0,6 kg, 1 kg und 1,4 kg dargestellt. Im Experiment wird der Abscheidegrad jeweils für den Konti-Prozess im stationären Zustand gemessen, das heißt, die Bettmasse ist in diesem Fall konstant. Bei der Simulation wird der Abscheidegrad für kurze Zeiten berechnet. Dies entspricht einer Momentaufnahme der Abscheidegrade für die gegebenen Bettmassen. Dabei wird beobachtet, dass der Abscheidegrad mit zunehmender Bettmasse leicht zunimmt. Diese Ergebnisse geben die experimentellen Daten von Zank (2003) (Abbildung 4.3) gut wieder. Die Versuchsbedingungen sind in Tabelle 4.3 dargestellt.

Tabelle 4.3: Versuchsbedingungen zur Validierung der Tropfenabscheidung.

	Düsen-luft	Fluidisations-luft	externe Kerne	Produkt	Feststoff in Suspension
Massenstrom [kg/h]	12	90	0,075	ca.1,3	1,5
Temperatur [°C]	30	150			

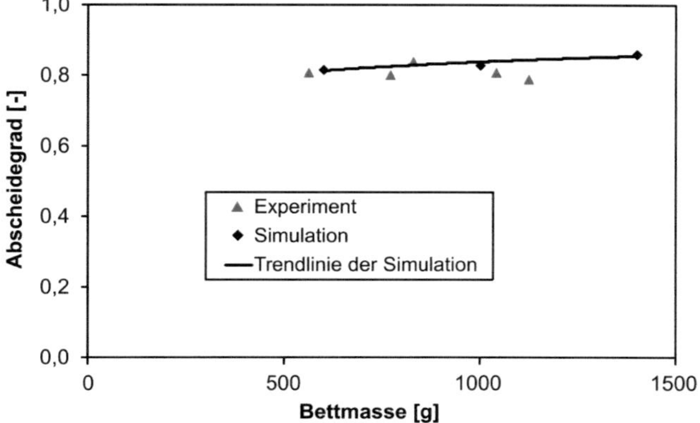

Abbildung 4.3: Vergleich des Abscheidegrads mit dem Experiment (Zank, 2003).

Aus der an die Daten der CFD-Simulationen angepasste Kurve (Abbildung 4.3) wird die Partikelwachstumsgeschwindigkeit mithilfe des abgeschiedenen Tropfenmassenstroms und der Gesamtoberfläche der Partikelphase, welche aus dem zweiten Moment m_2 berechnet wird (πm_2), gerechnet:

$$G_V = \frac{d(V)}{dt} = \frac{d\left(1/6 \cdot \pi L^3\right)}{dt} = \frac{1}{2}\frac{\pi L^2 (dL)}{dt} = \frac{\pi L^2}{2} G_L \qquad \text{(Gl. 4.11)}$$

$$G_V = \frac{\overline{\dot{m}}_{s,Tr\_ab}}{N_{Gran}\rho_{Gran}} \qquad \text{(Gl. 4.12)}$$

Der über die gerechnete Zeit t_{rechen} gemittelte Massenstrom der Tropfenabscheidung $\overline{\dot{m}}_{s,Tr\_ab}$ ergibt sich zu:

$$\overline{\dot{m}}_{s,Tr\_ab} = \frac{\int \dot{m}_{Sus}(t)\,dt}{t_{rechen}} x_{FS,Sus} = \frac{\sum \dot{m}_{s,Tr\_ab}(t)\Delta t}{t_{rechen}} \qquad \text{(Gl. 4.13)}$$

Der Massenstrom der Tropfenabscheidung bei jedem Zeitpunkt t $\dot{m}_{s,Tr\_ab}(t)$ wird in *Fluent* als das Volumenintegral vom „Mass-Transfer" (Integration der volumenbezogenen Massenströme von der Tropfenphase zu den Granulatphasen in jeder Zelle $\dot{m}_{s,Tr\_ab,V}(t)$ über das gesamte Volumen) berechnet.

$$\dot{m}_{s,Tr\_ab}(t) = \int \dot{m}_{Sus,V}(t)\,dv \cdot x_{FS,Sus} = \sum \dot{m}_{s,Tr\_ab,V_{cell,i}}(t) V_{cell,i} x_{FS,Sus} \qquad \text{(Gl. 4.14)}$$

$[\dot{m}_{s,Tr\_ab}(t)] = \text{kg/(m}^3 \text{ s)}$ und $x_{FS,Sus}$ ist der Feststoffgehalt der Suspension.

In diesem Fall wachsen alle Partikel gleich schnell, weil ein monodisperses System betrachtet wird. Mit der berechneten Wachstumsrate wird nun die Änderung der Partikelgröße durch Lösen der Populationsbilanz bestimmt. Die längenbezogene Wachstumsgeschwindigkeit nimmt mit zunehmender Bettmasse während eines Batch-Versuchs aufgrund der vergrößerten Oberfläche der Partikel ab (Abbildung 4.4).

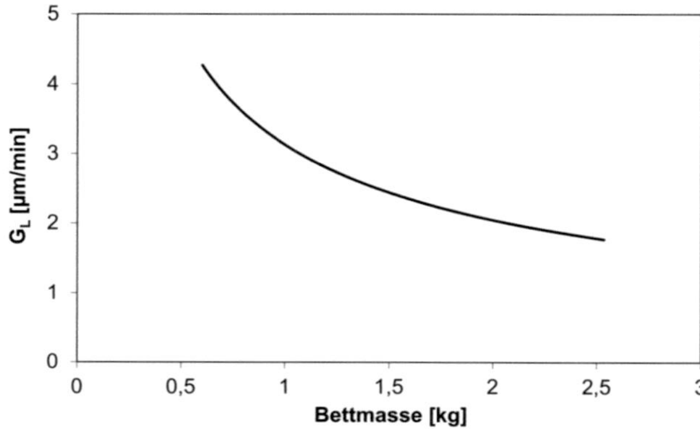

Abbildung 4.4: Die Wachstumsrate in Abhängigkeit von der Bettmasse in einem Batch-Versuch.

Die Daten eines Semi-Batch-Versuches ohne Staubrückführung stehen zur Verfügung (Grünewald, 2011), um die simulierte Partikelgröße zu validieren. Der Semi-Batch-Versuch ohne Staubrückführung ist der einfachste Versuch. In diesem Fall können Staubeinbindung und Keimbildung ausgeschlossen werden, somit wachsen die Partikel lediglich durch Tropfenabscheidung. Die in Tabelle 4.4 aufgelisteten Versuchsbedingungen werden für den Standardfall verwendet. Alle andere ausgewählte Versuche zur Validierung der Mechanismen, Semi-Batch Versuch mit Staubrückführung, Konti-Versuch mit externe Kerndosierung und Produktabfuhr aber ohne Staubrückführung und Konti-Versuch mit Staubrückführung werden unter diesen Versuchsbedingungen durchgeführt (Grünewald, 2011).

Tabelle 4.4: Standard-Versuchsbedingungen für den Granulationsversuch.

Fluidisationsluft	
Massenstrom: 75 kg/h	Temperatur: 182 °C
Düsenluft	
Massenstrom: 12 kg/h	Temperatur: 30 °C
Sichtluft	
Massenstrom: 12,4 Nm^3/h	Temperatur: 20 °C
Wirbelschicht	
Temperatur: 80 °C	
Suspension	
Massenstrom: 4,3 kg/h	Temperatur: 30 °C
Zusammensetzung:	
Wasser:	65 Ma-%
Feststoffgehalt$_{\text{insgesamt}}$:	35 Ma-%
	davon 2 Ma-% ($X_{\text{PVP,FS}} = 6$ %)
Calciumcarbonat	(Typ Calcilit 4G, Firma: Alpha Calcit)
Polyvinylpyrrolidon (PVP)	(Typ Kollidon 30, Firma: BASF AG)

600 g Granulate mit einem Durchmesser zwischen 300-400 µm werden als Vorlage in den Granulator gefüllt.

Die mittlere Partikelgröße aus der Simulation und dem Experiment über der Zeit ist in Abbildung 4.5 dargestellt. Generell stimmen die simulierten Partikelgrößen gut mit den experimentellen überein. Lediglich am Ende des Versuchs wird die experimentell ermittelte Partikelgröße etwas überschätzt, die Abweichung beträgt lediglich 0,5 %. Dies könnte am Partikelabrieb liegen, der mit zunehmender Bettmasse eine größere Rolle spielt. Die Rechnung zeigt jedoch, dass der Abrieb zunächst vernachlässigt werden kann.

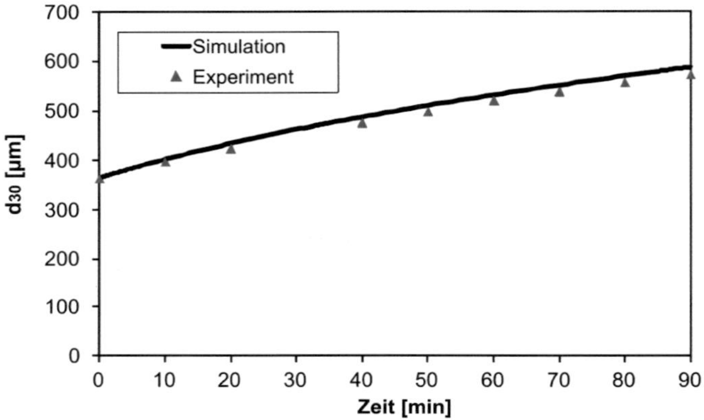

Abbildung 4.5: Änderung des Partikeldurchmessers im Batch-Versuch.

Fazit: Die Tropfenabscheidung für ein monodisperses System wurde untersucht. Die simulierten Daten geben die experimentellen Daten gut wieder. Die von der Partikelgröße abhängige Wachstumsrate wird später bei der Rechnung für das polydisperse System diskutiert. Außerdem hat sich gezeigt, dass der Abrieb gegenüber der Tropfenabscheidung zunächst vernachlässigt werden darf.

4.2   Modellierung der Trocknung

Neben der Tropfenabscheidung ist die Staubeinbindung der zweite wichtige Partikelwachstumsmechanismus. Dieser Mechanismus tritt auf, wenn Staub, der durch den sogenannten „Overspray" und den Abrieb entsteht, in den Prozess zurückgeführt wird. Um die Staubeinbindung zu modellieren, muss die Oberflächenfeuchte der Partikelphase bekannt sein. Diese wird beeinflusst durch Tropfenabscheidung und Trocknung. Deshalb wird zunächst das Trocknungsverhalten der Partikel in der Wirbelschicht simuliert. Aufgrund der Porosität können die abgeschiedenen Tropfen in das Innere der Partikeln eingesaugt werden, wobei aus experimentellen Daten bekannt ist, dass dieser Einsaugvorgang erst nach einigen zehn Millisekunden abgeschlossen ist. Daher wird hier angenommen, dass im Düsenstrahl keine Einsaugung stattfindet und die Tropfen erst außerhalb des Düsenstrahls vollständig ins Innere der Partikeln eingesaugt werden. Somit wird die Rechnung der Trocknung folgendermaßen untergliedert: Außerhalb des Düsenstrahls wird die Trocknung im 2. Trocknungsabschnitt gerechnet, im Düsenstrahl wird die Trocknung im 1. Trocknungsabschnitt unter Berücksichtigung der durch die Tropfenabscheidung gebildeten Oberfläche gerechnet.

4.2.1 Modellierung der Trocknungskinetik

In der Literatur wurde die Trocknung der Granulate in einer Wirbelschicht durch die Bilanzierung beschrieben (Heinrich & Mörl, 1999; Tsotsas & Mujumdar, 2007). In dieser Arbeit wurde die Trocknung der Granulate gekoppelt mit dem Geschwindigkeitsfeld in CFD berechnet. Innerhalb des Düsenstrahls ist die Oberfläche der Partikel feucht. Die durch die Tropfenabscheidung gebildeten Flüssigkeitsfilme spreiten auf der Partikeloberfläche. Um die durch die Flüssigkeit benetzte Oberfläche abzuschätzen, muss die Filmdicke nach dem Stoß zwischen Tropfen und Partikel bekannt sein. Die Abhängigkeit der Filmdicke von der Aufprallgeschwindigkeit wird mithilfe des Modells von Asai (1993) bzw. Toivakka (2003) berechnet. Die Berechnung wird in Kapitel 4.2.3 diskutiert.

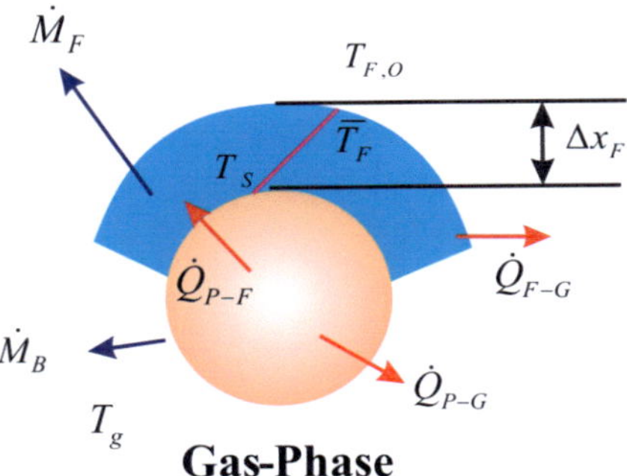

Abbildung 4.6: Trocknung des Partikels im Düsenstrahl.

Bei der Trocknung wird angenommen, dass die Filmoberfläche sich nicht ändert, aber der Film in radialer Richtung schrumpft und somit immer dünner wird. Die Gesamtverdunstungsfläche bleibt daher erhalten. Um die Trocknungsgeschwindigkeit an dieser Filmoberfläche (1. Trocknungsabschnitt) zu bestimmen, wird die Filmoberflächentemperatur benötigt. Diese Temperatur wird mithilfe einer Energiebilanz um den Film bestimmt:

$$c_{p,F} m_F \frac{d\overline{T}_F}{dt} = \underbrace{\frac{\lambda_F}{\Delta x_F} A_F \left(T_s - T_{F,O}\right)}_{\dot{Q}_{P-F}} - \dot{m}_F A_F \Delta h_v + \alpha_{F-G} A_F \left(T_g - T_{F,O}\right) = 0 \quad \text{(Gl. 4.15)}$$

Hierbei wird angenommen, dass der Film zu jedem Zeitpunkt einen stationären Zustand erreicht.

Die zur Berechnung der Trocknung benötigten Stoffeigenschaften sind in Kapitel 9.11 zu finden. Der Verdampfungsmassenstrom $\dot{m}_F$ aus dem Film wird mit dem linearen Stofftransport-Ansatz berechnet:

$$c_{p,F} m_F \frac{d\overline{T}_F}{dt} = \frac{\lambda_F}{\Delta x_F} A_F \left(T_s - T_{F,O} \right)$$

$$-\frac{\tilde{M}_W \beta \tilde{\rho}_g}{p_{ges}} \left(p_W^*(T_{F,O}) - p_{ges} \tilde{y}_g \right) A_F \Delta h_v + \alpha_{F-G} A_F \left(T_g - T_{F,O} \right) = 0 \qquad \text{(Gl. 4.16)}$$

Hier wird angenommen, dass der Partialdruck $p_{W,ph}$ des Wassers an der Phasengrenze gleich dem Dampfdruck p_W^* ist. Mithilfe der Lewis-Beziehung (Baehr & Stephan, 2006) kann der Stoffübergangskoeffizient β durch den Wärmeübergangskoeffizienten α_{F-G} ersetzt werden:

$$\frac{\alpha_{F-G}}{\beta} = \rho_g c_{pg} Le^{1-n} \approx \rho_g c_{pg} \qquad \text{(Gl. 4.17)}$$

(*Le* für das Luft-Wasser Gemisch ist ungefähr 1).

Die Antoine-Gleichung zur Beschreibung des Dampfdruckes von Wasser wird hier mit einem Polynom zweiter Ordnung im Temperaturbereich zwischen 30-100 °C approximiert (Abbildung 4.7):

$$p^*(T) = \exp\left(A_A + \frac{B_A}{T + C_A} \right) \approx AT^2 + BT + C \qquad \text{(Gl. 4.18)}$$

Tabelle 4.5: Antoine Parameter und Konstante für quadratische Approximation der Antoine-Gleichung.

Antoine Parameter	Quad. Approximation
$A_A = 23{,}477$	$A = 22{,}791$
$B_A = -3984{,}922$	$B = -1{,}408 \cdot 10^4$
$C_A = 233{,}426$	$C = 2{,}182 \cdot 10^6$

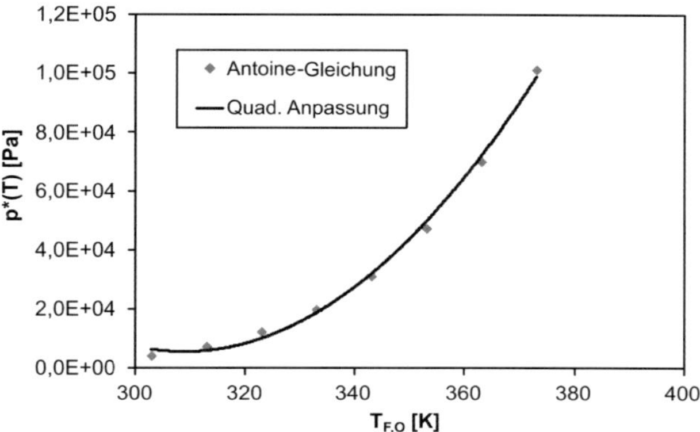

Abbildung 4.7: quadratische Approximation der Antoine Gleichung von 30 bis 100 °C.

Damit lässt sich die Temperatur an der Filmoberfläche analytisch bestimmen:

$$\frac{\lambda_F}{\Delta x_F}\left(T_s - T_{F,O}\right) - \frac{\tilde{M}_W \beta \tilde{\rho} \Delta h_v}{p_{ges}}\left(A T_{F,O}^2 + B T_{F,O} + C - p_{ges}\tilde{y}_g\right) + \beta \rho_g c_{pg}\left(T_g - T_F\right) = 0$$

(Gl. 4.19)

$$\underbrace{\frac{\tilde{M}_W \beta \tilde{\rho} \Delta h_v A}{p_{ges}}}_{a} T_{F,O}^2 + \underbrace{\left(\frac{\lambda_F}{\Delta x_F} + \frac{\tilde{M}_W \beta \tilde{\rho} \Delta h_v B}{p_{ges}} + \beta \rho_g c_{pg}\right)}_{b} T_{F,O}$$

$$-\underbrace{\left(\frac{\lambda_F}{\Delta x_F} T_s + \tilde{M}_W \beta \tilde{\rho} \Delta h_v \tilde{y}_g + \beta \rho_g c_{pg} T_g - \frac{\tilde{M}_W \beta \tilde{\rho} \Delta h_v}{p_{ges}} C\right)}_{c} = 0$$

(Gl. 4.20)

$$T_{F,O} = \frac{-b + \sqrt{b^2 + 4ac}}{2a}$$

(Gl. 4.21)

$$\dot{m}_F = \frac{\tilde{M}_W \beta \tilde{\rho}_g}{p_{ges}}\left(p_W^*\left(T_{F,O}\right) - p_{ges}\tilde{y}_g\right)$$

(Gl. 4.22)

Der Stoffübergangskoeffizient wird mithilfe der im *VDI-Wärmeatlas (1997)* gegebenen Sherwood-Korrelation für Kugeln bestimmt:

$$\beta = \frac{Sh \cdot D}{d_s}$$

(Gl. 4.23)

Mit D als Diffusionskoeffizient der Luft und d_s als der Partikeldurchmesser. Die Sherwood Zahl errechnet sich folgendermaßen nach Gnielinski (siehe auch VDI Wärmeatlas, Abschnitt Gj, 2006) bzw. Groenewold & Tsotsas (1999):

$$Sh = Sh_{min} + \sqrt{Sh_{lam}^2 + Sh_{turb}^2}$$ (Gl. 4.24)

$$Sh_{min} = 2$$ (Gl. 4.25)

$$Sh_{lam} = \left(\frac{2}{1 + 22 \cdot Sc}\right)^{1/6} \sqrt{Re \cdot Sc}$$ (Gl. 4.26)

$$Sh_{turb} = \frac{0,037 \cdot Re^{0,8} \, Sc}{1 + 2,443 \cdot Re^{-0,1}\left(Sc^{2/3} - 1\right)}$$ (Gl. 4.27)

mit der Schmidt-Zahl:

$$Sc = \frac{\mu_g}{\rho_g \cdot D}$$ (Gl. 4.28)

Für die restliche Oberfläche, welche nicht von einem Flüssigkeitsfilm bedeckt ist, erfolgt die Rechnung im 2. Trocknungsabschnitt. Die Berechnung basiert dabei auf Messungen von Grünewald (2011). Unterhalb einer bestimmten Feuchtebeladung ($X_W = 0,053$) wird die Trocknungsgeschwindigkeit gegenüber dem 1. Trocknungsabschnitt mithilfe eines Faktors korrigiert (Abbildung 4.8). Dieser Faktor f wird aus den experimentellen Daten gewonnen.

$$f = 8707,1 \cdot X_W^3 - 781,1 \cdot X_W^2 + 36,1 \cdot X_W$$ (Gl. 4.29)

Die Trocknungsverlaufskurve ist dabei stoffabhängig und muss für andere Stoffsysteme im Vorfeld der Simulation bestimmt werden.

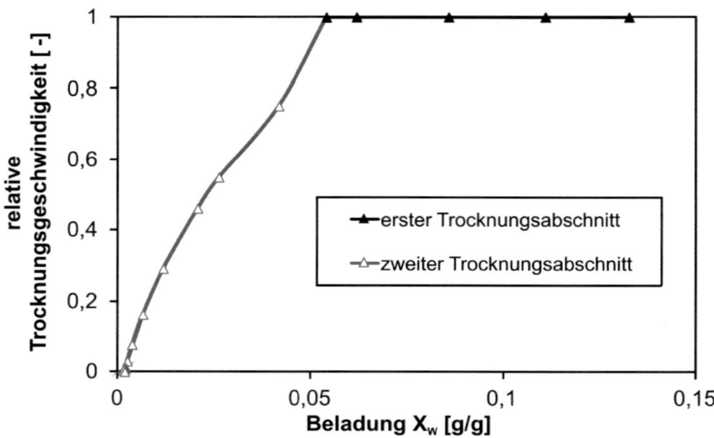

Abbildung 4.8: Experimentelle Daten für die Trocknungsgeschwindigkeit der feuchten Partikeln (Grünewald, 2011).

Die Beharrungstemperatur T_B im 2. Trocknungsabschnitt wird mithilfe des folgenden linearen Ansatzes berechnet:

$$\alpha_{P-G}\left(T_g - T_B\right) = \tilde{M}_W \beta \tilde{\rho}_g \left(\tilde{y}^*\left(T_B\right) - \tilde{y}_g\right) \Delta h_v \qquad \text{(Gl. 4.30)}$$

Um den Rechenaufwand zu reduzieren und eine iterative Lösung zu vermeiden, wird auch in diesem Fall die Antoine-Gleichung für den relevanten Temperaturbereich (0 - 40°C) durch ein Polynom zweiter Ordnung approximiert, wodurch die Beharrungstemperatur T_B direkt analytisch zugänglich ist. Diese Approximation muss für andere Lösungsmittel als Wasser erneut angepasst werden. Es ergibt sich dann:

$$AT_B^2 + \left(B + \frac{RT_g}{\tilde{M}_W \Delta h_v}\rho_g c_{p,g}\right)T_B + C - p_{ges}\tilde{y}_g - \frac{RT_g}{\tilde{M}_W \Delta h_v}\rho_g c_{p,g} T_g = 0 \qquad \text{(Gl. 4.31)}$$

A, B und C sind die Koeffizienten der quadratischen Approximation für die Antoine-Gleichung (A = 4,155, B = -2269,499, C = 310601,770).

Bei bekannter Beharrungstemperatur T_B kann der Trocknungsmassenstrom mithilfe des einfachen linearen Ansatzes berechnet werden:

$$\dot{m}_B = f\,\frac{\tilde{M}_W \beta \tilde{\rho}_g}{p_{ges}}\left(p^*\left(T_B\right) - p_{ges}\tilde{y}_g\right) \qquad \text{(Gl. 4.32)}$$

Die Fläche, an der die Verdampfung mit der Verdampfungsrate $\dot{m}_B$ stattfindet, entspricht der nicht von einem Film bedeckten Oberfläche.

Die gesamte Verdampfungsrate wird dann berechnet durch:

$$\dot{m}_v = a_F \dot{m}_F + \left(a_s - a_F\right)\dot{m}_B \qquad \text{(Gl. 4.33)}$$

4.2.2 Berechnung der Filmoberfläche

Zur Berechnung der Verdampfungsrate wird die Filmoberfläche (volumenspezifisch) a_F und die Filmdicke Δx_F benötigt. Die Berechnung der Filmoberfläche folgt mithilfe einer Transportgleichung. Damit kann die in einer Berechnungszelle lokal entstehende feuchte Oberfläche, die für die Staubeinbindung zur Verfügung steht, mittels einer Transportgleichung der Filmoberfläche bestimmt werden:

$$\frac{\partial\left(a_F\right)}{\partial t} + \nabla\left(\vec{u}a_F\right) = \underbrace{\left(\frac{\dot{m}_{Tr\_ab}/V_{Cell}}{\rho_{Tr}\Delta x_{F,init}}\right)}_{Quellterm} \qquad \text{(Gl. 4.34)}$$

Die Vorgehensweise zur Berechnung der Oberfläche ist wie folgt:

1. Die anfängliche Filmdicke nach dem Aufprall eines Tropfens $\Delta x_{F,init}$ wird mit dem Modell von Toivakka (2003) berechnet.

2. Die Rate der Oberflächenzunahme des Films wird aus dem abgeschiedenen Tropfenmassenstrom und der anfänglichen Filmdicke $\Delta x_{F,init}$ berechnet.

3. Die Filmdicke Δx_F für die Berechnung der Verdampfung wird aus der gesamten Masse der Flüssigkeit auf einem Partikel (m_w) und der berechneten Filmoberfläche bestimmt.

$$\Delta x_F = \frac{m_W / V_{cell}}{\rho_W \cdot a_F} = \frac{\rho_s \alpha_s x_{W,s}}{\rho_W \cdot a_F} \qquad \text{(Gl. 4.35)}$$

V_{cell} ist das Volumen der Rechenzelle, α_s ist der Volumenanteil der Partikelphase und $x_{W,s}$ ist der Wassergehalt in der Partikelphase.

Im Fall, dass die Filmdicke Δx_F kleiner als ein Grenzwert ε (hier 10^{-8} m) ist, wird die Filmoberfläche als 0 betrachtet. Die maximale Oberfläche a_s entspricht der maximal vorhandenen Partikeloberfläche, sodass sich für die Filmoberfläche hier als Grenzfall ergibt:

$$a_F = 0 \qquad\qquad\qquad \text{wenn } \Delta x_F < \varepsilon \qquad \text{(Gl. 4.36)}$$

$$a_F = a_s \qquad\qquad\qquad \text{wenn } a_F > a_s \qquad \text{(Gl. 4.37)}$$

4.2.3 Berechnung der Filmdicke nach dem Aufprall

Gemäß der Energieerhaltung ist die Filmhöhe von der Geschwindigkeit des Stoßes (We-Zahl und Re-Zahl) abhängig und zu ihrer Bestimmung wurden ausgehend vom Grundsatz der Energieerhaltung verschiedene Korrelationen aufgestellt. Meistens wird der Film als zylindrisches Volumen mit dem Durchmesser d und der Höhe $\Delta x_{F,init}$ angenommen (Abbildung 4.9). Daraus folgt, dass das maximale Spreitverhältnis (spread ratio, β_{max}), definiert als das Verhältnis zwischen dem Durchmesser des Zylinders nach dem Stoß und dem Durchmesser des Tropfens vor dem Stoß ($\Delta x_{F,init}/d_0$), eine Funktion von Re- und We-Zahl beschrieben werden kann.

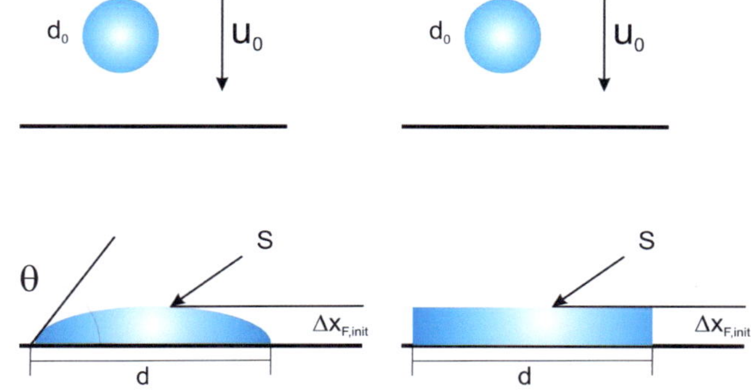

Abbildung 4.9: Tropfenausbreitung an eine Oberfläche.

Durch Anpassung von Experimentdaten für die Ausbreitung der Tintenstrahl-Tropfen mit einem Durchmesser von 20-40 µm auf Papier und bestimmten Vereinfachungen (Kapitel 9.12) wird β_{max} berechnet als:

$$\beta_{\max} = \frac{\Delta x_{F,init}}{d_0} = 1 + 0,48 \cdot We^{0,5} \exp(-1,48 We^{0,22} \mathrm{Re}^{-0,21}) \qquad \text{(Gl. 4.38)}$$

Toivakka (2003) kommt mithilfe der numerischen Simulation zu einer ähnlichen Formulierung:

$$\beta_{\max} = \frac{\Delta x_{F,init}}{d_0} = 1 + 13,51 \cdot We^{0,5} \exp(-4,28 We^{0,072} \mathrm{Re}^{-0,043}) \qquad \text{(Gl. 4.39)}$$

Experimente für die Tropfenabscheidung an der Partikeloberfläche wurden von Grünewald (2011) durchgeführt. Die Tropfen wurden dabei mithilfe einer Airbrush-Pistole erzeugt und hatten einen Durchmesser von 8-40 µm. Die Tropfenabscheidung wurde dann mit einer Hochgeschwindigkeitskamera verfolgt, wobei die Geschwindigkeit vor dem Stoß bei durchschnittlich 2 m/s lag.

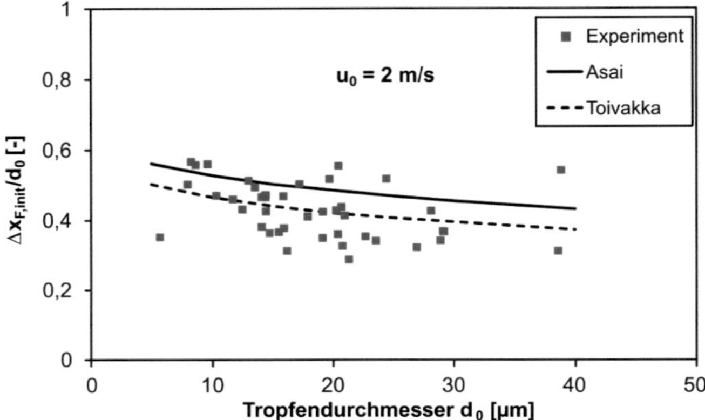

Abbildung 4.10: Vergleich des Verhältnisses $\Delta x_{F,init}/d_0$ in Abhängigkeit des Tropfendurchmessers für verschiedene Modelle sowie mit experimentellen Daten (Grünewald, 2011).

Abbildung 4.10 zeigt das Verhältnis von $\Delta x_{F,init}/d_0$ in Abhängigkeit des Tropfendurchmessers d_0 bei konstanter Stoßgeschwindigkeit u_0 für die oben diskutierten Modelle.

Fazit: Zur Berechnung der Filmdicke direkt nach dem Aufprall ($\Delta x_{F,init}$) wurde das Modell von Toivakka (2003) implementiert.

4.2.4 Energiebilanz für Gasphase und Partikelphase

Bei der Implementierung der Trocknung in die Simulation wird die Granulatphase als ein Gemisch aus Granulat und Wasser betrachtet. Der Wärmeübergang zwischen der Gasphase und der Granulatphase wird dabei mithilfe der Nusselt-Korrelation nach Gunn (1978) berechnet:

$$Nu = \left(7 - 10\alpha_g + 5\alpha_g^2\right)\left(1 + 0{,}7\,\mathrm{Re}_s^{0,2}\,\mathrm{Pr}^{1/3}\right) + \left(1{,}33 - 2{,}4\alpha_g + 1{,}2\alpha_g^2\right)\mathrm{Re}_s^{0,7}\,\mathrm{Pr}^{1/3}$$

(Gl. 4.40)

wobei α_s und α_g die Volumenanteile der Partikelphase bzw. der Gasphase bezeichnen.

Die Reynolds-Zahl der Granulatphase ist definiert als:

$$\mathrm{Re}_s = \frac{\rho_g u_{rel} d_s}{\mu_g}$$

(Gl. 4.41)

Die Prandtl-Zahl der Gasphase ist definiert als:

$$Pr = \frac{c_{p,g}\mu_g}{\lambda_g} \tag{Gl. 4.42}$$

Aus der Nu-Zahl wird der Wärmeübergangskoeffizient $\alpha_{g,s}$ ($\alpha_{g,s} = \alpha_{P-G} \approx \alpha_{F-G}$, da die Filmdicke viel kleiner als der Partikeldurchmesser ist) zwischen der Gas- und Granulatphase berechnet:

$$\alpha_{g,s} = \frac{\alpha_g \cdot \lambda_g \cdot Nu}{d_s} \tag{Gl. 4.43}$$

Dann wird der volumenspezifische Wärmestrom zwischen der Gasphase und der Granulatphase berechnet durch:

$$\dot{Q}_{gs} = \alpha_{g,s} a_s \left(T_g - T_s \right) \tag{Gl. 4.44}$$

$$\text{mit } a_s = \frac{6 \cdot \alpha_s}{d_s}$$

Der Wärmestrom zwischen der Granulat- und Gasphase $\dot{Q}_{gs}$, bezogen auf die gesamte Fläche, wird im Hintergrund von *Fluent* berechnet. Um die Energiebilanz für die Partikelphase korrekt unter Berücksichtigung der Verdampfung zu bestimmen, wird hier eine Umformung durchgeführt. Danach lautet die Energiebilanz für die Partikelphase mit der Gleichung (4.15):

$$\begin{aligned}
\frac{dH_s}{dt} &= \alpha_{g,s}\left(a_s - a_F \right)\left(T_g - T_s \right) - \dot{Q}_{P-F} \\
&= \alpha_{g,s}\left(a_s - a_F \right)\left(T_g - T_s \right) + \alpha_{g,s}\left(a_F \right)\left(T_g - T_s \right) - \alpha_{g,s}\left(a_F \right)\left(T_g - T_s \right) \\
&\quad +\left(-\dot{m}_F a_F \Delta h_v \left(T_{F,O} \right) + \alpha_{g,s} a_F \left(T_g - T_{F,O} \right) \right) - \dot{m}_B \left(a_s - a_F \right) \Delta h_v \left(T_{F,O} \right) \\
&= \dot{Q}_{gs} + \left(-\dot{m}_v \left(\Delta h_v \left(T_{Bez} \right) + c_{p,D}\left(T_{F,O} - T_{Bez} \right) \right) + \alpha_{g,s}\left(a_F \right)\left(T_s - T_{F,O} \right) \right) \\
&= \dot{Q}_{gs} - \dot{Q}_P
\end{aligned} \tag{Gl. 4.45}$$

Der Energiequellterm $\dot{Q}_P$ durch Verdampfung des Films in der Partikelphase ist gegeben durch:

$$\dot{Q}_P = \dot{m}_v \cdot \left(\Delta h_v + c_{p,D}\left(T_{F,O} - T_{Bez} \right) \right) - \alpha_{g,s} a_F \left(T_s - T_{F,O} \right) \tag{Gl. 4.46}$$

Die Größe $\dot{Q}_p$ wird als Energiequellterm für die Granulatphase implementiert.

Die Energiebilanz für die Gasphase lautet:

$$\frac{dH_g}{dt} = \alpha_{g,s}\left(a_s - a_F\right)\left(T_s - T_g\right) - \alpha_{g,s}a_F\left(T_g - T_{F,O}\right)$$

$$= \alpha_{g,s}\left(a_s\right)\left(T_s - T_g\right) - \alpha_{g,s}\left(a_F\right)\left(T_s - T_g\right) - \alpha_{g,s}a_F\left(T_g - T_{F,O}\right) \qquad \text{(Gl. 4.47)}$$

$$= \alpha_{g,s}\left(a_s\right)\left(T_s - T_g\right) - \left(\alpha_{g,s}a_F\left(T_s - T_{F,O}\right)\right)$$

$$= -\dot{Q}_{gs} - \dot{Q}_{P-G}$$

mit

$$\dot{Q}_{P-G} = \alpha_{g,s}a_F\left(T_s - T_{F,O}\right) \qquad \text{(Gl. 4.48)}$$

Die Größe $\dot{Q}_{P-G}$ wird als Energiequellterm für die Gasphase implementiert.

4.2.5 Energiebilanz der Tropfentrocknung

Die Tropfentrocknung wird mithilfe der Sherwood-Korrelation für $v_{rel} = 0$ gerechnet. Es wird also angenommen, dass die Tropfen der Luftströmung folgen. Dann ist:

$$Sh = Sh_{min} = 2 \qquad \text{(Gl. 4.49)}$$

$$Nu = Nu_{min} = 2 \qquad \text{(Gl. 4.50)}$$

Der Stoffübergangskoeffizient β_{Tr} und Wärmeübergangskoeffizient $\alpha_{g,Tr}$ sind:

$$\beta_{Tr} = \frac{Sh \cdot D}{d_{Tr}} \qquad \text{(Gl. 4.51)}$$

$$\alpha_{g,Tr} = \frac{Nu \cdot \lambda_g}{d_{Tr}} \qquad \text{(Gl. 4.52)}$$

$$\dot{m}_{v,Tr} = \frac{\tilde{M}_W \beta_{Tr} \tilde{\rho}_g}{P_{ges}}\left(p_W^{\;*}\left(T_{Tr}\right) - p_{ges}\tilde{y}_g\right) \qquad \text{(Gl. 4.53)}$$

Damit lautet die Energiebilanz für die Tropfenphase:

$$\frac{dH_{Tr}}{dt} = \dot{Q}_{g,Tr} + \dot{Q}_{Tr,v} = \dot{Q}_{Tr} \qquad \text{(Gl. 4.54)}$$

Der Energiequellterm durch Verdampfung der Tropfen in der Tropfenphase $\dot{Q}_{Tr,v}$ ist gegeben durch:

$$\dot{Q}_{Tr,v} = -\dot{m}_{v,Tr} \cdot \left(\Delta h_v\left(T_{Bez}\right) + c_{p,D}\left(T_g - T_{Tr}\right)\right) \qquad \text{(Gl. 4.55)}$$

Für den Wärmeübergang zwischen der Gasphase und Tropfenphasen gilt:

$$\dot{Q}_{g,Tr} = \alpha_{g,Tr} \cdot \left(T_g - T_{Tr}\right) \qquad \text{(Gl. 4.56)}$$

dann

$$\dot{Q}_{Tr} = \alpha_{g,Tr} \cdot \left(T_g - T_{Tr}\right) - \dot{m}_{v,Tr} \cdot \left(\Delta h_v + c_{p,D}\left(T_g - T_{Tr}\right)\right) \qquad \text{(Gl. 4.57)}$$

Die Energiebilanz für die Gasphase lautet:

$$\frac{dH_g}{dt} = -\dot{Q}_{g,Tr} + \dot{m}_{v,Tr} \cdot c_{p,D}\left(T_{Tr} - T_{Bez}\right) = \dot{Q}_{Tr-G} \qquad \text{(Gl. 4.58)}$$

$\dot{Q}_{Tr-G}$ wird als zusätzliche Energiequellterme außer der Verdampfung des Films für die Gasphase und $\dot{Q}_{Tr}$ als Quellterm für die Tropfenphase implementiert.

4.2.6 Gesamte Energiebilanz

Die Quellterme für die drei Phasen sind:

$\dot{Q}_{Tr-G} + \dot{Q}_{P-G}$: für die Luftphase

$\dot{Q}_{P}$: für die Granulatphase

$\dot{Q}_{Tr}$: für die Tropfenphase

Aus der Summe der 4 Terme folgt dann:

$$\dot{Q}_{Tr-G} + \dot{Q}_{P-G} + \dot{Q}_{Tr} + \dot{Q}_{P} = \dot{m}_{v,ges}\Delta h_v + \dot{Q}_{rest} \approx \dot{m}_{v,ges}\Delta h_v \qquad \text{(Gl. 4.59)}$$

$\dot{Q}_{rest}$ sind die sämtlichen $c_p \cdot \Delta T$ Terme bzw. Wärmeverluste an der Umgebung, welche im Vergleich zu der Verdampfungsenthalpie klein sind. Der Hauptquellterm im System ist die zur Verdampfung des Wassers benötigte Energie.

4.2.7 Validierung der Trocknungsberechnung

Zur Validierung der Simulation wird der radiale Verlauf der Temperaturen in 3 verschiedenen Abständen von der Düsenmündung für den Standardfall (Tabelle 4.6) gemessen.

Tabelle 4.6: Standard-Massenströme zur Validierung der Trocknung.

	Massenstrom [kg/h]
Düsenluft	12
Fluidisationsluft	105

4.2.7.1 Versuchsaufbau für die Temperaturmessung

Zur Validierung der modellierten Trocknungsvorgänge wurde die Verteilung der Lufttemperatur im Apparat in verschiedenen Höhen gemessen. Als Messinstrumente wurden dabei Pt100-Widerstandsthermometer mit einer umhüllenden Wärmeisolierung eingesetzt, welche die Beeinflussung des Messergebnisses infolge Wärmeleitung entlang des Messstabes reduzieren sollten. An der Außenwand des Technikumapparates wurde eine Vorrichtung angebracht, die mit drei runden Stopfbuchsen versehen ist. Mithilfe dieser Bohrungen war es möglich, die radiale Temperaturverteilung an drei verschiedenen vertikalen Positionen zu messen. Die umhüllende Wärmeisolierung des Thermometers wurde mit einer Skalierung versehen, die den unteren Anlagenradius abdeckte. Mit dieser Vorrichtung war es möglich, die von der vertikalen und radialen Position abhängige Temperatur der Luftströmung zu messen.

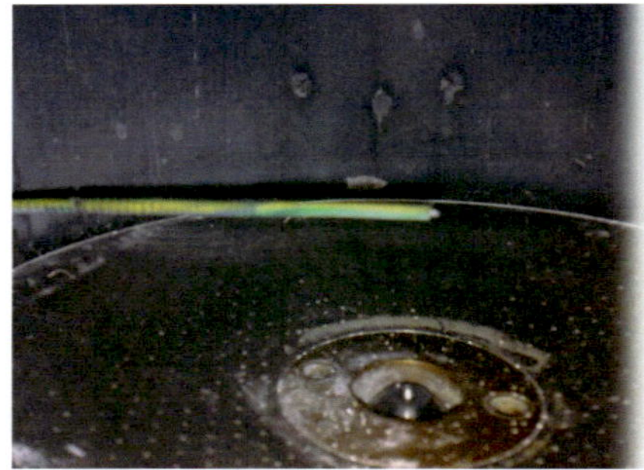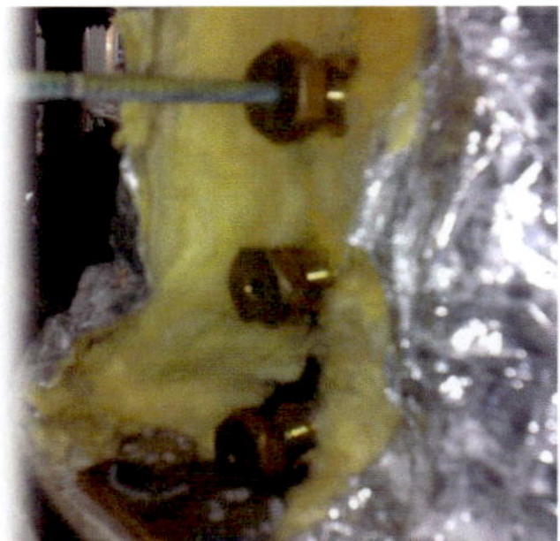

Abbildung 4.11: Versuchsaufbau zur Messung der Temperatur in der Wirbelschichtanlage.

Die radialen Temperaturprofile an dieser Stelle wurden für 3 Fälle gemessen:

1. Nur Luft, (T_{DL}= 30 °C, T_{FL}= 40 °C)

2. Luft und Granulat (1 kg), (T_{DL}= 30 °C, T_{FL}= 40 °C)

3. Luft, Granulat mit Eindüsung von Wasser (2,78 kg/h), (T_{DL}= 30 °C, T_{FL}= 150 °C).

4.2.7.2 Temperatur im einphasigen System

Zuerst wird die Temperatur für das einphasige System (nur Luft) ohne Partikelphase gemessen. In diesem Fall betrug der Düsenluftmassenstrom 12 kg/h (30 °C) und der Fluidisationsluftmassenstrom 105 kg/h (38 °C). Abbildung 4.12 bis Abbildung 4.14 zeigen die simulierte Lufttemperatur des einphasigen Systems an den Stellen 51 mm, 92 mm und 132 mm oberhalb der Düsenmündung. Die simulierten Temperaturverläufe geben die experimentellen Werte gut wieder.

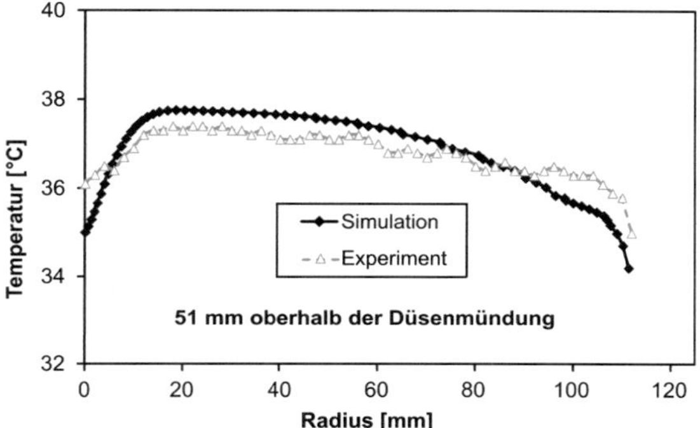

Abbildung 4.12: Lufttemperatur 51 mm oberhalb der Düsenmündung (einphasiges System).

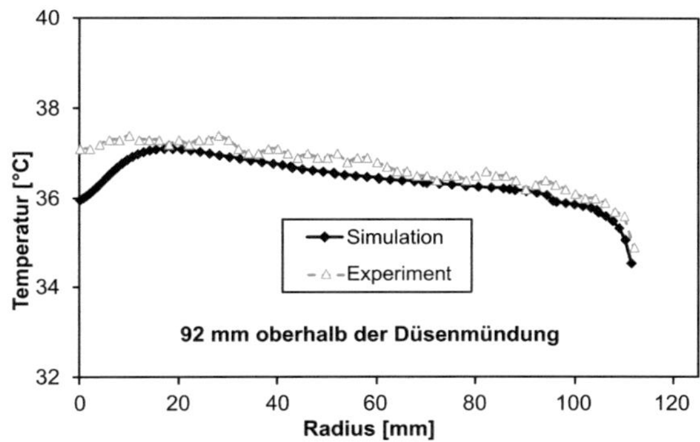

Abbildung 4.13: Lufttemperatur 92 mm oberhalb der Düsenmündung (einphasiges System).

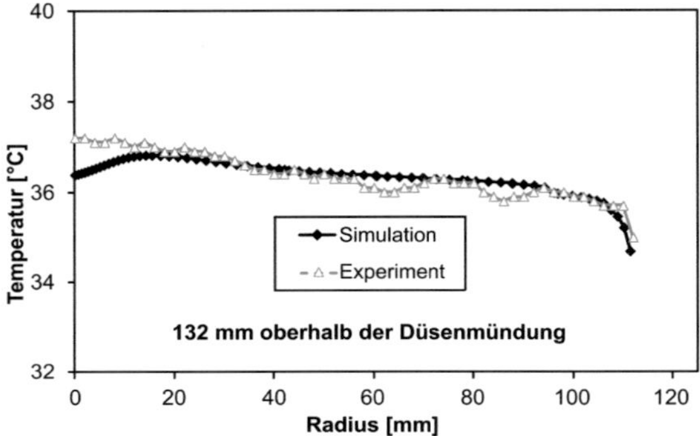

Abbildung 4.14: Lufttemperatur 132 mm oberhalb der Düsenmündung (einphasiges System).

4.2.7.3 Temperatur im Gas-Granulat System

Bei den Experimenten zur Validierung der Berechnungen im zweiphasigen System (Luft und Partikel) betrug der Düsenluftmassenstrom 12 kg/h (30 °C) und der Fluidisationsluftmassenstrom 105 kg/h (38 °C). Die Bettmasse betrug 1 kg mit einem mittleren Partikeldurchmesser von 650 µm. In dieser Rechnung wird der Wärmeübergang zwischen Gas- und Partikelphase mit der Korrelation von Gunn (1978) berechnet:

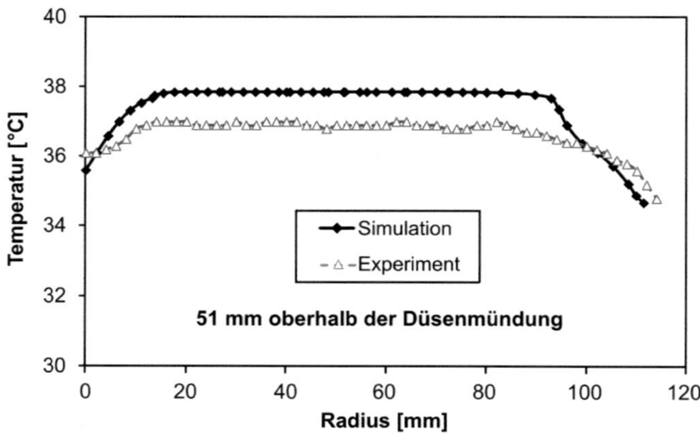

Abbildung 4.15: Lufttemperatur 51 mm oberhalb der Düsenmündung (zweiphasiges System).

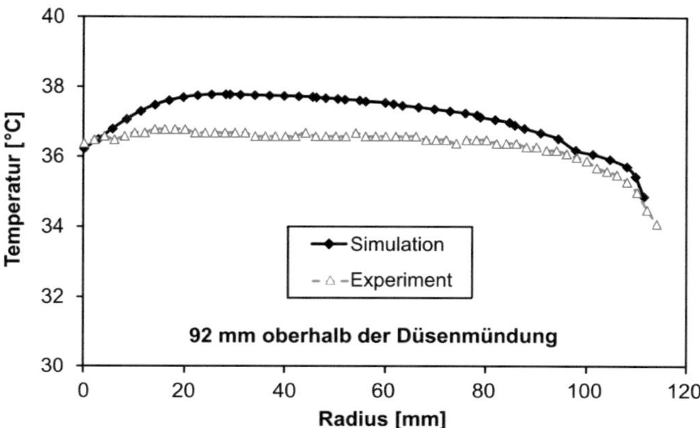

Abbildung 4.16: Lufttemperatur 92 mm oberhalb der Düsenmündung (zweiphasiges System).

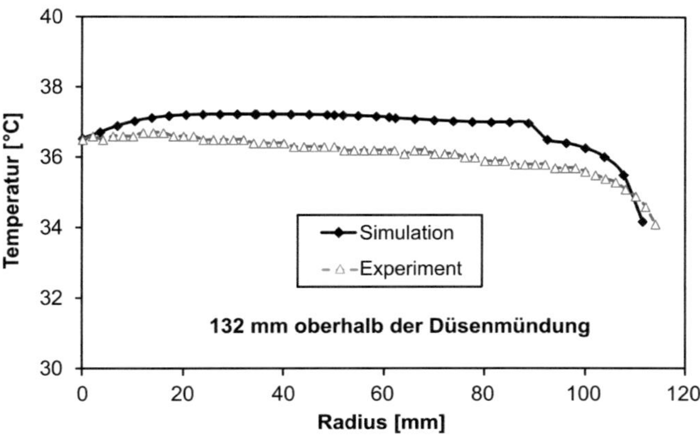

Abbildung 4.17: Lufttemperatur 132 mm oberhalb der Düsenmündung (zweiphasiges System).

Abbildung 4.15 bis Abbildung 4.17 zeigen die simulierten Lufttemperaturen für das zweiphasige System (Luft und Partikelphase) an den Stellen 51 mm, 92 mm und 132 mm oberhalb der Düsenmündung. Die simulierten Temperaturverläufe stimmen mit den experimentellen Daten gut überein.

4.2.7.4 Temperatur im Gas-Granulat System mit Wassereindüsung

Bei den Experimenten zur Validierung der Rechnungen im dreiphasigen System (Gas- Granulat-Tropfenphase) betrug der Düsenluftmassenstrom 12 kg/h (30 °C) und der Fluidisationsluftmassenstrom 105 kg/h (150 °C). Die Bettmasse

betrug 1 kg mit einem mittleren Partikeldurchmesser von 650 µm bei einem eingedüsten Wasserstrom von 2,78 kg/h (30 °C in der Simulation).

Abbildung 4.18 bis Abbildung 4.20 zeigen die simulierten Lufttemperaturen
an den Stellen 51 mm, 92 mm und 132 mm oberhalb der Düsenmündung. Die
simulierten Temperaturverläufe stimmen trotz der komplizierten Trocknungs-
rechnung gut mit den experimentellen Daten überein.

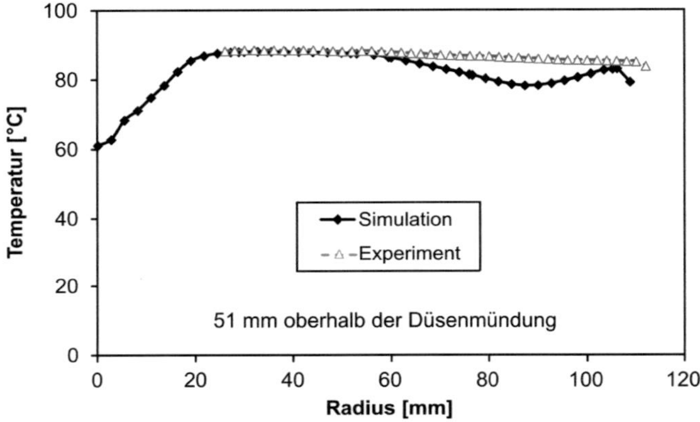

*Abbildung 4.18: Lufttemperatur 51 mm oberhalb der Düsenmündung (dreiphasiges
System).*

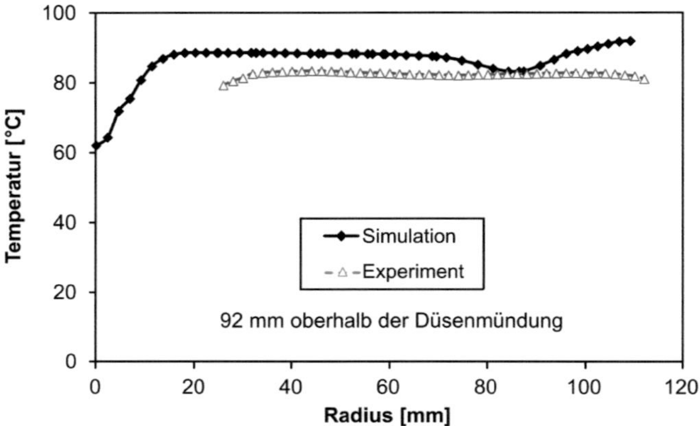

*Abbildung 4.19: Lufttemperatur 92 mm oberhalb der Düsenmündung (dreiphasiges
System).*

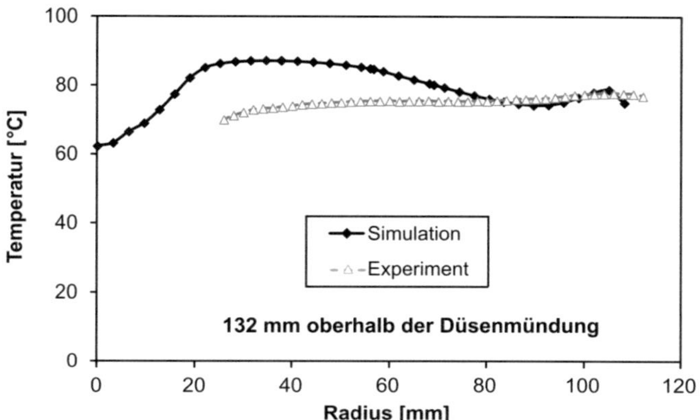

Abbildung 4.20: Lufttemperatur 132 mm oberhalb der Düsenmündung (dreiphasiges System).

Abbildung 4.20 zeigt für eine Höhe von 132 mm oberhalb der Düsenmündung eine etwas größere Abweichung zwischen dem gemessenen und dem berechneten Temperaturprofil, was vermutlich daran liegt, dass der gerechnete Düsenstrahl schmaler als der gemessene ist.

Die gesamte Energiebilanz der Trocknungssimulation unter den Standard Versuchsbedingungen wurde überprüft. Der von der Partikelphase in den Film übergehende Wärmestrom beträgt $\dot{Q}_P = 1400$ W, der Wärmeeintrag der Luft in Tropfen und Film beträgt $\dot{Q}_{Tr-G} + \dot{Q}_{P-G} = 471$ W, die Abkühlung der Tropfen infolge Verdampfung beträgt $\dot{Q}_{Tr} = 24$ W. Die Summe davon ergibt dann 1896 W. Die benötigte Verdampfungsenthalpie von 2,78 kg/h Wasser (65 % von 4,3 kg/h Suspension) beträgt 1900 W. Die gesamte Energiebilanz ist auch erfüllt.

Fazit: Das implementierte Trocknungsmodell kann das dreiphasige System mit Gas, Granulat und Wasser gut beschreiben.

4.3   Modellierung der Staubeinbindung

Ausgehend von der nun bekannten feuchten Partikeloberfläche wird im nächsten Schritt die Staubeinbindung implementiert. Dabei wird die frei verfügbare feuchte Oberfläche durch Tropfenabscheidung erhöht und durch Staubeinbindung verringert.

$$\frac{\partial(a_F)}{\partial t} + \nabla(\vec{u}a_F) = \left(\frac{\dot{m}_{Tr\_ab} / V_{Cell}}{\rho_{Tr}\Delta x_{F,init}} - \dot{a}_{St\_einb} \right) \qquad \text{(Gl. 4.60)}$$

Die Staubeinbindung wird analog zur Tropfenabscheidung mit der Trägheitsabscheidung berechnet. Allerdings kann der Staub nur monolagig abgeschieden werden. Dazu wird die maximale Belegung der Oberfläche benötigt. Um diesen Bedeckungsgrad der Staubeinbindung zu berechnen, wird die Methode der Zufallspackung (stochastisch) nach Mansfield (1996) verwendet (Kapitel 9.14). Damit wird eine Zufallspackung in Abhängigkeit vom Verhältnis der Radien zwischen den beiden Kugeln bestimmt. Mit diesem Modell wird beschrieben, wie viele Staubteilchen M_p theoretisch zufällig auf die Partikeloberfläche passen. Es ergibt sich nach Mansfield (1996) folgende Modellgleichung:

$$M_p = k_p \left(\frac{r_1}{r_2} + 1 \right)^2 \qquad \text{(Gl. 4.61)}$$

mit $k_p = 2{,}187 \pm 0{,}004$ für die Zufallspackung. Damit ist der Bedeckungsgrad φ_{21} für die Zufallspackung durch die kleineren Partikel bei $r_1 \gg r_2$ gegeben als:

$$\varphi_{21} = \frac{M_p \cdot \pi r_2^2}{4 \pi r_1^2} = \frac{k_p \left(\frac{r_1}{r_2} + 1 \right)^2 \pi r_2^2}{4 \pi r_1^2} = \frac{k_p \pi \left(r_1 + r_2 \right)^2}{4 \pi r_1^2} \approx \frac{k_p}{4} \qquad \text{(Gl. 4.62)}$$

Der Abscheidegrad des Staubs wird analog zur Trägheitsabscheidung der Tropfen gerechnet, wobei der Haftanteil gleich 1 gesetzt wird, d. h., die Staubpartikel bleiben nach dem Aufprall vollständig auf der feuchten Partikeloberfläche haften.

$$AG_{St} = (1 - \exp(-1{,}5 \cdot \eta_{St} \frac{\alpha_s}{\alpha_g} \frac{u_{rel}}{u_{St}} \Delta h)) \cdot \frac{a_F}{a_s} \cdot \frac{k_p}{4} \qquad \text{(Gl. 4.63)}$$

Die bedeckte Oberfläche wird dann wie folgt berechnet und als Quellterm der Transportgleichung (Gl.4.58) zugeführt.

$$\dot{a}_{St\_einb} = -\frac{\dot{m}_{St}}{\rho_{St}} \frac{6}{d_{St}} \frac{1}{k_p} \qquad \text{(Gl. 4.64)}$$

4.3.1 Stoßweise Staubrückführung

In der Technikumsanlage wird der Staub stoßweise aus dem Filter zurückgeführt. Die Staubrückführungsrate bzw. -zeit können für diesen Versuchsaufbau nur abgeschätzt werden. Die vorangegangene Arbeit von Grünewald (2011) zeigt, dass die Staubrückführungsrate ungefähr bei 0,083 kg/s liegt, was 3 s für den 250 g Staub entspricht. Es wurden zwei Simulationen mit Staubrückführungszeiten von 3 s und 5 s durchgeführt. Bei diesen Rechnungen beträgt die Staubvorlage 1 kg. In der Technikumsanlage sind 4 Filter vorhanden. Daher sind die Staubrückführungsraten 250 g/3 s bzw. 250 g/5 s. Der Fluidisationsluftmassenstrom beträgt 105 kg/h, die Granulatvorlage im Bett 1 kg und der Düsenluftmassenstrom 12 kg/h. Im Experiment wird der Staub in die Wirbelschicht zurückgeführt und die Extinktion am Gasaustritt gemessen. Die gemessene Extinktion entspricht allerdings nur bei einer verdünnten Dispersion der Staubkonzentration. Die simulierten und experimentellen Ergebnisse sind in Abbildung 4.21 dargestellt.

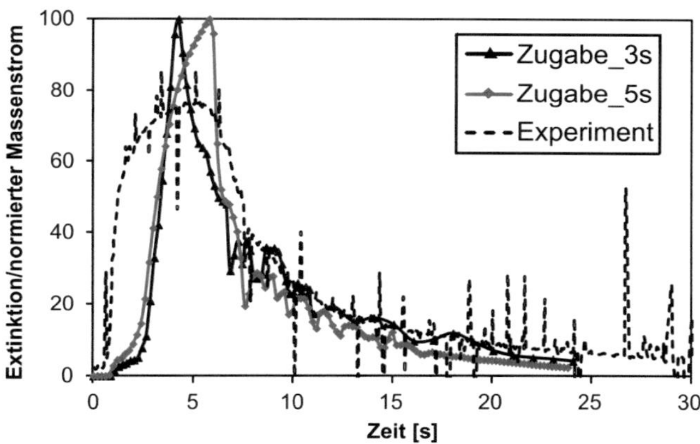

Abbildung 4.21: Staubkonzentration am Austritt für verschiedene Staubzugabezeiten.

Für die Simulation der Staubzugabe innerhalb von 3 s erreicht die Konzentration des Staubs am Austritt das Maximum bei ungefähr 4 s. Für die Simulation mit einer Staubzugabe über 5 s erreicht die Konzentration des Staubs am Austritt das Maximum bei ungefähr 6 s. Nach dem Maximum beschreibt die Rechnung mit einer Staubzugabe innerhalb von 3 s den experimentellen Verlauf besser. Daher wird für die weitere Rechnung eine Staubrückführungsrate von 0,083 kg/s (250 g/3 s) verwendet.

4.3.2 Validierung der Staubeinbindung

In dem der nachfolgenden Berechnung zugrunde liegendem Experiment beträgt die Bettmasse am Anfang 600 g und der mittlere Partikeldurchmesser 363 µm. Zu Beginn befindet sich 1 kg Staub im Filterhaus. Es werden die in Tabelle 4.4 aufgelisteten Randbedingungen für den Standardfall verwendet. Die Rechnung erfolgt für drei verschiedene Zeitpunkte eines Batch-Versuches mit Staubrückführung.

Bei den Rechnungen wird nur die mittlere Partikelgröße mit den experimentellen Daten verglichen. Dazu wird für alle Rechnungen nur eine monodisperse

Bettvorlage verwendet. Die Fluiddynamik wird zuerst 10 s ohne Lösen der Energiegleichung gerechnet. Danach werden bei der Rechnung 2,78 kg/h Wasser eingedüst, um die Betriebsbetttemperatur zu berechnen. Hier wird in der Rechnung die Energiegleichung berücksichtigt und das Temperaturfeld in der Wirbelschicht wird berechnet. Danach wird der Staub stoßweise mit einer konstanten Rückführungsrate (0,083 kg/s) in 3 s am Boden zugeführt. Dazu werden die Randbedingungen an der Düse für die Tropfenphase geeignet geändert (Suspension mit 4,3 kg/h und $x_{FS,Sus} = 0,35$ anstelle von Wasser mit 2,78 kg/h).

Drei Rechnungen wurden mit Bettmassen von 600 g ($d_{30} = 349$ µm), 1000 g ($d_{30} = 430$ µm) und 1400 g ($d_{30} = 481$ µm) durchgeführt. Die durch Tropfenabscheidung und Staubeinbindung entstehenden Kalkmassenströme sind in Abbildung 4.22 über der Zeit dargestellt.

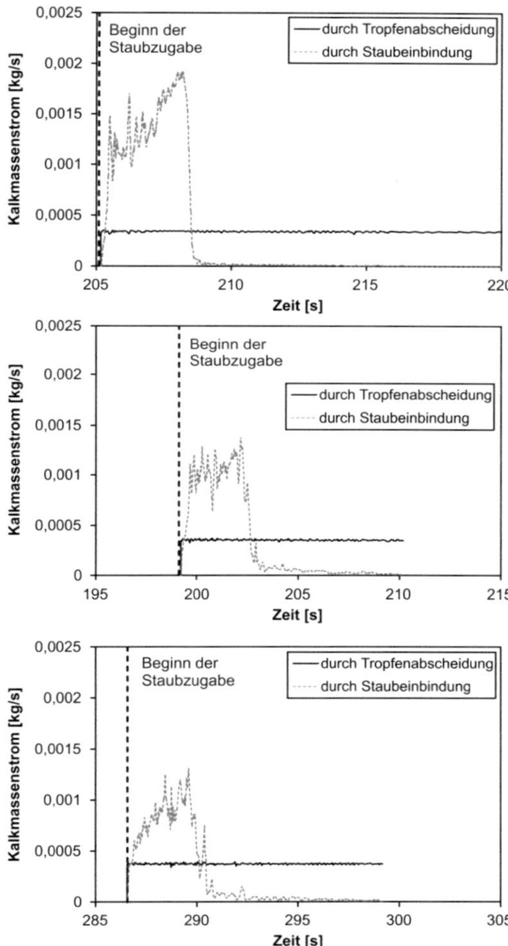

Abbildung 4.22: Zeitlicher Verlauf der Kalkmassenströme durch Staubeinbindung und Tropfenabscheidung (Bettmasse 600g).

Analog zum mittleren Tropfenabscheidungsmassenstrom (siehe Kapitel 4.1.1) wird der zeitlich gemittelte Massenstrom der Staubeinbindung wie folgt berechnet:

$$\bar{\dot{m}}_{s,St\_einb} = \frac{\int \dot{m}_{s,St\_einb}(t)\,dt}{t_{reinigung}} = \frac{\sum_{t\_rechen} \dot{m}_{s,St\_einb}(t)\,\Delta t}{t_{reinigung}} \qquad \text{(Gl. 4.65)}$$

Aufgrund der stoßweisen Zugabe der Staubphase wird ein mittlerer Massenstrom durch die zeitliche Integration des Massenstroms über der Rechenzeit bezogen auf das Filterreinigungsintervall $t_{reinigung}$ (30 s) bestimmt.

Für die drei betrachteten Fälle beträgt das Verhältnis zwischen den Kalkmassenströmen durch Staubeinbindung und Tropfenabscheidung $X = \bar{\dot{m}}_{s,St\_einb} / \bar{\dot{m}}_{s,Tr\_ab}$ 0,44, 0,34 und 0,30. Ergebnisse von diesen drei Rechnungen zeigen, dass mit zunehmender Bettmasse die Staubeinbindung abnimmt, was darauf zurückzuführen ist, dass mit zunehmender Bettmasse gleichzeitig die Einsaugung von Staub in den Düsenstrahl blockiert wird. Mit diesen drei Punkten wird eine stückweise lineare Funktion angepasst. Diese gilt jedoch nur für die spezifisch vorliegenden Randbedingungen und muss bei abweichenden Versuchsparametern erneut durchgeführt werden.

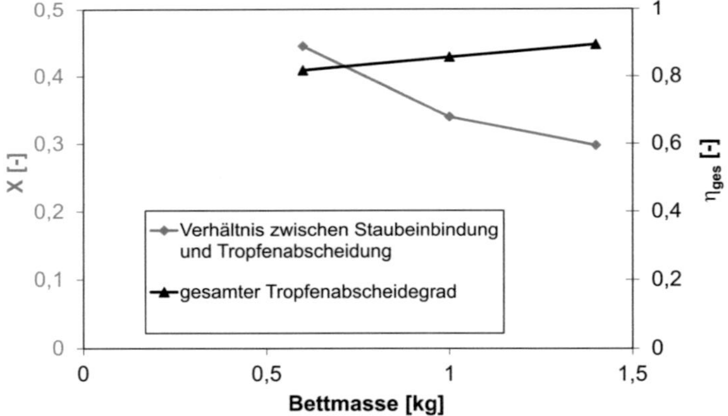

Abbildung 4.23: Verhältnis zwischen Staubeinbindung und Tropfenabscheidung.

Mithilfe der in Abbildung 4.23 dargestellten Kurve für das Verhältnis aus Staubeinbindung und Tropfenabscheidung in Abhängigkeit der Bettmasse wird die Wachstumsrate wie folgt berechnet:

$$G_V = \frac{\dot{m}_{s,Tr\_ab} + \dot{m}_{s,St\_einb}}{N_{Gran}\rho_{Gran}} = \frac{\dot{m}_{s,Tr\_ab}(1+X)}{N_{Gran}\rho_{Gran}} \qquad \text{(Gl. 4.66)}$$

In dieser Rechnung wird auch der eingedüste Staubmassenstrom berücksichtigt. Der Massenstrom der Staubeinbindung ist etwas größer als der Massenstrom des Kalks aufgrund des „Overspray". Daher wird auch die Staubeinbindungsrate in Abhängigkeit der Staubmasse benötigt. Für eine Bettmasse von 600 g wurden zwei zusätzliche Rechnungen durchgeführt. Die Staubmassen betragen dabei 800 g und 600 g, die übrigen Randbedingungen bleiben unverändert. Die in Abbildung 4.24 dargestellte Simulationsergebnisse zeigen eine Proportionalität der Staubeinbindungsrate zur Staubmasse bei diesen Betriebsbedingungen und innerhalb des Staubmassenintervalls.

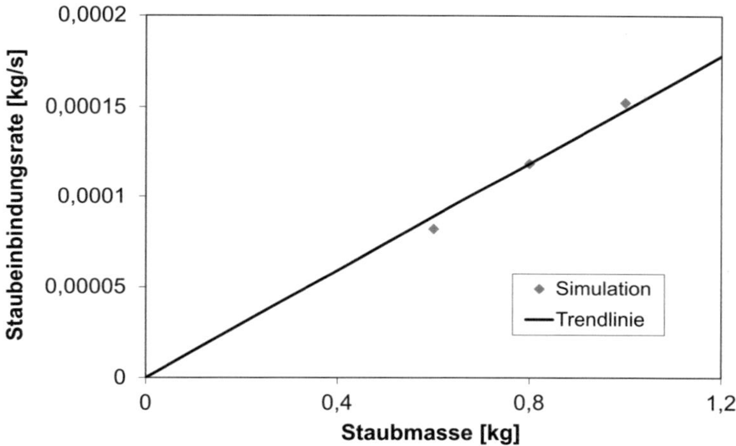

Abbildung 4.24: Staubeinbindungsrate in Abhängigkeit der Masse der Staubvorlage.

Deshalb kann die Staubeinbindungsrate bei der Rechnung wie folgt formuliert werden:

$$\dot{m}_{s,St\_einb}\left(M_{St}\left(t\right),M_{WS}\left(t\right)\right)=\frac{M_{St}\left(t\right)}{M_{St}\left(t_0\right)}\dot{m}_{s,St\_einb}\left(M_{St}\left(t_0\right),M_{WS}\left(t\right)\right) \qquad \text{(Gl. 4.67)}$$

$M_{St}\left(t\right)$ ist die aktuelle Staubmasse, $M_{St}\left(t_0\right)$ die Staubmasse am Anfang, welche in diesem Fall 1 kg beträgt. Dieser Ausdruck verdeutlicht, dass die Staubeinbindungsrate nicht nur von der aktuellen Bettmasse, sondern auch von der aktuellen Staubvorlage abhängt. Damit wird dann die Entwicklung des Partikeldurchmessers über der Zeit berechnet (Abbildung 4.25).

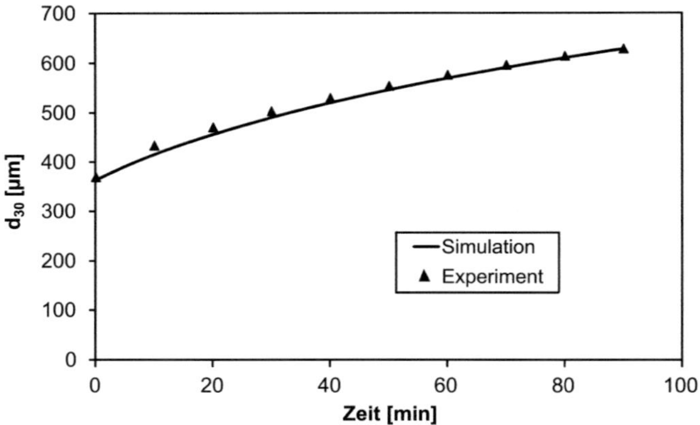

Abbildung 4.25: Änderung des mittleren Partikeldurchmessers in einem Batch-Versuch mit Staubrückführung. Vergleich von Simulation und Experiment.

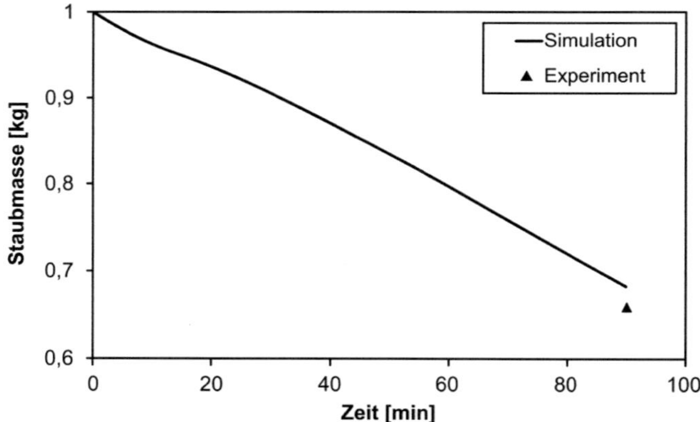

Abbildung 4.26: Änderung der Staubmasse in einem Batch-Versuch mit Staubrückfüh-rung.

Die Staubmasse am Ende des Versuchs beträgt ca. 660 g. Die berechnete Staubmasse lag bei 682 g und somit innerhalb eines akzeptablen Fehlerintervalls des experimentellen Wertes von 3 %.

4.3.3 Temperaturabhängigkeit der Staubeinbindung

Im Experiment wird beobachtet, dass die Staubeinbindung stark von der Fluidisationslufttemperatur bzw. der Betttemperatur abhängt. Um den Effekt nachzurechnen, wird die Simulation hier für drei unterschiedliche Fluidisationslufttemperaturen bei ansonsten gleichen Randbedingungen durchgeführt. Dabei wird eine über die ganze Anlage volumengemittelte Partikeltemperatur verwendet, um die Partikeltemperatur zu beschreiben. Diese Temperatur ist niedriger als die Betttemperatur, da die Partikel oberhalb des Bettes gekühlt werden.

$$T_M = \frac{\sum' \alpha_i T_i}{\sum \alpha_i}$$

(Gl. 4.68)

Die Randbedingungen sind in Tabelle 4.7 aufgeführt.

Tabelle 4.7: Randbedingungen für die Simulation der Staubeinbindung in Abhängigkeit der Temperatur.

Düsenluftstrom [kg/h]	12		
Düsenlufttemperatur [°C]	30		
Fluidisationsluftmassenstrom [kg/h]	75		
Fluidisationslufttemperatur [°C]	150	170	180
Betttemperatur [°C]	72	82	88
mittlere Partikeltemperatur [°C]	56	64	69
Bettmasse [g]	600		
Partikeldurchmesser [µm]	363		

Die Staubeinbindungsrate ist in Abbildung 4.27 über der Zeit dargestellt.

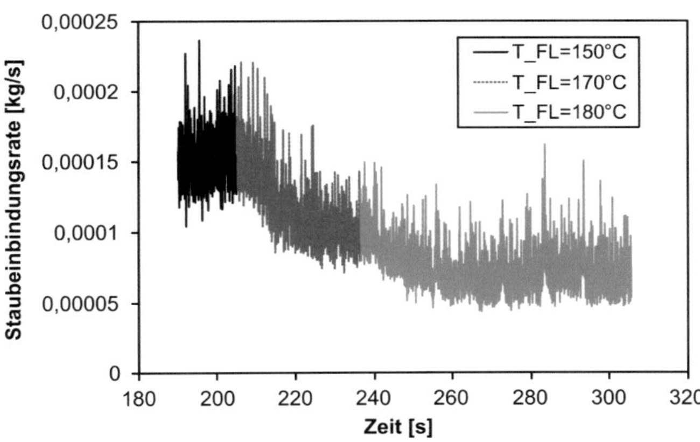

Abbildung 4.27: Staubeinbindungsrate in Abhängigkeit der Fluidisationslufttemperatur.

Bei der Erhöhung der Temperatur nimmt die Staubeinbindungsrate allmählich ab, bis nach spätestens 20 s der nächste stationäre Zustand erreicht ist. Die Staubeinbindungsrate bei einer Fluidisationslufttemperatur von 180 °C (Betttemperatur von ca. 90 °C) beträgt dabei nur ungefähr 50 % des Wertes bei einer Fluidisationslufttemperatur von 150 °C (Betttemperatur von ca. 72 °C).

Tabelle 4.8: Staubeinbindungsrate in Abhängigkeit der Fluidisationslufttemperatur.

Fluidisationslufttemperatur [°C]	Staubeinbindungsrate [kg/s]
150	$1{,}52{\cdot}10^{-4}$
170	$9{,}96{\cdot}10^{-5}$
180	$7{,}02{\cdot}10^{-5}$

Der Grund liegt darin, dass bei höherer Betttemperatur die Flüssigkeit an der Partikeloberfläche schneller trocknet, sodass bereits nach kurzem Flugweg der Partikel keine feuchte Oberfläche mehr vorhanden ist. Deshalb wird auch weniger Staub eingebunden. Dieser Effekt wird in Abbildung 4.28 deutlich:

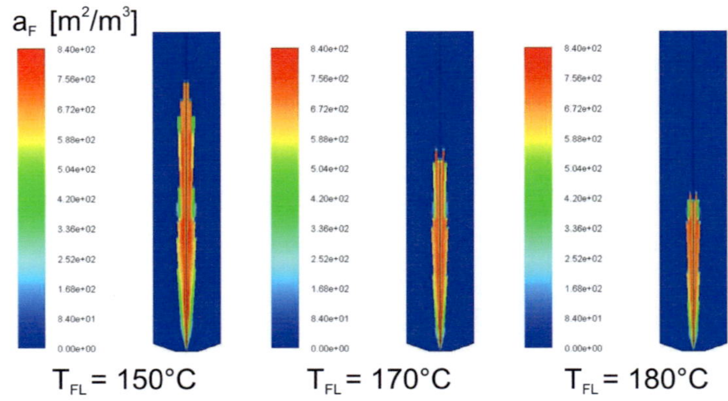

Abbildung 4.28: Feuchte Oberflächen a_F [m²/m³] bei verschiedenen Fluidisationsluft-temperaturen.

Zur Validierung der Temperaturabhängigkeit der Staubeinbindung werden zwei Batch-Versuche von Dietrich (2005, Diplomarbeit am TVT) bei verschiedenen Fluidisationslufttemperaturen (125 °C bzw. 175 °C) nachgerechnet. In den Versuchen wird eine Bettvorlage von 600 g verwendet und der Massenstrom der Fluidisationsluft beträgt 105 kg/h. Im Filterhaus steht am Beginn des Versuchs 1 kg Staub zur Verfügung. Der Granulationsversuch dauert jeweils 30 min. Wie vorher erläutert sind Tropfenabscheidung und Staubeinbindung von der Bettmasse abhängig. Um die Abhängigkeit der Tropfenabscheidung und Staubeinbindung von der Bettmasse zu bestimmen, werden bei jeder Fluidisationslufttemperatur zwei Simulationen mit unterschiedlicher Bettmasse durchgeführt.

Abbildung 4.29 zeigt die Staubeinbindungsrate und die Feststoffströme durch Tropfenabscheidung bei einer Fluidisationslufttemperatur von 125 °C und einer Bettvorlage von 600 g mit einem mittleren Partikeldurchmesser von 349 µm bzw. einer Bettvorlage von 1000 g mit einem mittleren Partikeldurchmesser von 414 µm.

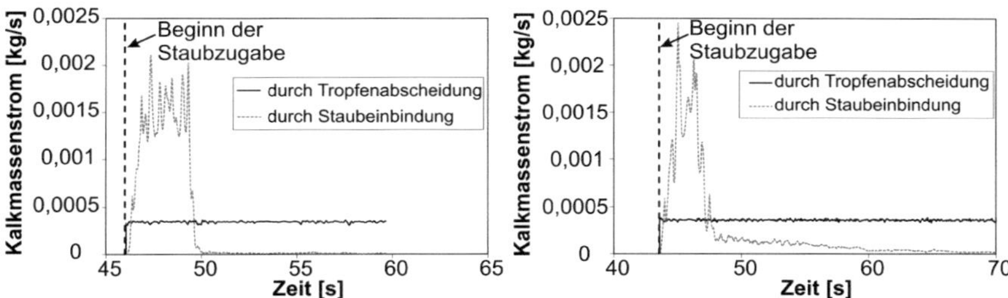

Abbildung 4.29: Zeitlicher Verlauf der Massenströme von Staubeinbindung und Tropfenabscheidung (links: Bettmasse 600 g, d_{30}= 349 µm, Fluidisationsluftmassenstrom 105 kg/h, T_{FL} = 125 °C; Rechts: Bettmasse 1000 g, d_{30}= 414 µm, Fluidisationsluftmassenstrom 105 kg/h, T_{FL} = 125 °C).

Dieselben Simulationen wurden für eine Fluidisationslufttemperatur von 175 °C wiederholt. Abbildung 4.30 zeigt die Staubeinbindungsraten und den Kalkmassenstrom durch Tropfenabscheidung bei einer Fluidisationslufttemperatur von 175 °C für die zwei betrachteten Fälle, und zwar 600 g Bettvorlage mit einem mittleren Partikeldurchmesser von 349 µm und 1000 g Bettvorlage mit einem mittleren Partikeldurchmesser von 414 µm.

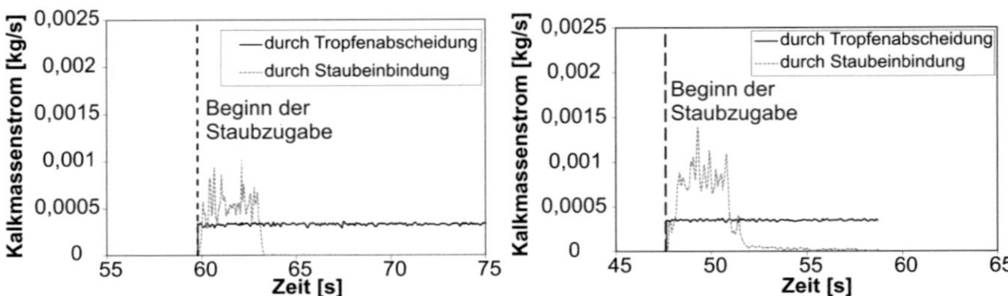

Abbildung 4.30: Zeitlicher Verlauf der Massenströme von Staubeinbindung und Tropfenabscheidung (links: Bettmasse 600 g, d_{30}= 349 µm, Fluidisationsluftmassenstrom 105 kg/h, T_{FL} = 175 °C; rechts: Bettmasse 1000 g, d_{30}= 414 µm, Fluidisationsluftmassenstrom 105 kg/h, T_{FL} = 175 °C).

Die Massenströme durch Staubeinbindung bzw. Tropfenabscheidung sind in *Tabelle 4.9* aufgelistet.

Tabelle 4.9: Staubeinbindungs- und Tropfenabscheidungsraten bei einer Fluidisationslufttemperatur von 125 °C und 175 °C.

T_{FL} [°C]	Bettmasse [g]	Partikelgröße d_{30} [µm]	$\dot{m}_{s,St\_einb}$ [kg/s]	$\dot{m}_{s,Tr\_ab}$ [kg/s]	X
125	600	349	$1{,}54 \cdot 10^{-4}$	$3{,}44 \cdot 10^{-4}$	0,446
	1000	414	$2{,}04 \cdot 10^{-4}$	$3{,}60 \cdot 10^{-4}$	0,566
175	600	349	$5{,}87 \cdot 10^{-5}$	$3{,}32 \cdot 10^{-4}$	0,177
	1000	414	$9{,}50 \cdot 10^{-5}$	$3{,}52 \cdot 10^{-4}$	0,269

Damit werden die Verläufe des mittleren Durchmessers für ein Zeitintervall von 30 min für die beiden Fälle berechnet (Abbildung 4.31). Im Experiment wird die Partikelgrößenverteilung am Ende des Versuchs (30 min) über eine Siebanalyse bestimmt. Die mittleren Durchmesser d_{30} nach den Versuchen bei der Temperatur von 125 °C und 175 °C liegen bei 480 und 455 µm, aus der Simulation ergibt sich ein Wert von 486 bzw. 462 µm.

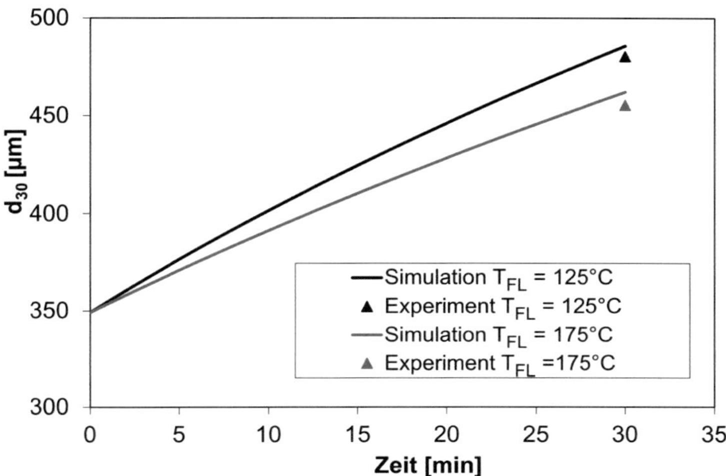

Abbildung 4.31: Verlauf des mittleren Partikeldurchmessers über der Zeit.

Der mittlere Durchmesser am Ende des Versuchs liegt bei 455 µm, aus der Simulation folgt ein Wert von 462 µm.

Diese beiden Simulationen haben die Abhängigkeit der Staubeinbindung von der Fluidisationslufttemperatur (bzw. Betriebstemperatur der Wirbelschicht) gezeigt. Die Simulationsergebnisse geben dabei die experimentellen Daten gut wieder und zeigen deutlich den Einfluss der Fluidisationslufttemperatur.

5 Modellierung des polydispersen Prozesses

In vorherigen Kapiteln werden die Tropfenabscheidung und Staubeinbindung für eine monodisperse Granulatphase simuliert. Allerdings verhalten sich die Partikel mit verschiedenen Größen unterschiedlich in einer Wirbelschicht durch die stark unregelmäßige Bewegung der Partikeln, z. B. bei Segregation zwischen größeren und kleineren Partikeln. Daher muss das ursprüngliche Two-Fluid-Model zu einem Multi-Fluid-Model (MFM) erweitert werden, um eine polydisperse Partikelphase zu beschreiben. Dazu wird eine Populationsbilanz in CFD durch die Transportgleichung der Partikelgrößenverteilung gelöst.

$$\frac{\partial}{\partial t}\Big[n_V\left(V,t\right)\Big]+\nabla\Big[\vec{u}\cdot n_V\left(V,t\right)\Big]+\nabla_V\cdot\Big(G_V\cdot n_V\left(V,t\right)\Big)=$$

$$\underbrace{\frac{1}{2}\int_0^V \beta\left(V-V',V'\right)n_V\left(V-V',t\right)n_V\left(V',t\right)dV'}_{\text{Birth aufgrund Aggregation } B_{ag}}-\underbrace{\int_0^\infty \beta\left(V,V'\right)n_V\left(V,t\right)n_V\left(V',t\right)dV'}_{\text{Death aufgrund Aggregation } D_{ag}}$$

$$+\underbrace{\int_{\Omega_v} vg\left(V'\right)p\left(V\mid V'\right)n_V\left(V',t\right)dV'}_{\text{Birth aufgrund Bruch } B_{br}}-\underbrace{\int_0^\infty g\left(V\right)n_V\left(V,t\right)dV'}_{\text{Death aufgrund Bruch } D_{br}}$$

(Gl. 5.1)

Die in Kapitel 2 vorgestellten Methoden sind auch hier einsetzbar. Mit einer diskreten Methode, in welcher die Partikelgrößenverteilung durch mehrere Partikelklassen dargestellt ist, wird die Partikelgrößenverteilung direkt aus der Simulation in jeder Rechenzelle berechnet. Allerdings ist die Rechengenauigkeit empfindlich zu der Klassenanzahl. Höhere Klassenanzahl führt zu einem höheren Rechenaufwand. In „Standard Method of Moments" wird statt Lösung der Transportgleichungen der Partikelgrößenverteilung n_L die Transportgleichungen der ersten k-ten Momente m_k gelöst.

$$\frac{\partial}{\partial t}\left(\rho m_k\right)+\nabla\cdot\left(\rho\vec{u}m_k\right)=\underbrace{\rho\left(\overline{B}_{ag,k}-\overline{D}_{ag,k}+\overline{B}_{br,k}-\overline{D}_{br,k}\right)+\rho 0^k\dot{N}_{Keim}+\rho Growth_k}_{\text{Quellterm}}$$

(Gl. 5.2)

Die Quellterme für das k-te Moment aufgrund der Agglomeration und des Abbruches sowie des Wachstums sind die gleichen wie in Kapitel 2 (Gl. 2.12-Gl. 2.16). Mithilfe der QMOM werden die Quellterme einfach dargestellt. Allerdings werden die Momente hier mit gleicher Geschwindigkeit u transportiert, d. h., Partikel mit unterschiedlicher Größe haben gleiche Geschwindigkeiten.

Daher kann man entweder unterschiedliche Geschwindigkeiten für jedes Moment mithilfe der Momenten höherer Ordnung extra berechnen (Mazzei et al., 2012) oder „Direct Quadrature Method of Moments" (DQMOM) verwenden (Fan & Fox, 2004). Hier wurde DQMOM verwendet, um die Populationsbilanz in CFD zu lösen.

5.1 DQMOM Ansatz in CFD

Bei DQMOM (Fan & Fox, 2004) werden die Wichtungen w_i (i = 0…N-1) und die Abszissen L_i der i-ten Nodes bestimmt, wobei $l_i = w_i L_i$ gilt.

$$\frac{\partial w_i}{\partial t} + \frac{\partial}{\partial x_i}\left(u_i w_i\right) = a_i\left(w_i, L_i\right) \tag{Gl. 5.3}$$

$$\frac{\partial l_i}{\partial t} + \frac{\partial}{\partial x_i}\left(u_i l_i\right) = b_i\left(w_i, L_i\right) \tag{Gl. 5.4}$$

a_i und b_i sind die Quellterme für w_i und l_i. Die Quellterme werden mit Gl. 2.19 berechnet. Die Agglomerationsrate der Staubphase $\beta\left(L_i, L_j\right)$ wird durch Staub-Staub-Kollisionen berechnet. Die Wachstumsrate der Staubphase folgt aus den Kollisionen zwischen Staub und Tropfen. Die Granulatphase wachsen nur durch Wachstum aufgrund der Tropfenabscheidung und Staubeinbindung.

In CFD werden die Transportgleichungen für die Wichtungen bzw. Abszissen in den Volumenanteil und Durchmesser umgewandelt. Folgende Beziehungen gelten für sphärische Partikel:

$$\alpha_i = k_v w_i L_i^3 = k_v \frac{l_i^3}{w_i^2} \tag{Gl. 5.5}$$

$$\alpha_i L_i = k_v w_i L_i^4 = k_v \frac{l_i^4}{w_i^3} \tag{Gl. 5.6}$$

mit

$$k_v = \frac{\pi}{6}$$

Daher werden die Transportgleichungen für die Wichtungen und Abszissen wie folgt umgeschrieben:

$$\frac{\partial \rho_i \alpha_i}{\partial t} + \frac{\partial}{\partial x_i}\left(u_i \rho_i \alpha_i\right) = a_i' \tag{Gl. 5.7}$$

$$\frac{\partial \rho_i \alpha_i L_i}{\partial t} + \frac{\partial}{\partial x_i}\left(\rho_i \alpha_i L_i u_i\right) = b_i' \tag{Gl. 5.8}$$

Für N = 2 gilt dann:

$$\begin{vmatrix} a_1' \\ a_2' \\ b_1' \\ b_2' \end{vmatrix} = \begin{pmatrix} -2k_v L_1^3 \rho_{s1} & 0 & 3k_v L_1^2 \rho_{s1} & 0 \\ 0 & -2k_v L_1^3 \rho_{s2} & 0 & 3k_v L_2^2 \rho_{s2} \\ -3k_v L_1^4 \rho_{s1} & 0 & 4k_v L_1^3 \rho_{s1} & 0 \\ 0 & -3k_v L_2^4 \rho_{s2} & 0 & 4k_v L_2^3 \rho_{s2} \end{pmatrix} \begin{vmatrix} a_1 \\ a_2 \\ b_1 \\ b_2 \end{vmatrix} \qquad \text{(Gl. 5.9)}$$

Hier sind a_i' die Quellterme der Masse und b_i' die Quellterme von L_i.

Zwei Nodes wurden in dieser Arbeit zur Beschreibung der Partikelgrößenverteilung der Granulatphase verwendet. Daher wird das monodisperse System zu einem bidispersen System erweitert, d. h., zwei Granulatphasen werden in der CFD Simulation benötigt. Daher muss das TFM entsprechend zu einem Multi-Fluid-Model erweitert werden, welches die Wechselwirkung zwischen den beiden Granulatphasen berücksichtigt.

5.2 Fluiddynamik eines bidispersen Systems

Zur Beschreibung der Mehrphasenströmung mit mehreren dispersen Phasen unterschiedlicher Partikelgröße werden die Wechselwirkungen zwischen den dispersen Phasen durch Widerstandsmodelle hinreichend genau beschrieben (Gera, 2004). Der Impulsaustauschkoeffizient zwischen den beiden Granulatphasen (i und j) ist nach Syamlal (1987):

$$K_{i,j} = \frac{3\left(1 + e_{ij}\right)\left(\dfrac{\pi}{2} + C_{fr,ij}\dfrac{\pi^2}{8}\right)\alpha_i \rho_i \alpha_j \rho_j \left(d_i + d_j\right)^2 g_{0,ij}}{2\pi\left(\rho_i d_i^3 + \rho_j d_j^3\right)} \left|\vec{v}_i - \vec{v}_j\right| + C_1 P_c \qquad \text{(Gl. 5.10)}$$

$C_{fr,ij}$ ist der Reibungskoeffizient zwischen den zwei Granulatphasen i und j. In der Literatur werden unterschiedliche Konstanten eingesetzt, z. B. $C_{fr,ij} = 0$ (Nakumura & Capes, 1976); $C_{fr,ij} = 0,15$ (Gera, 2004). Hier wird $C_{fr,ij} = 0$ eingesetzt. Der zweite Term in der Gleichung stellt ein Hindernis-Effekt mit Hilfe des kritischen Drucks P_c (Schaeffer, 1987) dar. In der vorliegenden Formulierung wird die Granulatphase, bestehend aus zwei Arten von Partikeln, durch zwei getrennte Phasen beschrieben. Wenn die Partikel eng gepackt sind und das Durchmesserverhältnis derart ist, dass die kleineren Partikeln nicht durch die Zwischenräume der Schüttung versickern, ist die Beschreibung mit zwei getrennten Phasen unzureichend. Zum Beispiel würde das Modell voraussagen, dass die zwei Arten von Partikeln unterschiedlicher Dichte sogar in einem gepackten Bett segregieren, aber was sie in der Realität nicht tun. Daher wird ein Term zum Partikel-Partikel-Drag für diesem Fall vorgeschlagen, der ausreichend groß ist, um den Hindernis-Effekt zu beschreiben, so dass die zwei Phasen sich gemeinsam bewegen und sich in der Tat als einzige Phase verhalten. Durch Anpassung mit den experimentellen Daten (Goldschmidt, 2002) wurde die Konstante C_1 als 0,3 (Gera, 2004) festgelegt. Allerdings ist dieser Term nicht relevant für eine Wirbelschicht.

Der Druck der Granulatphase P_j erweitert sich unter Berücksichtigung der Kollisionen zwischen unterschiedlichen Granulatphasen zu:

$$P_j = \alpha_j \rho_j \Theta_j + \sum_{j=1}^{N} 2 \frac{d_{i,j}^3}{d_j^3} \left(1 + e_{i,j}\right) g_{0,ij} \alpha_j \alpha_i \rho_j \Theta_j \qquad \text{(Gl. 5.11)}$$

Die radiale Verteilungsfunktion $g_{0,ij}$ wird berechnet durch:

$$g_{0,ij} = \frac{d_j g_{0,ii} + d_i g_{0,jj}}{d_i + d_j} \qquad \text{(Gl. 5.12)}$$

wobei $g_{0,ii}$ die modifizierte radiale Verteilungsfunktion ist:

$$g_{0,ii} = \left[1 - \left(\frac{\alpha_s}{\alpha_{s,max}} \right)^{1/3} \right]^{-1} + \frac{1}{2} d_i \sum_{k=1}^{N} \frac{\alpha_k}{d_k} \qquad \text{(Gl. 5.13)}$$

Um ein solches Modell zu identifizieren, wird die Segregation eines bidispersen Systems simuliert und die erhaltenen Ergebnisse werden mit experimentellen Daten nach Goldschmidt (2002) verglichen (Kapitel 9.15).

5.3 Modellierung des Prozesses ohne Staubrückführung

5.3.1 Simulation eines Batch-Versuchs

Das Partikelwachstum durch Tropfenabscheidung in einem polydispersen System wird beispielhaft für einen Batch-Versuch simuliert. Dazu werden die Anfangsbedingungen aus dem Semi-Batch-Versuch ohne Staubrückführung entnommen und zwei Rechnungen durchgeführt.

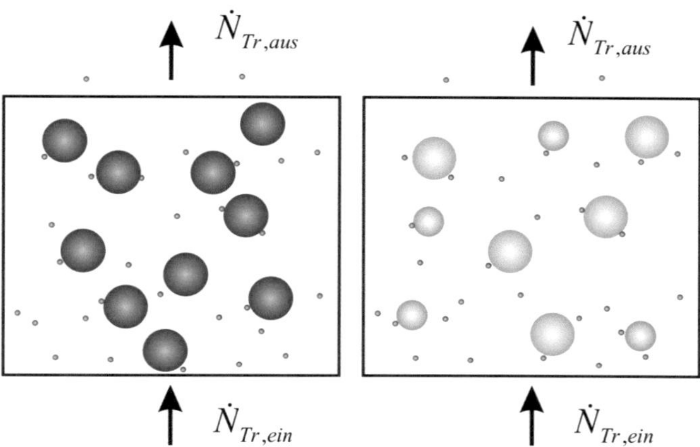

Abbildung 5.1: Tropfenabscheidung im mono- und bidispersen System.

Zunächst wird die Tropfenabscheidung auf mehrere Phasen erweitert:

$$\frac{\Delta\dot{N}_{Tr}}{\dot{N}_{Tr}} = 1 - exp(-1,5 \cdot \eta_1 \frac{1}{d_{s1}} \frac{\alpha_{s1}}{\alpha_g} \frac{v_{rel,1}}{v_{Tr}} \Delta h - 1,5 \cdot \eta_2 \frac{1}{d_{s2}} \frac{\alpha_{s2}}{\alpha_g} \frac{v_{rel,2}}{v_{Tr}} \Delta h) \qquad \text{(Gl. 5.14)}$$

$$\frac{\Delta\dot{N}_{Tr,1}}{\Delta\dot{N}_{Tr,2}} = \left(\eta_1 \frac{1}{d_{s1}} \frac{\alpha_{s1}}{\alpha_g} \frac{v_{rel,1}}{v_{Tr}} \Delta h \right) / \left(\eta_2 \frac{1}{d_{s2}} \frac{\alpha_{s2}}{\alpha_g} \frac{v_{rel,2}}{v_{Tr}} \Delta h \right) = \frac{\eta_1}{\eta_2} \frac{\alpha_{s1}}{\alpha_{s2}} \frac{v_{rel,1}}{v_{rel,2}} \frac{d_{s2}}{d_{s1}} \qquad \text{(Gl. 5.15)}$$

Die ursprüngliche Partikelgrößenverteilung ist in Abbildung 5.2 dargestellt. Aus ihren ersten vier bzw. acht Momenten wird die Partikelgrößenverteilung mithilfe des „Product Difference" (PD) Algorithmus zu repräsentativen **Nodes** reduziert (Tabelle 5.1).

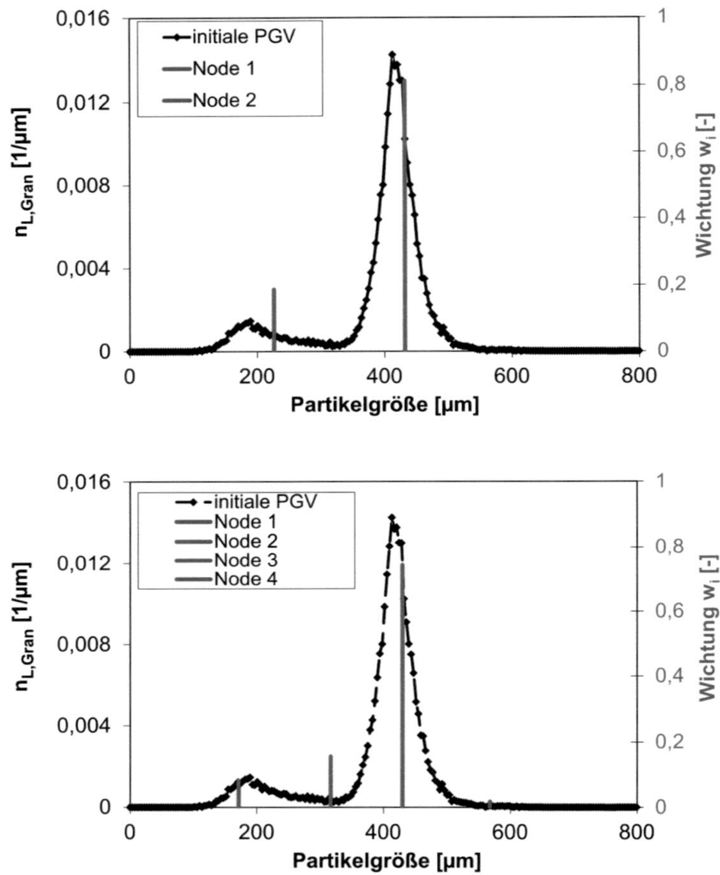

Abbildung 5.2: Reduzierung der Partikelgrößenverteilung zu repräsentativen Nodes.

Tabelle 5.1: Wichtungen und Abszissen bzw. Massen der jeweiligen Nodes (2 und 4) (20 min.).

	L_i [mm]	w_i	m_i [g]
2 Nodes	0,2261	0,1870	29,54
	0,4318	0,8130	894,77
	L_i [mm]	w_i	m_i [g]
4 Nodes	0,1714	0,0812	5,59
	0,3167	0,1565	67,91
	0,4295	0,7445	806,24
	0,5677	0,0178	44,58

Zunächst wird die Fluiddynamik für 10 s Prozesszeit berechnet. Danach werden Tropfen hinzugefügt. Die Tropfenabscheidung wird berechnet und die ermittelten Massenströme schließlich in Partikelwachstumsgeschwindigkeiten umgerechnet:

$$G_{L,i}(t) = \frac{2 \cdot G_{V,i}(t)}{\pi L_i^2} = \frac{2 \cdot \overline{\dot{m}}_{s,Tr\_ab,i}, x_{FS,Sus} / \rho_s}{N_i \pi L_i^2} \qquad \text{(Gl. 5.16)}$$

Die Massenströme der Tropfenabscheidung sind in Abbildung 5.3 dargestellt. Die Massenströme schwanken über der Zeit aufgrund der instationären Rechnung, daher werden die Mittelwerte gebildet, um die Wachstumsrate zu bestimmen.

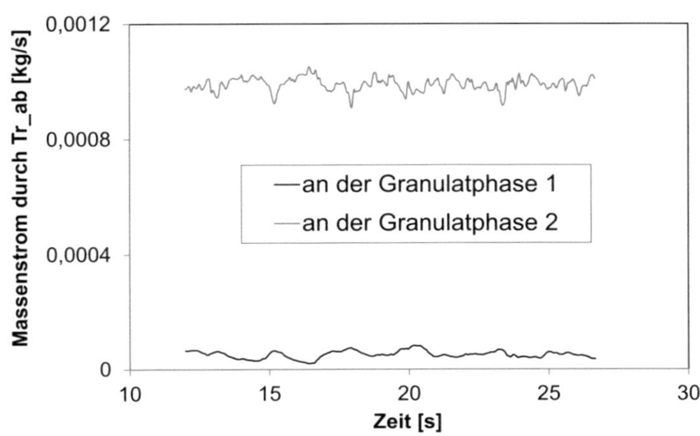

Abbildung 5.3: Massenströme der Tropfenabscheidung an Phase 1 und 2.

Die Wachstumsraten aus der oben beschriebenen Rechnung mit 2 bzw. 4 Nodes sind in Abbildung 5.4 dargestellt.

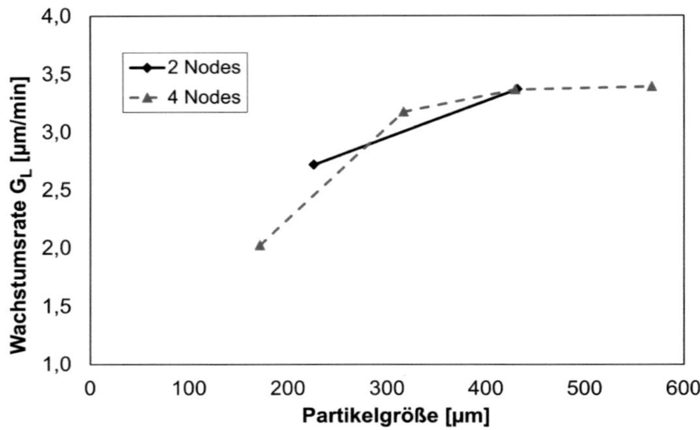

Abbildung 5.4: Numerisch ermittelte Wachstumsraten aus Simulationsrechnungen mit 2 bzw. 4 Nodes.

Die so ermittelte Wachstumskinetik wird in die Populationsbilanz eingesetzt.

$$\frac{\partial n_{L,WS}(L,t)}{\partial t} + \frac{\partial\big(G_L(L)\cdot n_{L,WS}(L,t)\big)}{\partial L} = 0 \qquad\qquad (\text{Gl. 5.17})$$

Abbildung 5.5 zeigt, dass die für eine Prozesszeit von 10 min berechnete Partikelgrößenverteilung gut mit den experimentellen Daten übereinstimmt. Die dargestellten Nodes stellen jeweils die Anfangspartikelgrößenverteilung dar.

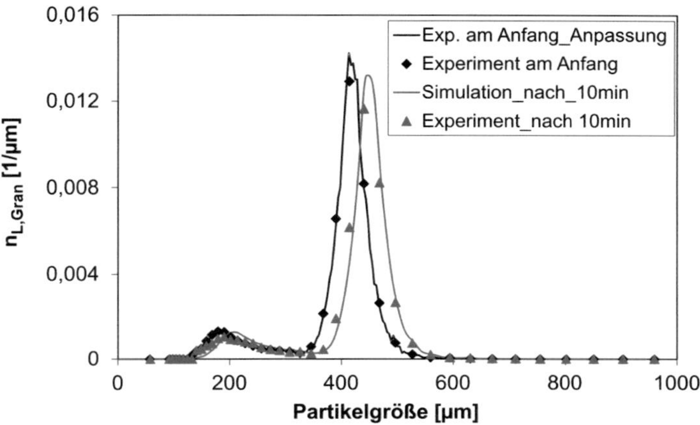

Abbildung 5.5: Vergleich der simulierten und gemessenen PGV nach 10 min (2 Nodes).

Für die Simulationsrechnungen mit vier Nodes wird die Partikelwachstumsrate stückweise linear angepasst. Mithilfe dieser Funktion kann dann aus der Populationsbilanz ebenfalls die Partikelgrößenverteilung nach 10 Minuten Prozesszeit generiert werden. Der Unterschied zwischen den beiden Rechnungen ist dabei vernachlässigbar klein (Abbildung 5.6).

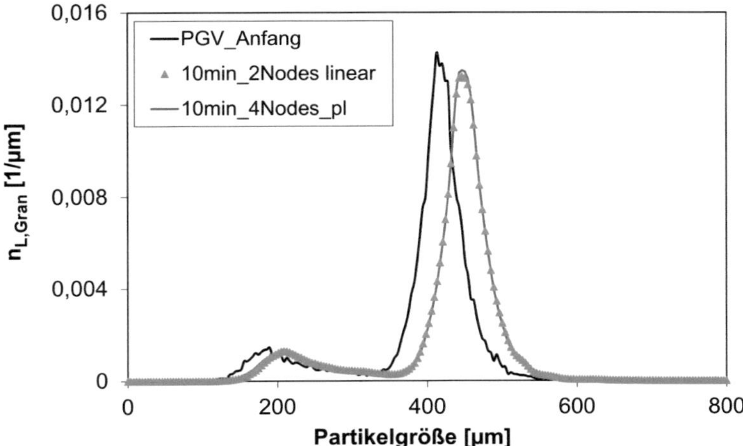

Abbildung 5.6: Simulierte PGV nach 10 min Prozesszeit mit 2 bzw. 4 Nodes.

Für das betrachtete bimodale System liefern Rechnungen mit zwei und vier Nodes die gleiche Genauigkeit.

Genau die gleiche Rechnung wird für einen anderen Messpunkt durchgeführt (von 80 bis 90 min).

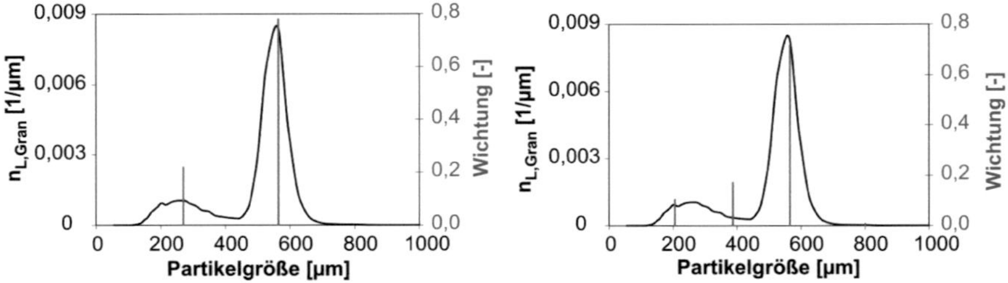

Abbildung 5.7: Reduzierung der Partikelgrößenverteilung zu repräsentativen Nodes (2 bzw. 4 Nodes) für das Experiment nach 80 min.

Tabelle 5.2: Wichtungen und Abszissen bzw. Massen der jeweiligen Nodes (2 und 4) (80 min).

	L_i [mm]	w_i	m_i [g]
2 Nodes	0,2690	0,2197	58,45
	0,5636	0,7803	1908,51
	L_i [mm]	w_i	m_i [g]
4 Nodes	0,2054	0,1040	12,32
	0,3876	0,1716	136,47
	0,5650	0,7172	1768,04
	0,8003	0,0073	51,13

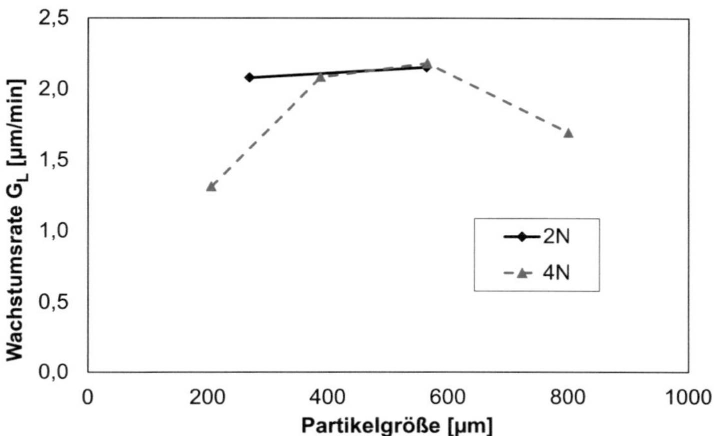

Abbildung 5.8: Numerisch ermittelte Wachstumsraten aus Simulationsrechnungen mit 2 bzw. 4 Nodes (für das Experiment nach 80min).

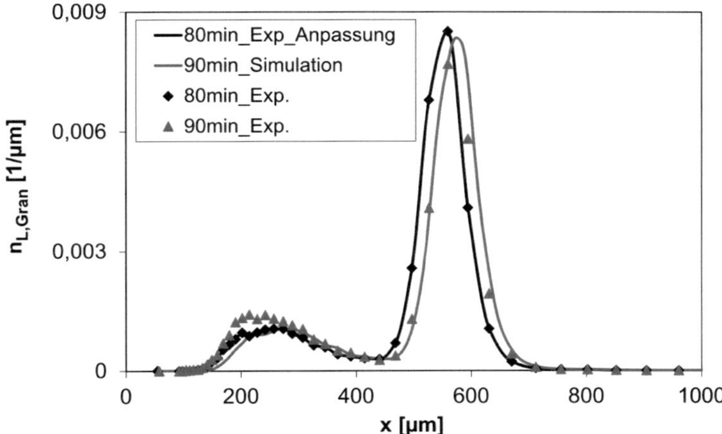

Abbildung 5.9: Vergleich der simulierten und gemessenen PGV nach 10 min Prozesszeit, Rechnung mit 2 Nodes (für das Experiment nach 80min).

Abbildung 5.9 zeigt insgesamt auch eine gute Übereinstimmung zwischen Simulation und Experiment, wobei hier jedoch etwas größere Abweichungen vor allem bei dem Wachstum der kleinen Partikel auftreten.

Auch hier zeigt sich, dass die aus Rechnungen mit zwei bzw. vier Nodes ermittelten Wachstumsraten vergleichbare Ergebnisse liefern, weil in dem Größenbereich, in dem die Mehrzahl der Partikeln liegt (400-600 µm), die entsprechenden Kinetiken gleich sind (vgl. Abbildung 5.8).

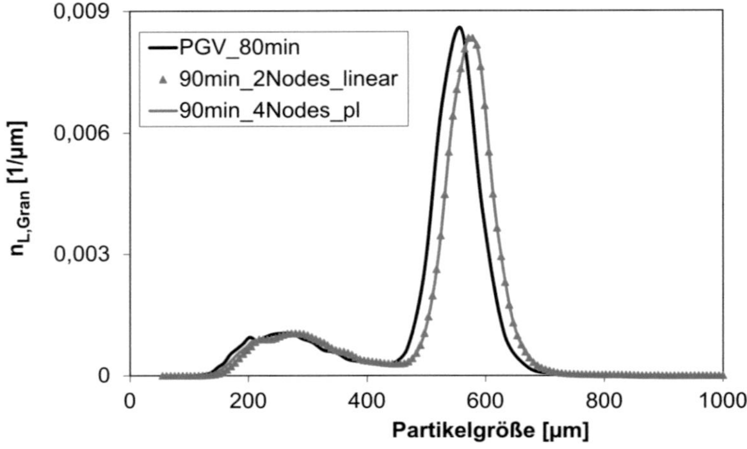

Abbildung 5.10: Vergleich der simulierten und gemessenen PGV nach 10 min Prozesszeit, Rechnung mit 4 Nodes (Von 80 min nach 90 min).

5.3.2 Konti-Versuch ohne Staubrückführung

Analog zu der in Kapitel 5.3.1 beschriebenen Simulation eines Batch-Versuches soll nun das Partikelwachstum im kontinuierlichen Prozess numerisch modelliert werden. Zur Validierung der Simulation wird ein an der Technikumsanlage durchgeführtes Experiment (Grünewald, 2011) nachgerechnet. Die Versuchsbedingungen sind in Tabelle 4.4 aufgelistet. Im Versuch werden externe Kerne (100 g/h) zugegeben sowie Partikel zu- bzw. abgeführt, sodass in der Populationsbilanz nicht nur der Wachstumsterm betrachtet werden muss, sondern zusätzlich auch ein- bzw. austretende Ströme:

$$\frac{\partial\left(N_{WS}n_{L,WS}\left(L,t\right)\right)}{\partial t} + \frac{\partial\left(G_{L}\left(L\right)\cdot N_{WS}n_{L,WS}\left(L,t\right)\right)}{\partial L} = \dot{N}_{Kern,ext}n_{L,Kern,ext} - \dot{N}_{Prod}n_{L,Prod}$$

(Gl. 5.18)

Als Bettvorlage wird 1 kg Granulat vorgegeben. Die Partikelgrößenverteilungen der Bettvorlage sowie der externen Kerne wurden gemessen und sind in Abbildung 5.11 dargestellt.

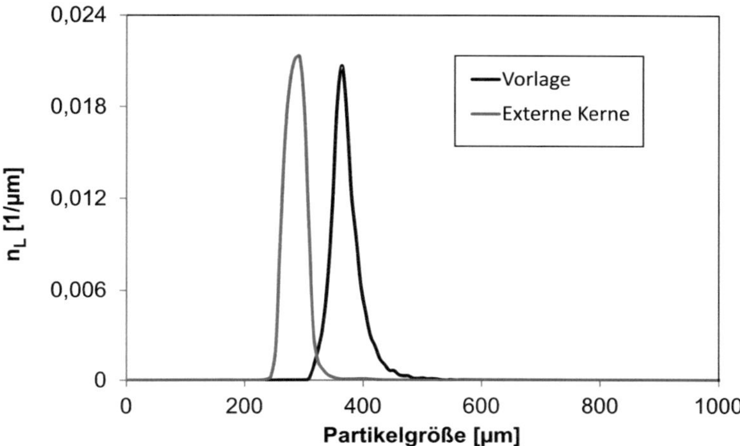

Abbildung 5.11: Anfängliche Partikelgrößenverteilung der externen Kerne sowie der Bettpartikel.

Im Versuch werden die Produktpartikel über eine Zellenradschleuse entnommen. Im Experiment hat sich gezeigt, dass die ausgetragenen Partikel gut durchmischt sind und so eine repräsentative Probennahme gewährleistet ist. Anschließend passieren die Partikel einen Sichter und die feinen Partikel werden in den Prozess zurückgeführt. Die Trennkurve des Zick-Zack-Sichters wird mit der Rosin-Rammler-Sperling-Bunnet (RRSB) Verteilung beschrieben. Die Parameter der Trennkurve n und x' wurden dabei für den in diesem Versuch verwendeten Zick-Zack-Sichter experimentell bestimmt. Die Trennkurve einer RRSB-Verteilung ist in Abbildung 5.12 dargestellt

$$T_{trenn} = 1 - \exp\left(-\left(\frac{x}{x'}\right)^{n}\right)$$

(Gl. 5.19)

mit $x' = 780\,\mu m$ und $n = 8$.

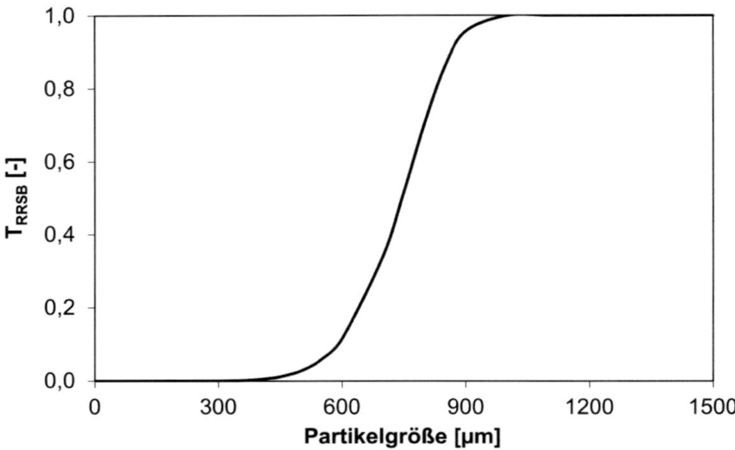

Abbildung 5.12: Trennkurve der RRSB Verteilung.

Ausgehend von den experimentellen Randbedingungen wird die Simulation nun so durchgeführt, dass die Kinetik mit einer CFD-Rechnung generiert wird. Die Zeitschritte für die CFD Rechnungen wurden auf 10^{-4} s eingestellt, da mit dieser Zeitschrittweite die Rechnungen stabil sind. Der Einfluss der Zeitschrittweite auf die Rechenergebnisse wird in Kapitel 9.17.3 diskutiert. Dann wird die Populationsbilanzierung für eine Prozesszeit von 10 min vorausberechnet. Die Größenverteilung der Bettpartikel wurde jeweils nach 20 min Prozesszeit gemessen (Grünewald, 2011).

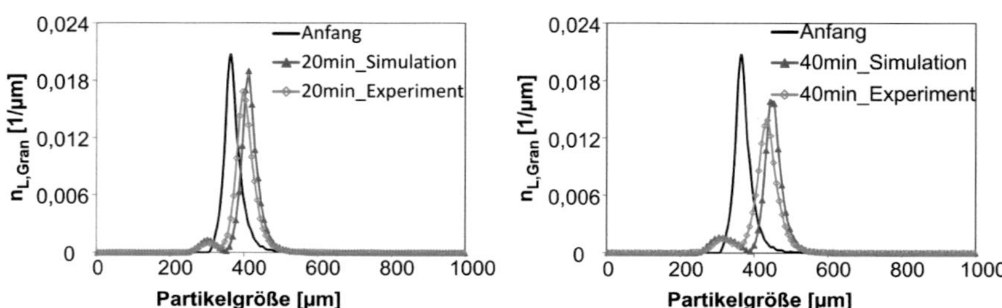

Abbildung 5.13: Experimentelle und simulierte Partikelgrößenverteilung nach 20 min Prozesszeit.

Die simulierte Partikelgrößenverteilung (Abbildung 5.13) kann die experimentellen Daten gut beschreiben und die nach 20 min und 40 min erreichte Partikelgröße wird nur geringfügig überschätzt. Auffällig ist dabei insbesondere, dass sich die ursprünglich monomodale Partikelgrößenverteilung zu einer bimodalen Verteilung hin verändert, was durch die Simulation ebenfalls richtig wiedergegeben wird.

Die für den Prozesszeitpunkt von 40 min berechnete Partikelgrößenverteilung wird dann als Eingangsgröße für die CFD-Simulation verwendet, um die Entwicklung der Partikelgröße für die nächsten 20 min zu bestimmen (an diesem Zeitpunkt sind Experimentdaten vorhanden). Dabei wird die gleiche Vorgehensweise wie eben beschrieben verwendet. Abbildung 5.14 zeigt die simulierten und experimentellen Partikelgrößenverteilungen bis zu 120 min Prozesszeit.

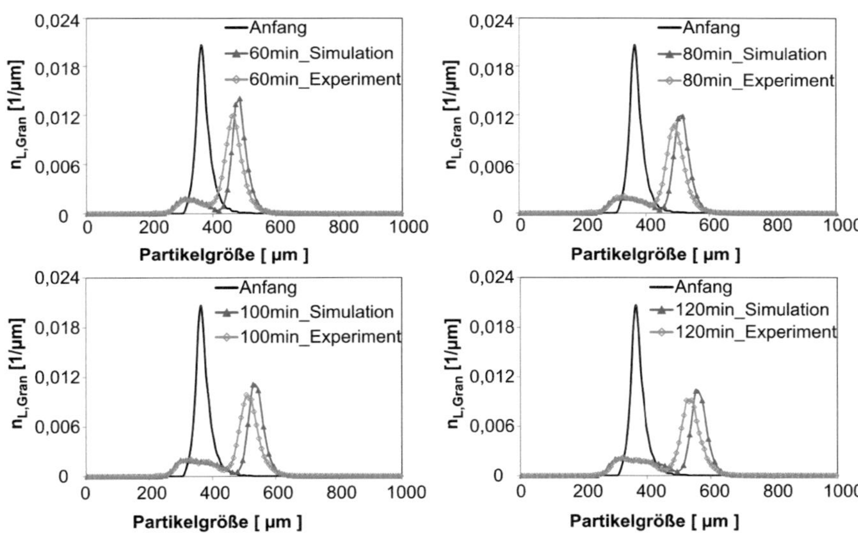

Abbildung 5.14: Experimentelle und simulierte Partikelgrößenverteilung nach 60, 80, 100, 120 min Prozesszeit.

Ab einer Prozesszeit von 120 Minuten wurde die CFD-Rechnung alle 40 Minuten aktualisiert. Die Ergebnisse sind in Abbildung 5.15 dargestellt. Es zeigt sich, dass die berechnete Partikelgrößenverteilung eine Abweichung aufgrund der Fehlerfortpflanzung zu den Experimentdaten ab 200 Minuten hat. Außerdem wurde in dieser Simulation das negative Wachstum, und zwar der Abrieb, nicht berücksichtigt. Das führt ebenfalls zu einer Überschätzung der Partikelwachstumsrate. Allerdings stimmt die berechnete Partikelgrößenverteilung am stationären Zustand am Versuchsende mit den experimentellen Daten gut überein. Aus der vorherigen Modellierung (Grünewald, 2011) wurde die Bettmasse während des Versuchs berechnet. Anhand dieser Daten bietet es die Möglichkeit, die Simulation von jedem Messpunkt aus zu starten.

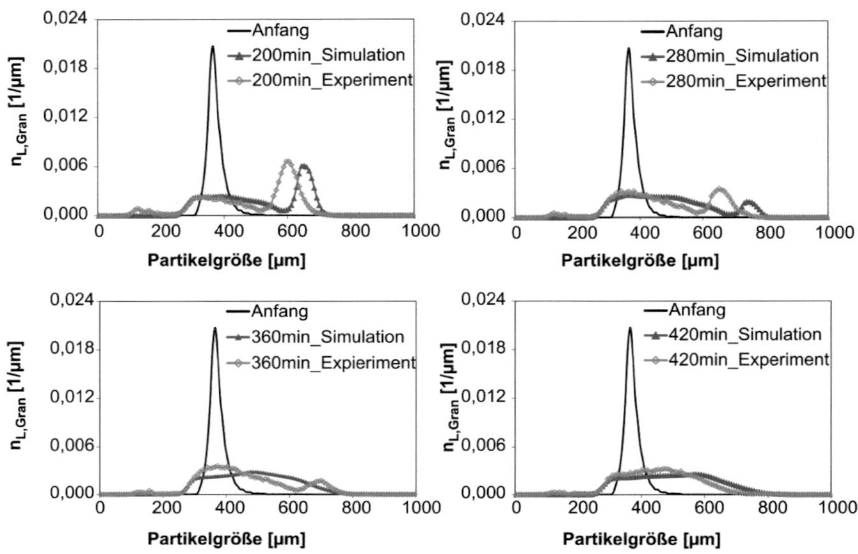

Abbildung 5.15: Experimentelle und simulierte Partikelgrößenverteilungen nach 200, 280, 420min Prozesszeit.

Daher wird eine Rechnung parallel dazu durchgeführt, welche als Anfangspartikelverteilung die nach 200 min experimentell erhaltene Partikelgrößenverteilung (Abbildung 5.16) verwendet, welche bereits bimodal ist. Die Simulationsrechnungen werden davon ausgehend bis zu einer Prozesszeit von 280 min fortgeführt (Abbildung 5.17).

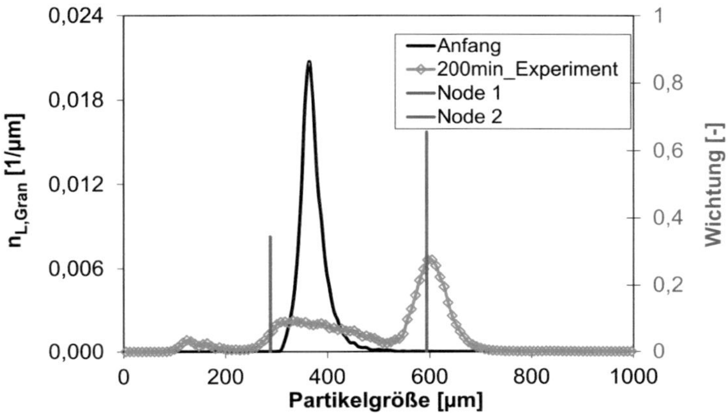

Abbildung 5.16: Experimentell erhaltene Partikelgrößenverteilungen nach 200 min Prozesszeit.

Es zeigt sich deutlich, dass die Abweichung zwischen der Simulation und Experiment minimiert wird.

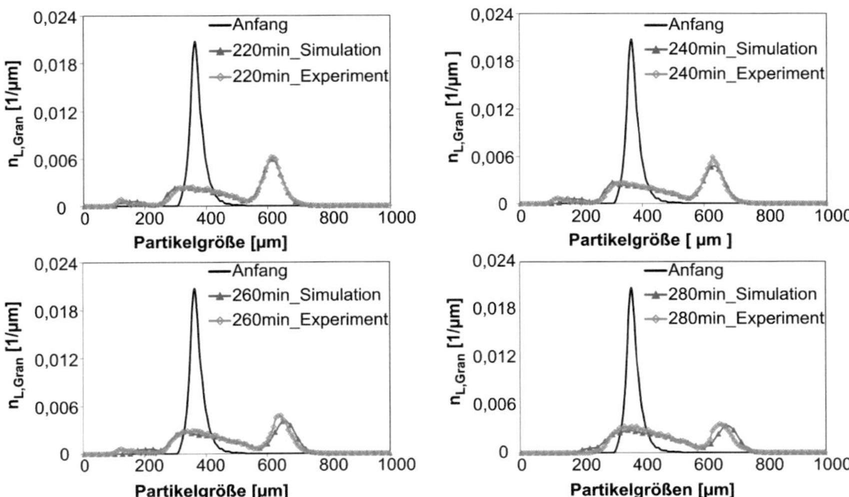

Abbildung 5.17: Experimentelle und simulierte Partikelgrößenverteilungen nach 280 min Prozesszeit (Ausgangspartikelgrößenverteilung aus Abbildung 5.16 für 200 min Prozesszeit).

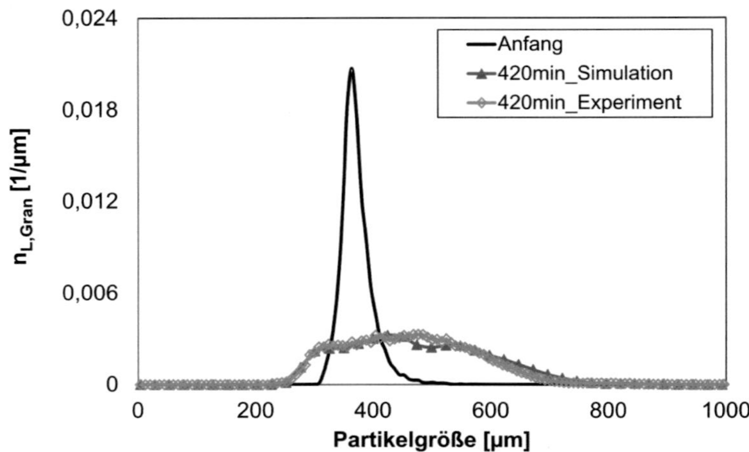

Abbildung 5.18: Experimentelle und simulierte Partikelgrößenverteilungen nach 420 min Prozesszeit (Wachstumskinetik aus der Rechnung für 280 min Prozesszeit).

Für die nächste Rechnung wird die simulierte Wachstumskinetik für 280 min Prozesszeit verwendet und ein Zeitschritt von 140 min bis zum Ende des Versuchs (420 min) ohne Aktualisierung der Kinetik berechnet. Die simulierte Partikelgrößenverteilung gibt die gemessene wiederum gut wieder (Abbildung 5.18).

Zusätzlich zur Partikelgrößenverteilung wurde aus der Simulationsrechnung auch die Bettmasse bestimmt. Diese ist in Abbildung 5.19 über der Zeit aufgetragen. Da aus dem Versuch nur die jeweilige Endmasse zugänglich ist, steht lediglich ein Messpunkt zur Verfügung, welcher sehr gut mit dem zugehörigen simulierten Wert übereinstimmt. Die Masse der Wirbelschicht steigt am Anfang wegen der Tropfenabscheidung und der externen Kernzugabe zunächst an und erreicht einen Maximalwert von 3,7 kg. Danach werden die größeren Partikel durch den Sichter ausgetragen. Wenn der Produktmassenstrom größer ist als der Massenstrom der externen Kerne und des abgeschiedenen Kalks, sinkt die Bettmasse wieder ab. Im stationären Fall sollte die Bettmasse konstant sein.

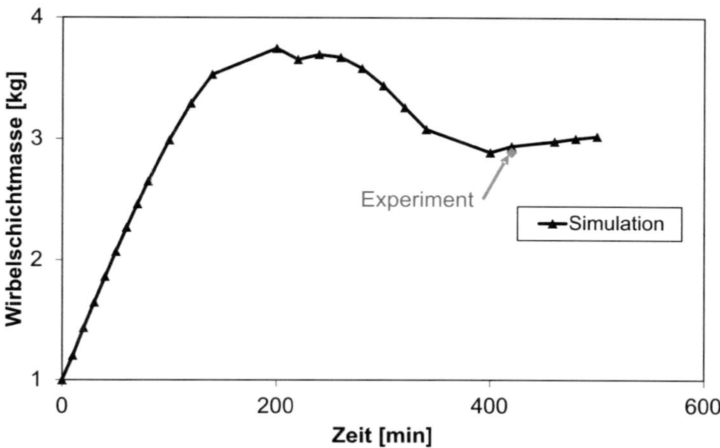

Abbildung 5.19: Simulierter Verlauf der Bettmasse als Funktion der Prozesszeit.

5.4 Modellierung des Konti-Prozesses mit Staubrückführung

Wenn in einem Konti-Prozess der Prozessstaub in die Anlage zurückgeführt wird, spielt die interne Kernbildungsrate, welche durch Keimbildung erfolgt, eine große Rolle. Durch Kollision zwischen einem primären Staubteilchen aus Overspray und einem Tropfenteilchen entsteht ein primärer Keim. Dieser primäre Keim wächst dann bei Kollisionen mit weiteren Tropfen, primärem Staub und anderen gebildeten Keimen. Ein Keim, der groß genug ist, um in der Wirbelschicht verbleiben zu können, wird Kern genannt. Die Staubteilchen werden durch die Fluidisationsluft aus dem Granulator ausgetragen und im Filter abgeschieden. Von dort gelangen sie in den Granulator zurück. Durch mehrmaligen Kreislauf der Staubteilchen zwischen Granulator und Filter wachsen diese an. Dieser Staub wird Prozessstaub genannt und enthält alle Partikel, die durch die Luft aus dem Granulator zu den Filtern ausgetragen werden können, also primärer Staub und Keime. In dieser Arbeit wird der Prozessstaub als eine gesamte Staubphase betrachtet und es ändert sich die Partikelgrößenverteilung des Prozessstaubs lediglich durch Kollisionen mit den Tropfen (Wachstum) und durch Agglomeration zwischen Staubteilchen. In diesem Kapitel wird das Gesamtmodell für die Granulation mit Staubrückführung vorgestellt. Das Modell enthält folgende Mechanismen: Tropfenabscheidung, Trocknung, Staubeinbindung und Keimbildung. In diesem Modell werden 2 **Nodes** für die Staubphase und 2 **Nodes** für die Granulatphase verwendet, um die Partikelgrößenverteilungen der Staubphase bzw. der Granulatphase darzustellen.

5.4.1 Kollisionsmodell

Die Tropfen kollidieren mit dem Staub, wodurch sich primäre Keime bilden, welche wiederum mit dem primären Staub, den Tropfen und miteinander selbst kollidieren können. Der wichtigste Parameter zur Beschreibung der Keimbildung ist die Kollisionswahrscheinlichkeit. Diese kann mithilfe verschiedener Mechanismen beschrieben werden, z. B. Brownsche Koagulation, Turbulenzscherung usw. (Friedlander, 2000). Für Partikel größer als 2 μm ist die Brownsche Koagulation vernachlässigbar, sodass im hier betrachteten Fall der wichtigste Mechanismus für die Keimbildung die Turbulenzscherung ist, welche über das Modell von Saffmann (1956) beschrieben wird.

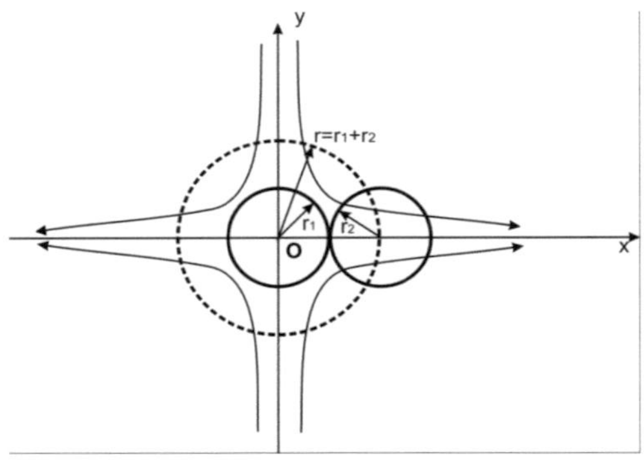

Abbildung 5.20: Kollision zweier Kugeln.

Die Kollisionsrate zweier Partikeln aufgrund der Turbulenz ist gegeben durch:

$$\dot{N}_{koll} = n_1 n_2 \underbrace{\sqrt{\frac{8\pi}{15}\frac{\varepsilon}{\nu}}(r_1 + r_2)^3}_{\beta} \qquad \text{(Gl. 5.20)}$$

$$[\dot{N}_{koll}] = 1/(\text{m}^3 \cdot \text{s})$$

mit der Anzahlkonzentration n_i ($[\text{n}_i] = \#/\text{m}^3$).

Für den Fall mit Berücksichtigung der unterschiedlichen Relaxationszeiten der Partikeln τ_i und die Relativgeschwindigkeit $u_{rel,ij}$ berechnet sie sich zu:

$$\dot{N}_{koll} = n_i n_j \sqrt{8\pi} r^2 \left(\underbrace{\left(\frac{1}{9} r^2 \frac{\varepsilon}{v} + \left(\tau_i - \tau_j\right)^2 \left\langle \left(\frac{Du}{Dt}\right)^2 \right\rangle + \frac{1}{3}\left(\tau_i - \tau_j\right)^2 g^2 \right)^{1/2}}_{u\_rel} + u_{rel,ij} \right)$$

$$\text{(Gl. 5.21)}$$

mit $r = r_1 + r_2$, mit $\tau_{i(j)} = \dfrac{\rho_p r_{i(j)}^2}{9\mu_g}$, i und j bezeichnen die Kollisionspartner, sie

können sowohl zwei Staubteilchen als auch Tropfen und Staubteilchen sein.

Der Beschleunigungsterm wird nach Batchelor (1951) berechnet:

$$\left\langle \left(\frac{Du}{Dt}\right)^2 \right\rangle = 1{,}3 \frac{\varepsilon^{3/2}}{v^{1/2}} \qquad \text{(Gl. 5.22)}$$

Daraus ergibt sich die Agglomerationsrate zwischen zwei Teilchen:

$$\beta_{ij} = \sqrt{8\pi} r^2 \left(\underbrace{\left(\frac{1}{9} r^2 \frac{\varepsilon}{v} + \left(\tau_i - \tau_j\right)^2 \left\langle \left(\frac{Du}{Dt}\right)^2 \right\rangle + \frac{1}{3}\left(\tau_i - \tau_j\right)^2 g^2 \right)^{1/2}}_{u\_rel} + u_{rel,ij} \right) \text{(Gl. 5.23)}$$

5.4.2 Generierung der Wachstumskinetiken des Staubs

Um die Keimbildung in einer CFD-Rechnung abzubilden, wird eine lange Rechenzeit benötigt, weil der Zeitschrittweite bei der CFD-Rechnung klein (in der Ordnung von $10^{-5} - 10^{-4}$ s) ist. Deshalb werden die Ergebnisse aus der CFD-Rechnung mit sinnvollen Annahmen zur einen prozessrelevanten Skala übertragen. Dazu wird aufgrund der diskontinuierlichen Staubrückführung ein Zyklus von der Staubrückführung (hier 30 s) gerechnet. Die einfachste Möglichkeit ist, die Wachstumsrate G und die Agglomerationsrate β_0 als konstant anzunehmen. Damit kann man aus der Änderung des ersten und dritten Moments die Wachstums- bzw. Agglomerationsrate nach Bramley (1996) berechnen.

$$\frac{dm_0}{dt} = -\frac{1}{2}\beta_0 m_0^2 \qquad \text{(Gl. 5.24)}$$

$$\frac{dm_3}{dt} = 3G m_2 \qquad \text{(Gl. 5.25)}$$

Mit diesen Raten kann dann die Populationsbilanz des Prozessstaubs für längere Prozesszeiten ohne Berücksichtigung der Fluiddynamik gelöst werden. Die zur Lösung der Populationsbilanz gebrauchten Raten, wie Overspray bzw. Staubeinbindung, werden auch in CFD bestimmt.

5.4.3 Rechenweg des Gesamtmodells

Um das Problem automatisch lösen zu können, wird der folgende Rechenweg gewählt (Abbildung 5.21):

1. Am Anfang wird die Geometrievernetzung vorbereitet und die Stoffdaten bzw. die allgemeinen Betriebsbedingungen in einem case-File gespeichert.

2. In der CFD-Rechnung werden die individuellen Randbedingungen wie Bettmasse, Partikelgrößenverteilung und Staubgrößenverteilung automatisch durch vorgegebene Excel-Daten eingelesen.

   Für die CFD-Berechnung werden die folgenden Schritte benötigt:

   a. Berechnung der Fluiddynamik, um das Geschwindigkeitsfeld zu simulieren. Hier werden zwei Granulatphasen und die Luftphase benötigt.

   b. Rechnung mit Wassereindüsung, um das Temperaturfeld zu simulieren. In diesem Fall werden 6 Phasen verwendet, obwohl kein Staub am Rand zugegeben wird. Daher werden die Rechnungen von der Staubeinbindung bzw. Keimbildung nicht durchgeführt.

   c. Nach der Berechnung des Temperaturfelds werden zwei Staubphasen am Boden zugegeben. Am Eintritt der Düse wird statt Wasser Suspension eingedüst. Die vollständige Rechnung mit Tropfenabscheidung, Trocknung, Staubeinbindung und Keimbildung wird gestartet. Die Kinetikgenerierung wird für einen Staubzyklus t_{mikro} = 30 Sekunden simuliert.

3. Aus der vollständigen Rechnung werden die Massenströme durch Tropfenabscheidung und Staubeinbindung exportiert. Diese Größen werden in die Partikelwachstumsrate umgerechnet, welche in die Populationsbilanz für die Granulatphase eingesetzt wird. Der auf der Staubphase abgeschiedene Kalkstrom aus der Tropfenphase wird in die Wachstumsrate der Staubphase umgerechnet. Die Agglomerationsrate wird aus der Kollisionsrate zwischen Staubteilchen berechnet. Die Wachstums- sowie die Agglomerationsrate der Staubphase werden in die Populationsbilanz für die Staubphase eingesetzt. Die Populationsbilanzen von der Staubphase und von der Granulatphase werden für t_{makro} = 30 Minuten berechnet.

4. Die neu berechnete Partikelgrößenverteilung bzw. Staubverteilung werden neu aufgerufen und für die nächste Iteration verwendet. Schritt 2 und 3 werden wiederholt, bis die vorgegebene Rechenzeit erreicht ist.

5. Ende des Programms.

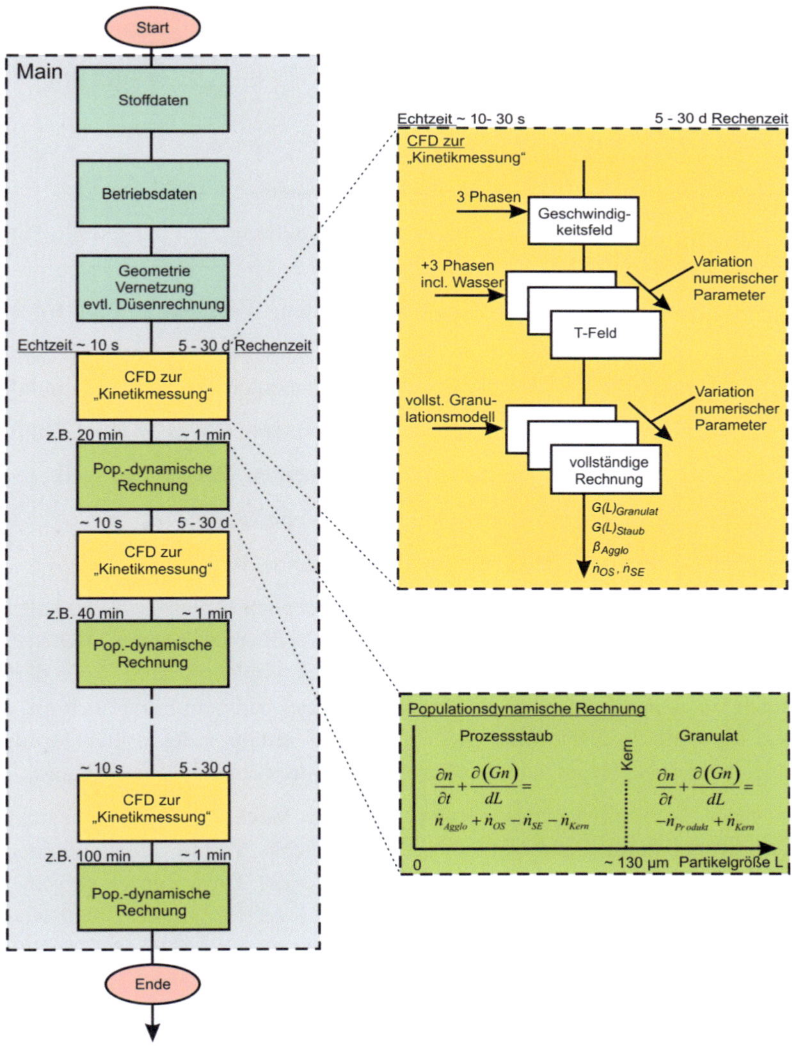

Abbildung 5.21: Ablauf des Simulationsprogramms.

5.4.4 Rechnungsergebnisse für das Gesamtmodell

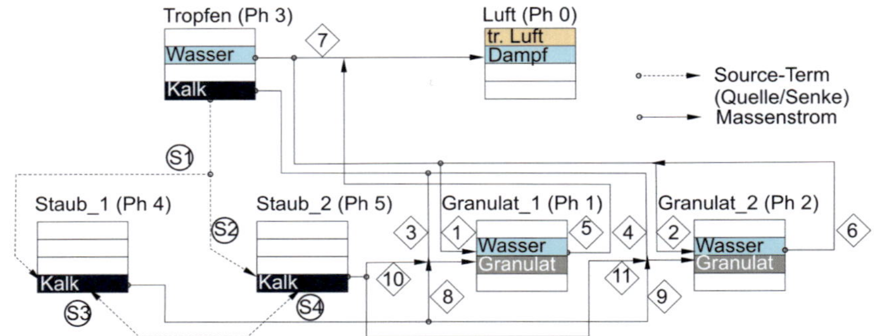

Abbildung 5.22: Mindmap des Gesamtmodells (6 Phasen).

Das Modell für die CFD-Simulation ist in Abbildung 5.22 dargestellt. Hierzu werden insgesamt 6 Phasen benötigt:

1. Luftphase (Ph 0) mit zwei Komponenten, Wasserdampf und trockene Luft

2. Granulatphase 1 (Ph 1) mit zwei Komponenten, Wasser und Granulat

3. Granulatphase 2 (Ph 2) mit zwei Komponenten, Wasser und Granulat

4. Tropfenphase (Ph 3), mit zwei Komponenten, Wasser und Kalk

5. Staubphase 1 (Ph 4), mit einer Komponente, Kalk

6. Staubphase 2 (Ph 5), mit einer Komponente, Kalk

Die zwei Granulatphasen werden aus der gegebenen Bettmasse bzw. Partikelgrößenverteilung der Bettpartikel mithilfe der Product-Difference Methode generiert (Massen und Durchmesser). Die beiden Staubphasen werden aus der gegebenen Partikelgrößenverteilung bzw. Masse des Staubs im Filter auch mit derselben Methode zu zwei Nodes reduziert. Das Verhältnis des dritten Moments von den beiden Nodes ist dann das Massenverhältnis der zwei Staubphasen.

Je nach Wechselwirkung werden folgende Mechanismen berücksichtigt: Tropfenabscheidung, Staubeinbindung, Staubwachstum und Staubagglomeration. Für die Staubphase wird das DQMOM verwendet. Dazu werden verschieden Quellterme für die Volumenanteile und Durchmesser formuliert. Daher werden die Massenaustauschterme zwischen den beiden Staubphasen als Quellterme formuliert. Dagegen sind die sonstigen Massenaustauschterme zwischen verschiedenen beteiligen Phasen wie Tropfenabscheidung, Trocknung, Verdampfung der Tropfen und Staubeinbindung über ein vordefiniertes Makro (DEFI-

NE_MASS_TRANSFER in *Fluent*) implementiert. Die Ströme dadurch sind nummeriert und unten dargestellt:

1. Tropfenabscheidung 1: Wasser aus der Tropfenphase nach Granulatphase 1.

2. Tropfenabscheidung 2: Wasser aus der Tropfenphase nach Granulatphase 2.

3. Tropfenabscheidung 3: Kalk aus der Tropfenphase nach Granulatphase 1.

4. Tropfenabscheidung 4: Kalk aus der Tropfenphase nach Granulatphase 2.

5. Trocknung 1:   Wasser aus Granulatphase 1 in die Luftphase.

6. Trocknung 2:   Wasser aus Granulatphase 2 in die Luftphase.

7. Verdampfung der Tropfen: Wasser aus der Tropfenphase in die Luftphase.

8. Staubeinbindung 1_1: Staubphase 1 nach Granulatphase 1.

9. Staubeinbindung 1_2: Staubphase 1 nach Granulatphase 2.

10. Staubeinbindung 2_1: Staubphase 2 nach Granulatphase 1.

11. Staubeinbindung 2_2: Staubphase 2 nach Granulatphase 2.

Um die Populationsbilanz für den Staub zu beschreiben, wird in diesem Modell für die Staubphase DQMOM implementiert. Für DQMOM werden 4 Transportgrößen, 2 Wichtungen und 2 Abszissen benötigt, wobei die 2 Wichtungen in Volumenanteile umgerechnet werden können. Daher werden wiederum zwei UDS (User Defined Scalars, UDS2, UDS3) definiert, um die Staubgrößen (Abszissen) zu transportieren. Als Quellterme für die Volumenanteile bzw. Staubgröße wurden folgende Mechanismen implementiert:

Staubwachstum durch die Kollisionen zwischen Staub und Tropfen

Staubagglomeration durch die Kollisionen: Staubphase 1 & Staubphase 1; Staubphase 2 & Staubphase 2 bzw. Staubphase 1 & Staubphase 2.

Dazu werden die folgenden Quellterme benötigt:

1. Massenquellterme der Staubphase 1 (S1+S3 in Abbildung 5.22)

2. Massenquellterme der Staubphase 2 (S2+S4 in Abbildung 5.22)

3. Quellterm für die Partikelgröße (UDS 2) der Staubphase 1

4. Quellterm für die Partikelgröße (UDS 3) der Staubphase 2.

Die Massenabnahme der Tropfen infolge der Kollisionen mit den beiden Staubphasen wird ebenfalls als Quell-Senken-Term berücksichtigt:

1. Massensenke der Tropfen aus der Tropfenphase

2. Massensenke des Wassers aus der Tropfenphase

Als Randbedingungen werden am Eintritt der Fluidisationsluft für die Staubphase 2 Massenströme definiert. Diese Massenströme werden immer ausgehend von der aktuellen Partikelgrößenverteilung und der Masse des Staubs neu generiert.

1. Massenstrom von Staubphase 1 am Eintritt.

2. Massenstrom von Staubphase 2 am Eintritt.

Diese werden auch als „DEFINE_PROFILE" in *Fluent* implementiert.

Wie in Kapitel 4.2 erläutert, werden die Wärmeströme für die Verdampfung des Wasserfilms an der Partikeloberfläche bzw. die Verdampfung der Tropfen als Quellterme (Source) implementiert. Die durch die Verdampfung gekoppelten Energieterme werden als Energiequellterm der jeweiligen Phase dargestellt:

1. Energiequellterm der Luftphase: Summe der Energiequellterme durch Verdampfung des Films an der Partikeloberfläche sowie Verdampfung und Aufwärmung der Tropfen

2. Energiequellterm von Granulatphase 1: Energiequellterm durch Verdampfung des Films an Granulatphase 1

3. Energiequellterm von Granulatphase 2: Energiequellterm durch Verdampfung des Films an Granulatphase 2

4. Energiequellterm der Tropfenphase: Energiequellterm infolge Tropfenverdampfung bzw. Aufwärmung durch die Luft

Die feuchten Oberflächen beider Granulatphasen werden durch Lösen der Transportgleichungen bestimmt. Diese beiden Transportgrößen (die feuchte Oberfläche) sind als User Defined Scalar (UDS 0, UDS 1) definiert. Diese Flächen sind wichtig für die Verdampfung des Films an der Partikeloberfläche. Dazu werden zwei Quellterme für UDS 0 und UDS 1 benötigt:

1. UDS Quellterm 0:   Quellterm der feuchten Oberfläche in Granulatphase 1 durch Tropfenabscheidung an Granulatphase 1 (Zunahme), Staubeinbindung (Staubeinbindung 1_1 und Staubeinbindung 2_1, Abnahme).

2. UDS Quellterm 1:   Quellterm der feuchten Oberfläche in Granulatphase 2 durch Tropfenabscheidung an Granulatphase 2 (Zunahme), Staubeinbindung (Staubeinbindung 1_2 und Staubeinbindung 2_2, Abnahme).

Für die externen Populationsbilanzen werden 9 benötigte Parameter exportiert. Diese 9 Größen werden dann über der Kinetikgenerierungszeit ($t_{mikro} = 30\,s$) gemittelt (analog Kapitel 4.3.2).

Tabelle 5.3: Exportierte Parameter für das 6-Phasen-Modell.

m_1 [kg/s]	Massenstrom des Kalks durch Tropfenabscheidung an Granulatphase 1 ($\dot{m}_1$)
m_2 [kg/s]	Massenstrom des Kalks durch Tropfenabscheidung an Granulatphase 2 ($\dot{m}_2$)
m_staub_1_1 [kg/s]	Massenstrom aus Staubphase 1 durch Staubeinbindung in Granulatphase 1 ($\dot{m}_{staub\_1\_1}$)
m_staub_1_2 [kg/s]	Massenstrom aus Staubphase 1 durch Staubeinbindung in Granulatphase 2 ($\dot{m}_{staub\_1\_2}$)
m_staub_2_1 [kg/s]	Massenstrom aus Staubphase 2 durch Staubeinbindung in Granulatphase 1 ($\dot{m}_{staub\_2\_1}$)
m_staub_2_2 [kg/s]	Massenstrom aus Staubphase 2 durch Staubeinbindung in Granulatphase 2 ($\dot{m}_{staub\_2\_2}$)
m_tropfen_k [kg/s]	Massenstrom der Tropfen durch Kollision der Tropfen mit den beiden Staubphasen (Staub 1 und Staub 2), $\dot{m}_{tropfen,staub}$
m_tropfen_k_w [kg/s]	Massenstrom des Wassers in den Tropfen durch Kollision der Tropfen mit den beiden Staubphasen (Staub_1 und Staub_2), $\dot{m}_{tropfen,staub,w}$
k_agg [#/s]	Anzahländerung ($dm_{0,St,koll}/dt$) durch Kollisionen zwischen Staub und Staub (Staub_1 & Staub_1, Staub_2 & Staub_2, Staub_1 & Staub_2)

Die Größen m_1, m_2, m_staub_1_1, m_staub_1_2, m_staub_2_1, m_staub_2_2 werden benötigt, um die Wachstumsrate der beiden Granulatphasen zu bestimmen.

$$G_{V,Gran,1} = \frac{\dot{m}_1 + \dot{m}_{staub\_1\_1} + \dot{m}_{staub\_2\_1}}{N_{Gran,1}\rho_s} \qquad \text{(Gl. 5.26)}$$

$$G_{V,Gran,2} = \frac{\dot{m}_2 + \dot{m}_{staub\_1\_2} + \dot{m}_{staub\_2\_2}}{N_{Gran,2}\rho_s} \qquad \text{(Gl. 5.27)}$$

In Abbildung 5.23 ist die Tropfenabscheidung an den beiden Granulatphasen dargestellt (Rechnung bei 90 Minuten). Zu Beginn der Eindüsung erreichen die Massenströme der Tropfenabscheidung kurzzeitig ein Maximum. Durch die Kollision zwischen Tropfen und Staub geht die Tropfenabscheidung zurück, bis der Staub aus der Anlage ausgetragen ist. Dann steigen die Massenströme der Tropfenabscheidung wieder.

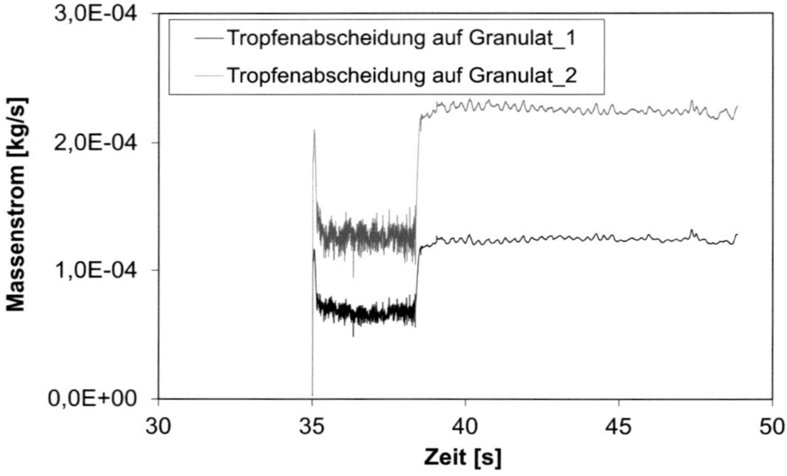

Abbildung 5.23: Massenströme durch Tropfenabscheidung (bei 90 min).

In Abbildung 5.24 sind die Massenströme der Staubeinbindung dargestellt. Da zwei Staubphasen an zwei Granulatphasen abgeschieden werden, sind vier Massenströme vorhanden. Wegen der stoßweisen Rückführung des Staubs findet die Staubeinbindung innerhalb weniger Sekunden statt. Danach sinkt die Staubeinbindung wieder auf 0.

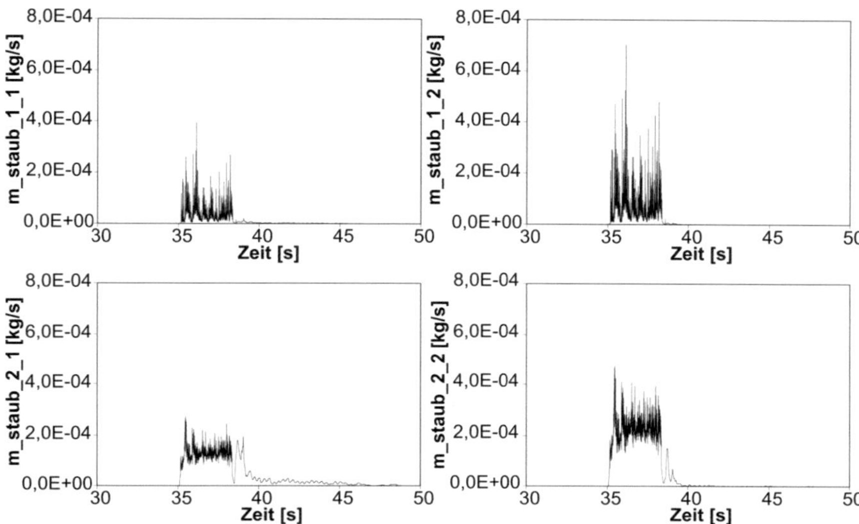

Abbildung 5.24: Massenströme durch Staubeinbindung (bei 90min).

Die Differenz zwischen m_tropfen_k und m_tropfen_k_w ist der Kalkstrom, der infolge der Kollisionen aus der Tropfen- in die Staubphase übergeht und für die Wachstumsrate der Staubphase gebraucht wird. Die Wachstumsrate für die gesamte Staubphase ist dann (aus Gl 5.26):

$$G_{L,St} = \frac{2}{\rho_{St} A_{St}} \frac{dm_{s,St}}{dt} \qquad \text{(Gl. 5.28)}$$

$$\frac{dm_{s,St}}{dt} = \dot{m}_{tropfen,staub} - \dot{m}_{tropfen,staub,w} \qquad \text{(Gl. 5.29)}$$

In Abbildung 5.25 ist der Kalkmassenstrom, der aus der Tropfenabscheidung an der Staubphase resultiert, dargestellt. Wegen der stoßweisen Rückführung des Staubs findet die Kollision zwischen Staub und Tropfen ebenfalls innerhalb kurzer Zeitintervalle statt.

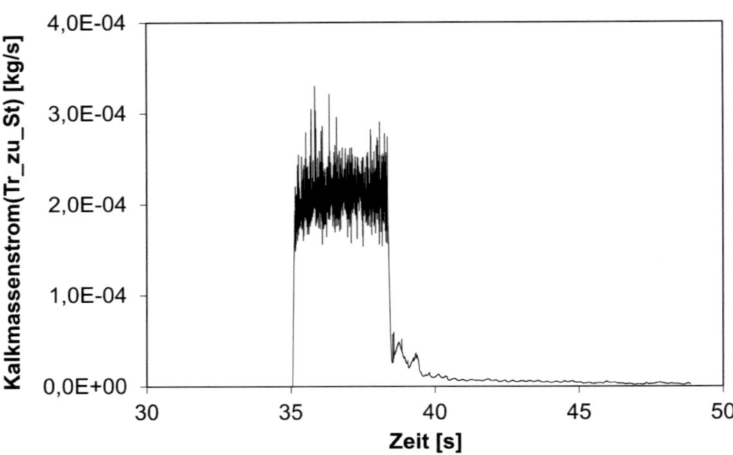

Abbildung 5.25: Kalkmassenstrom durch Kollision zwischen Tropfen und Staub (bei 90 min).

k_agg ($dm_{0,St,koll}/dt$) wird benötigt, um die Kollisionsrate β_0 zu bestimmen.

$$\frac{dm_{0,St,koll}}{dt} = -\frac{1}{2}\beta_0 m_{0,St}^2 \qquad \text{(Gl. 5.30)}$$

In Abbildung 5.26 ist die Änderung der Partikelanzahl der Staubphase infolge der Kollision zwischen den Staubteilchen dargestellt. Hier zeigt sich auch, dass die Agglomeration der Staubpartikel innerhalb kurzer Zeit erfolgt. Wenn der Staub sich nicht im Düsenstrahl befindet, kommt es nicht mehr zur Agglomeration, da dort keine Tropfen als Binder für die Agglomeration zur Verfügung stehen.

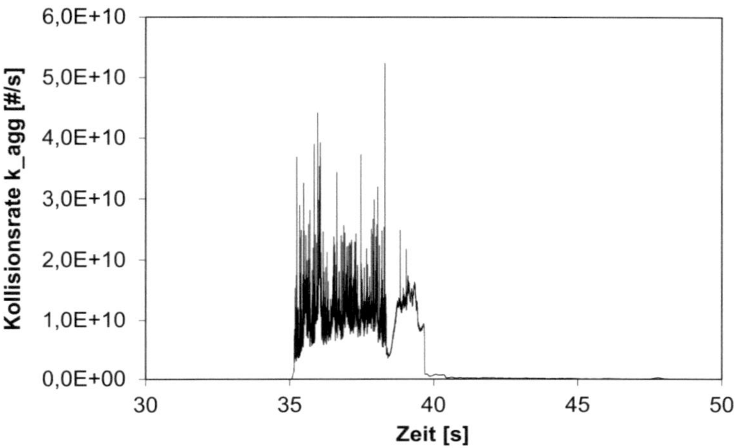

Abbildung 5.26: Anzahländerung durch Kollision zwischen Staubpartikeln (bei 90 min).

Damit wird die Populationsbilanz für die Staubphase gelöst:

$$\frac{\partial\left(N_{St}n_{L,St}\right)}{\partial t} + \frac{\partial\left(G_{L,St}\cdot\left(N_{St}n_{L,St}\right)\right)}{\partial L} = \tag{Gl. 5.31}$$

$$B_{ag} - D_{ag} - \dot{N}_{Kern,int}n_{L,Kern} + \dot{N}_{ein,overspray}n_{L,St,overspray} - \dot{N}_{aus,St\_einb}n_{L,St}$$

Diese Gleichung wird mit Hilfe der „Cell-Average" Methode gelöst, da diese Methode zur Lösung der Agglomeration schneller und genauer bei gleicher Klassenzahl aufgrund der Massenerhaltung als die „HRFVM" Methode ist.

$\dot{N}_{ein,overspray}$ ist der Anzahlstrom des Oversprays und wird aus dem Massenstrom des Overspray $\dot{m}_{overspray}$ und der Partikelgrößenverteilung des Sprühstaubes (Primärstaub) berechnet. Der Massenstrom des Oversprays ist die Differenz zwischen dem eingedüsten Kalkstrom und dem abgeschiedenen Kalkstrom.

$$\dot{m}_{overspray} = \dot{m}_{ges} - \dot{m}_1 - \dot{m}_2 - \left(\dot{m}_{tropfen,staub} - \dot{m}_{tropfen,staub,w}\right) \tag{Gl. 5.32}$$

$\dot{N}_{aus,St\_einb}$ ist der Anzahlstrom der Staubeinbindung und wird aus dem Massenstrom der Staubeinbindung $\dot{m}_{St\_einb}$ und der Partikelgrößenverteilung der Staubphase bestimmt. Der Massenstrom der Staubeinbindung ist:

$$\dot{m}_{St\_einb} = \dot{m}_{staub\_1\_1} + \dot{m}_{staub\_1\_2} + \dot{m}_{staub\_2\_1} + \dot{m}_{staub\_2\_2} \tag{Gl. 5.33}$$

Die Trenngrenze der Kerne wird über die Sinkgeschwindigkeit, welche aus dem Kräftegleichgewicht folgt, festgelegt (Kapitel 9.16).

Bei den gewählten Versuchsbedingungen (75kg/h Fluidisationsluftmassenstrom, 12 kg/h Düsenluftmassenstrom) ergibt sich einen Kerndurchmesser von ca. 140 µm (Dichte des Granulats ρ_s 1700 kg/m^3). In diesem Modell wird die Staubphase als kompakter Kalk mit einer Dichte ρ_{FS} von 2700 kg/m^3 betrachtet. Daher wird die Trenngrenze für die Kerne aus der Staubphase durch die Umrechnung des Dichtverhältnisses ($\sqrt[3]{\rho_{FS} / \rho_s}$) zu 120 µm festgelegt.

Die berechneten **Nodes** der Granulatphase für die einzelnen Rechnungen sind in Tabelle 5.4 dargestellt:

Tabelle 5.4: Nodes der Granulatphase für die jeweiligen Rechnungen.

Zeit [min]	L$_1$ [mm]	L$_2$ [mm]	w$_1$	w$_2$
30	0,634	0,785	0,515	0,485
60	0,610	0,804	0,359	0,641
90	0,634	0,868	0,462	0,538
120	0,440	0,843	0,208	0,792
150	0,352	0,855	0,214	0,786
180	0,380	0,837	0,278	0,722
210	0,382	0,856	0,338	0,662
240	0,338	0,876	0,501	0,499
270	0,308	0,924	0,397	0,603

Als Sichter-Funktion wird hier eine kumulative Normal-Verteilung verwendet:

$$T_{trenn,kum}(x) = \int_{-\infty}^{x} \left(\frac{1}{2\pi\sigma} \exp\left(-\frac{(x-\mu)^2}{2\sigma^2} \right) \right) dx \qquad \text{(Gl. 5.34)}$$

mit $\mu = 950$ µm, $\sigma = 0,11$. Der Partikelmassenstrom durch die Zellenradschleuse wird als konstant 9 kg/h eingesetzt.

Die berechnete Partikelgrößenverteilung über der Prozesszeit ist in Abbildung 5.27 dargestellt. Die Bettpartikel wachsen zunächst wie bei einem Batch-Versuch, bis die Partikel groß genug sind, dass sie über den Sichter ausgeschleust werden. Der Staub wächst in dieser Zeit nicht nur durch Tropfenabscheidung, sondern auch durch Agglomeration der Staubpartikel untereinander. Erst nach 90 Minuten Prozesszeit bilden sich interne Kerne, welche nicht mehr durch die Fluidisationsluft zu Filtern ausgetragen werden.

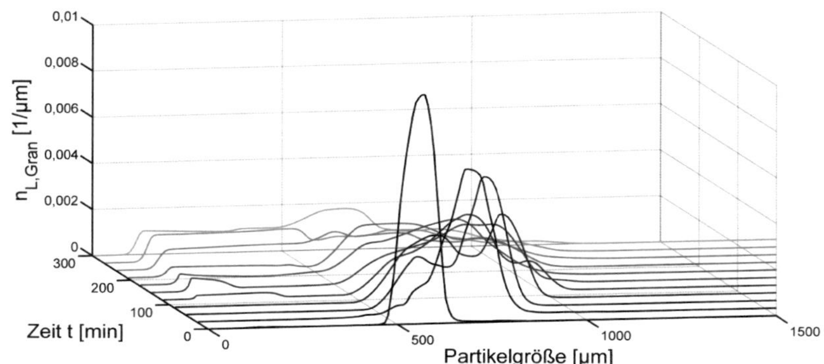

Abbildung 5.27: Simulierte Entwicklung der Partikelgrößenverteilungen in einem Konti-Versuch mit Staubrückführung.

Es wurde festgestellt, dass die Probenahme aus der Wirbelschicht über dem Abzug im Lochboden nur für Partikel größer als 330 µm repräsentativ sind (Grünewald, 2011). Daher wurden für den Vergleich mit den Simulationsrechnungen nur Partikel größer als 330 µm betrachtet und die experimentellen Verteilungen entsprechend korrigiert. Die simulierten und experimentellen zeitlichen Entwicklungen der Partikelgrößenverteilung sind in Abbildung 5.28 dargestellt. Die simulierten Kurven können die experimentellen Daten gut wiedergeben, allerdings sind Abweichungen vorhanden. Diese können verschiedene Ursachen haben und sowohl durch die Simulation als auch das Experiment begründet sein. Zuerst wird die Kinetik hier alle 30 Minuten aktualisiert. Ein häufigeres Update verbessert sicherlich die Genauigkeit. Zweitens hat die Trenngrenze der Kerne einen großen Einfluss auf die Simulation, da sie direkt den Anzahlstrom der intern gebildeten Kerne und auch die Anzahlverteilung beeinflussen kann. Hier wurde die Grenze aus der Sinkgeschwindigkeit bestimmt. Aufgrund des starken Düsenstrahls können jedoch auch größere Partikel ausgetragen werden. Außerdem ist der Produktmassenstrom in der Rechnung etwas höher als im Experiment. Ein Grund für die Abweichungen liegt auch in den Schwankungen des Massenstromes, mit dem die Partikel dem Sichter zugeführt werden, bzw. in der Trenngrenze des Sichters begründet. In der Simulation wird für den Massenstrom mit einem konstanten Wert von 9 kg/h gerechnet. Weiterhin wird angenommen, dass dieser Massenstrom unabhängig von Masse sowie Partikelgrößenverteilung der Wirbelschicht ist und nur durch die Geometrie und Drehzahl der Zellenradschleuse bestimmt wird und daher über die gesamte Versuchsdauer konstant ist. Ferner wurde im Experiment festgestellt, dass eine Abweichung zwischen der Probe aus der Wirbelschicht am Versuchsende und der direkt zuvor über das Abzugsrohr entnommenen Probe besteht.

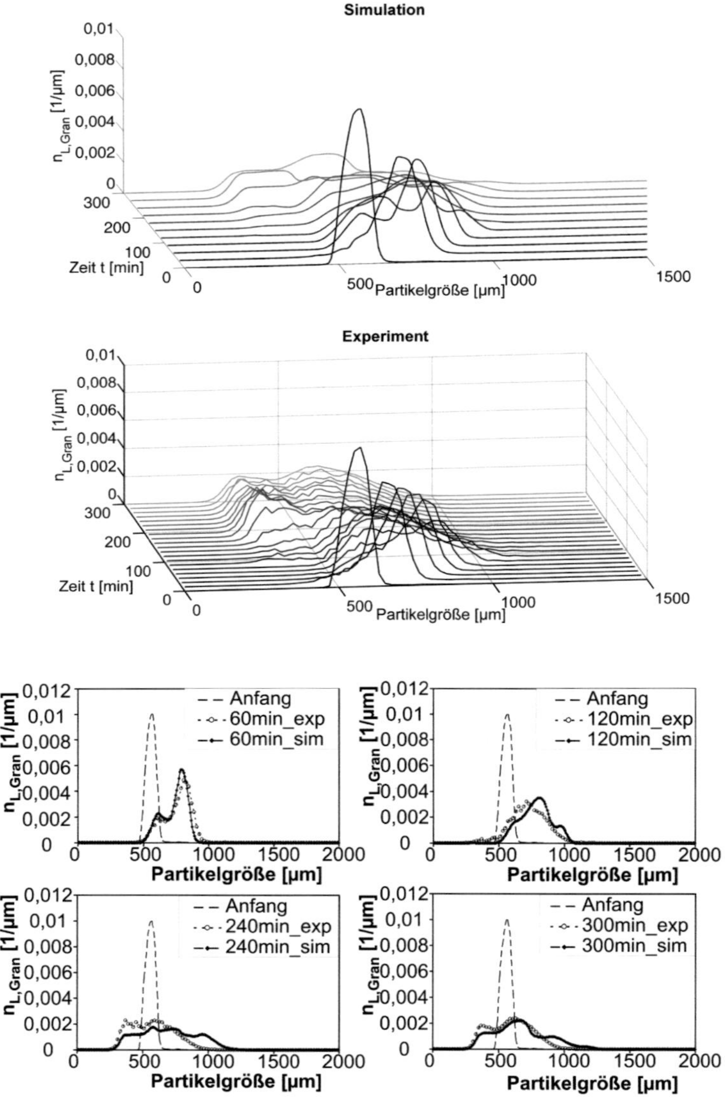

Abbildung 5.28: Vergleich der simulierten und experimentellen Entwicklung der Partikelgrößenverteilung in einem Konti-Versuch mit Staubrückführung.

Die berechnete Bettmasse am Versuchsende ist kleiner als die experimentelle (1900 g), was daran liegt, dass der simulierte Produktmassenstrom etwas höher als der experimentelle ist (Abbildung 5.30).

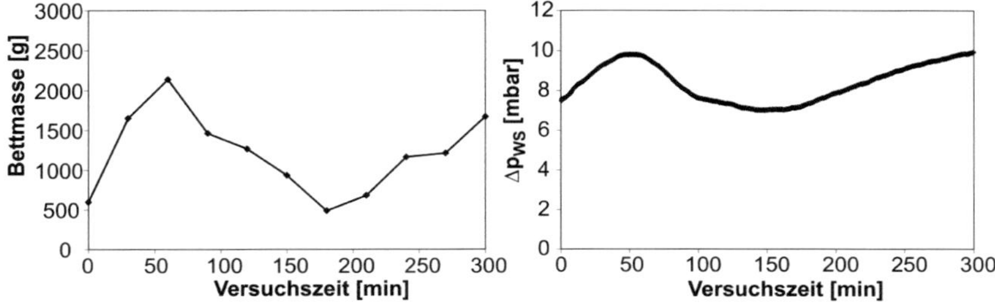

Abbildung 5.29: Simulierte Bettmasse (links) und experimenteller Druckverlust (rechts) für einen Konti-Versuch mit Staubrückführung.

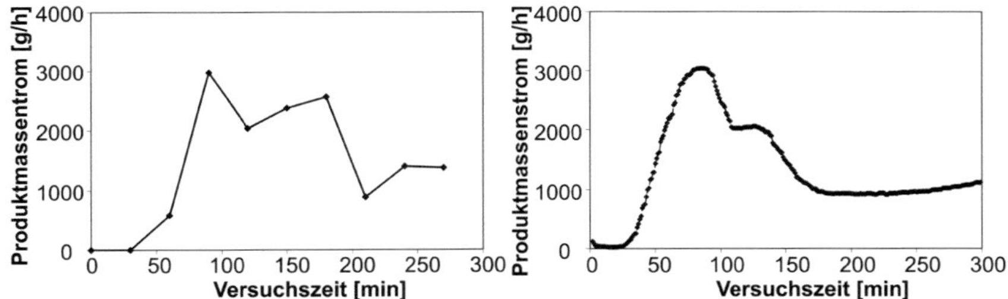

Abbildung 5.30: Simulierter (links) und experimenteller (rechts) Produktmassenstrom in einem Konti-Versuch mit Staubrückführung.

Die Staubgrößenverteilung am Anfang ist in Abbildung 5.31 dargestellt. Diese Verteilung wird auch als Partikelgrößenverteilung des Oversprays verwendet. Die zwei Nodes am Anfang betragen 3,9 und 11,5 μm.

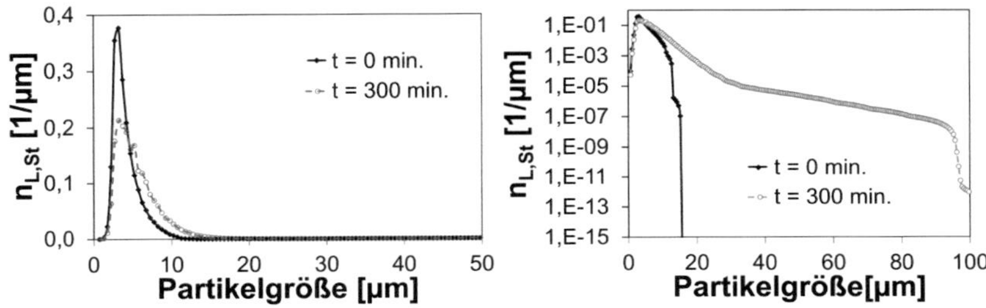

Abbildung 5.31: Anzahlverteilung des Staubs am Versuchsanfang und Ende (Rechts: Semi-log Darstellung für die Anzahlverteilung).

Die Staubverteilung wurde im ersten Schritt für einen Zeitraum von 60 Minuten berechnet und danach alle 30 Minuten aktualisiert. Während des Prozesses wächst der Staub einerseits aufgrund der Agglomeration und Kollision mit den Tropfen, andererseits entstehen neue primäre Staubteilchen durch den Overspray sowie den Abrieb (Der Abrieb wurde in dieser Arbeit nicht berücksichtigt.). Die berechneten Nodes sind in Tabelle 5.5 aufgelistet.

Tabelle 5.5: Nodes für die jeweilige CFD-Rechnung.

Zeit [min]	w_1 [-]	w_2 [-]	L_1 [µm]	L_2 [µm]
0	0,905	0,095	3,90	11,54
60	0,845	0,155	4,37	11,88
90	0,791	0,209	5,04	13,06
120	0,769	0,231	5,00	13,45
150	0,755	0,245	4,93	15,04
180	0,790	0,210	4,83	16,87
210	0,858	0,142	4,66	17,84
240	0,869	0,131	4,80	17,93
270	0,855	0,145	4,97	18,92

Es zeigt sich, dass beide Nodes am Anfang wegen der Agglomeration zunehmen. In dieser Zeit steigt die Bettmasse an, da die Partikel im Bett noch nicht groß genug zum Austrag sind. Mit zunehmender Bettmasse nimmt zugleich der Overspray ab, weil mehr Tropfen an den Partikeln abgeschieden werden können. Danach nimmt die Bettmasse aufgrund der Produktabfuhr ab. Dies führt zur Zunahme des Oversprays und beide Nodes nehmen dann entsprechend ab.

Die Kinetiken des Staubwachstums sind in Tabelle 5.6 aufgelistet. Die Staubmasse aus der Simulation beträgt 864 g nach 300 Minuten Prozesszeit und ist damit geringer als die experimentelle Staubmasse am Ende (987 g). Diese Differenz könnte sich durch eine Überschätzung der Staubeinbindung und die Vernachlässigung des Abriebs erklären.

Tabelle 5.6: Kinetiken des Staubwachstums aus der CFD-Simulation.

Zeit [min]	β_0 [1/s]	G_L [m/s]	Masse [kg]	$\dot{N}_{Kern,int}$ [1/min]
0	1,34E-16	9,22E-11	1,000	0
60	3,16E-16	9,49E-11	1,101	0
90	1,79E-15	8,17E-11	1,072	3597
120	1,93E-15	1,36E-11	1,197	14653
150	1,01E-15	8,36E-11	1,199	25892
180	1,29E-15	8,89E-11	1,263	21073
210	1,31E-15	1,10E-10	1,017	15511
240	1,10E-15	1,40E-10	1,149	10371
270	2,22E-15	1,69E-10	1,035	7279
300			0,864	

Kerne werden erst ab einer Prozesszeit von 90 Minuten gebildet. Die Kernbildungsrate beträgt gegen Versuchsende ca. 10000 pro Minute.

Die Entwicklung der Partikelgrößenverteilung des Staubs ist in Abbildung 5.32 dargestellt. Der Staub wird durch Agglomeration zunächst gröber. Durch den Overspray wird kontinuierlich primärer Staub, welcher einen kleineren Durchmesser hat, neu erzeugt. In den ersten 100 Minuten steigt die Bettmasse. Eine höhere Betthöhe führt zu höherer Tropfenabscheidung und daher nimmt der Overspray ab. Danach sinkt die Bettmasse aufgrund des Austrags des Produkts. Daher steigt der Overspray wieder an und die Anzahl kleinerer Staubpartikel nimmt zu. Generell ist der Verteilung der Staubphase aufgrund des Wachstums gröber geworden (siehe Abbildung 5.31).

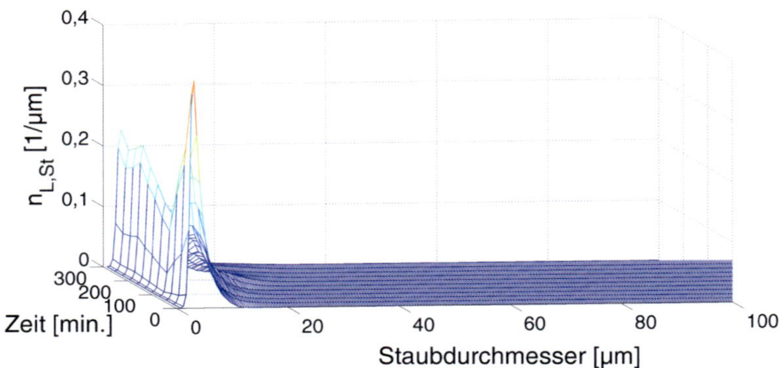

Abbildung 5.32: Simulierte Entwicklung der Partikelgrößenverteilung des Staubs für einen Konti-Versuch mit Staubrückführung.

Der Rechenaufwand für die Simulationen mit 6 Phasen ist hoch. Eine Simulation für 30 s Granulation (inklusiv Geschwindigkeitsfeld, Temperaturfeld und Granulation) dauert ca. 10 Tage. Um die Rechenzeit zu optimieren, wurde die Skalierbarkeit bei parallelem Rechnen untersucht. Die Rechenzeit wurde für verschiedene Prozessoranzahlen für das 6–Phasen-Modell gemessen. Alle Rechnungen werden mit dem gleichen cas-File mit einer Zeitschrittweite von 10^{-4} s für 100 Schritte durchgeführt. Die Rechenzeit über der Anzahl der Prozessoren ist in Abbildung 5.33 dargestellt. Es zeigt sich, dass die Skalierbarkeit bis zu einer Zahl von 8 Prozessoren gegeben ist. Die Rechenzeit ist für 8 Prozessoren minimal. Bei einer weiteren Erhöhung der Prozessoranzahl beschleunigt sich die Simulation nicht mehr. Weitere Möglichkeiten zur Rechenzeitoptimierung werden in Kapitel 9.17 diskutiert.

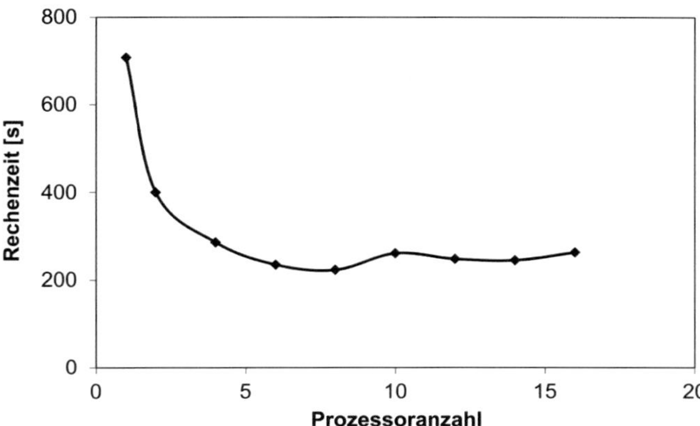

Abbildung 5.33: Rechenzeit für 100 Zeitschritte mit dem 6-phasigen Modell bei einer Zeitschrittweite von 10^{-4} s.

Fazit: Generell geben die Simulationsergebnisse die experimentellen Daten sowohl für monodisperse als auch für polydisperse Fälle gut wieder. Mithilfe der Kopplung zwischen CFD und PBE werden die Prozessgrößen, z. B. Produkt-massenstrom, Entwicklung der Partikelgrößenverteilung bzw. Masse der Granu-late und des Staubs, Ablufttemperatur und Feuchte usw., gut beschrieben. Das Multi-Fluid-Model ist für die Kinetikengenerierung aus der CFD-Simulation geeignet.

6 Modellübertragung

Das in dieser Arbeit zu entwickelnde Modell soll flexibel sein, dass durch Erstellung entsprechender Gitter verschiedene Apparategeometrien und –größen sowie beispielsweise auch verschiedene Düsenposition berechnet werden können. In diesem Kapitel werden Simulationen für ausgewählte existierende Technikumsanlagen erstellt. Außerdem wird das Modell auf einen nicht rotationssymmetrischen Fall, 3D-Rechnung mit 2 Düsen, übertragen.

6.1 Simulation für die Wirbelschicht mit einem Hochbett

In diesem ausgewählten Versuch (Heintz, 2005, Diplomarbeit von BASF SE) wird kein Staub zurückgeführt, so dass nur die Tropfenabscheidung berechnet werden muss. Die Granulationszeit zwischen zwei Messpunkten beträgt 60 Minuten. Eine Prozesszeit von 60 Minuten wird simuliert und die Wachstumskinetik während der Simulation viermal gerechnet. Die Bettmasse für den Messpunkt 1 beträgt 1414 g. Die Randbedingungen für diesen versuch sind in Tabelle 6.1 gelistet. Die Simulationen für die Fluiddynamik der Wirbelschicht und Düsenrandbedingungen bzw. Abschätzung des Tropfendurchmessers und Eintrittsbedingungen der Tropfen sind in Kapitel 9.18 zu finden.

Tabelle 6.1: Nodes für jede Rechnung einer Rechnung vom Hochbett.

	0 min	30min	60min
L_1 [mm]	0,2685	0,3215	0,3668
L_2 [mm]	0,5837	0,6520	0,7113
w_1	0,6979	0,6975	0,6973
w_2	0,3021	0,3025	0,3027

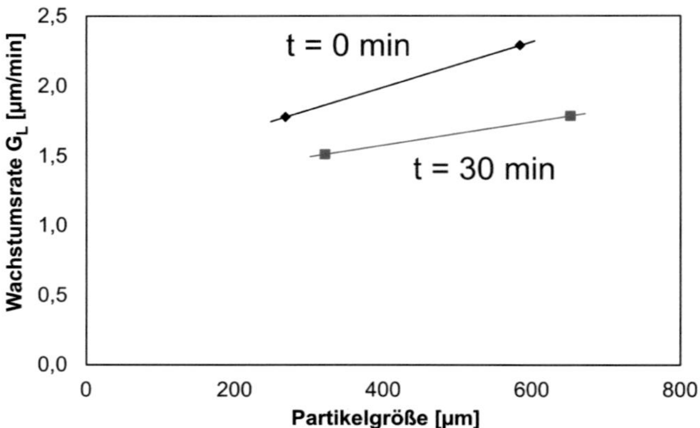

Abbildung 6.1: Wachstumsrate am Anfang (0min) und nach 30 min.

Die Rechnung zeigt, dass die Wachstumsrate von der Partikelgröße abhängig ist. Die größeren Partikel wachsen schneller, da sie durch den Segregationseffekt in einem solchen Bottom-Spray-Granulator mehr Tropfen an sich binden. Dies spiegelt auch die Realität wieder. Die simulierte Partikelgrößenverteilung nach 60 min ist in Abbildung 6.2 dargestellt.

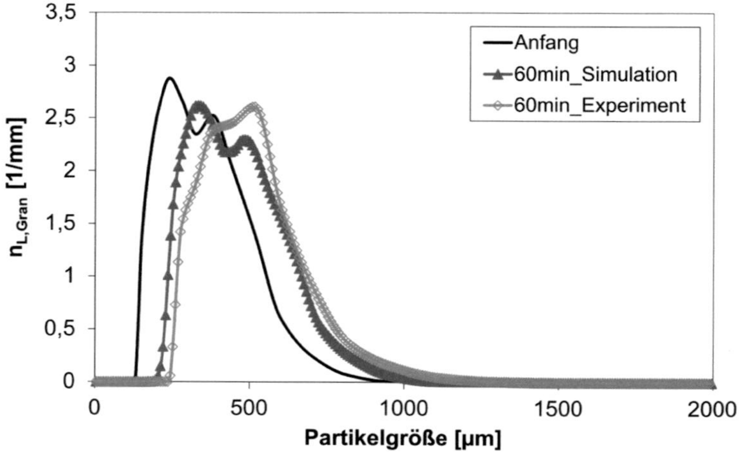

Abbildung 6.2: Simulierte und experimentelle Partikelgrößenverteilung (n_0-Verteilung) nach 60 min Granulationszeit.

6.2 Simulation für den Prozess mit Topspray

Zur Realisierung der Top-Spray-Anlage wurde die Bottom-Spray-Anlage im TVT-Technikum umgebaut. Der Durchmesser der Anlage bleibt unverändert. Der konische Boden wird durch einen flachen Siebboden mit einer Dicke von 1 mm ersetzt. Der Anteil der Lochfläche an der Gesamtfläche beträgt 1,2 %. Die Düse wird in den Granulatorraum eingebaut. Der Abstand zwischen Düsenmündung und Lochboden beträgt 370 mm.

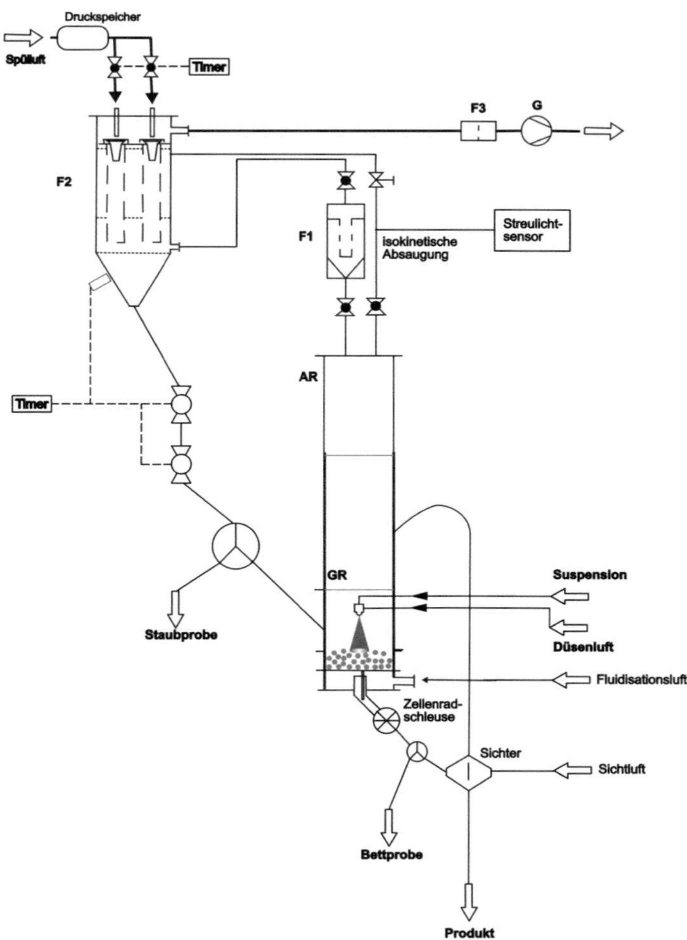

Abbildung 6.3: Versuchsaufbau der Granulation mit Top-Spray Anlage.

Hierbei wird eine Düse der Firma Schlick (Typ: S970) ohne Schaft verwendet. Der Innendurchmesser der Flüssigkeitskapillare beträgt 1 mm. Die Spaltbreite der Düsenmündung beträgt 0,35 mm und es sind 4 Schlitze mit einer Breite von 1 mm und einem Winkel von 45° vorhanden (Abbildung 6.4).

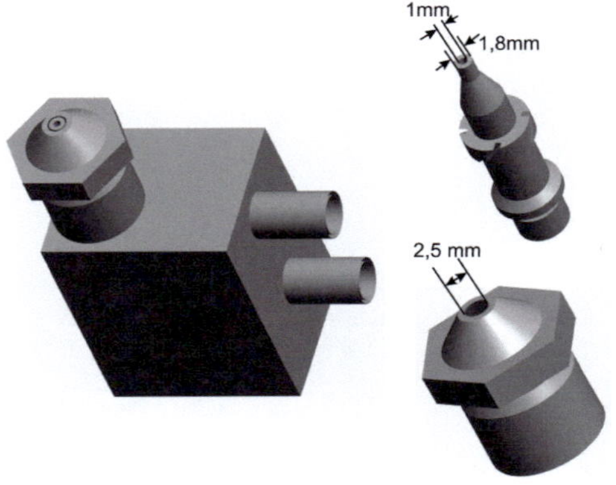

Abbildung 6.4: Zeichnung der in dem neuen Versuch verwendeten Schlickdüse (Typ: S970).

In diesem Versuch liegt die Düsenmündung 15 cm oberhalb des Bodens. Die gesamte Anlage ist in Abbildung 6.5 dargestellt. Bei der Vernetzung wird der Düsenbereich fein vernetzt, das Gitter in den übrigen Bereichen wird allmählich vergröbert. Die Zahl der Gitterzellen bei der Rechnung beträgt 13800.

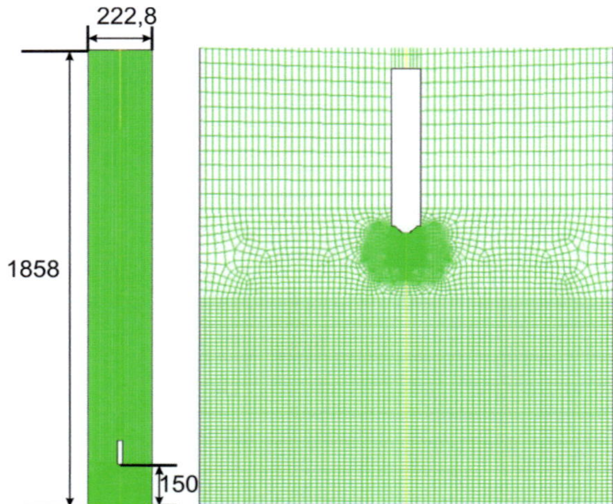

Abbildung 6.5: Das Gitter der Top-Spray Anlage.

Experimente mit monomodaler Bettvorlage:

Die Betriebsparameter sind in Tabelle 6.2 aufgelistet. Die Bettvorlage beträgt 2,15 kg.

Tabelle 6.2: Betriebsbedingungen des Top-Spray-Versuchs.

Düsenluftmassenstrom [kg/h]	3,07
Fluidisationsluftmassenstrom [kg/h]	75
T_{DL} [°C]	20
T_{FL} [°C]	120
Suspensionsmassenstrom [kg/h]	1,5
X_{FS}	0,35

Dieser Batch-Versuch wird 100 Minuten durchgeführt. Die berechneten Wachstumsgeschwindigkeiten der beiden Granulatphasen sind in Abbildung 6.6 dargestellt. Die Rechnung zeigt, dass die Wachstumsrate der Granulate nicht von der Größe abhängig ist.

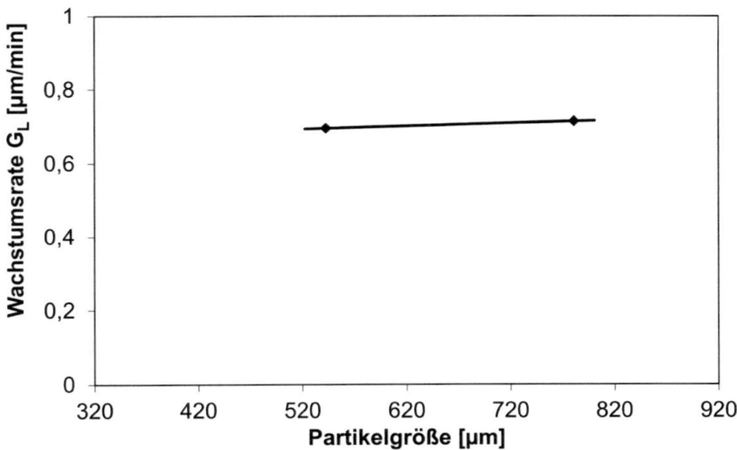

Abbildung 6.6: Wachstumsrate verschiedener Partikelphasen (L_1 = 0,543 mm, L_2 = 0,781 mm).

Die Partikelgrößenverteilungen aus Simulation und Experiment nach 100 Minuten Versuchszeit sind in Abbildung 6.7 dargestellt. Die berechnete Partikelgrößenverteilung stimmt gut mit der experimentellen überein, allerdings wird die gemessene Partikelgrößenverteilung durch die Rechnung leicht überschätzt.

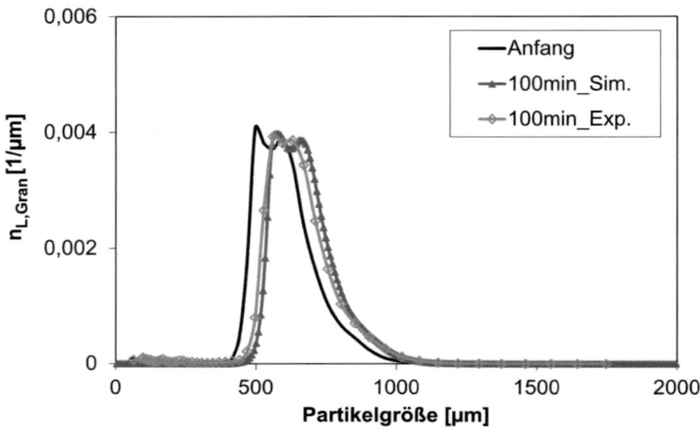

Abbildung 6.7: Partikelgrößenverteilung nach 100 min Versuchszeit.

Experimente mit bimodaler Bettvorlage:

Aus vorherigen Versuchen ist bekannt, dass die Partikel in der Wirbelschicht bei diesen Versuchsbedingungen ideal durchmischt sind. Es wurde noch ein weiterer Versuch durchgeführt. In diesem Versuch wird eine bimodale Bettvorlage verwendet. Als Bettvorlage werden jeweils 1,25 kg Partikel mit einer Größe von 355-500 µm bzw. 630-1000 µm gemischt. Die Versuchsbedingungen sind unverändert (siehe Tabelle 6.2). Die Wachstumsgeschwindigkeiten der beiden Granulatphasen ($L_1 = 0{,}407\ mm$, $L_2 = 0{,}750\ mm$) sind in Abbildung 6.8 dargestellt.

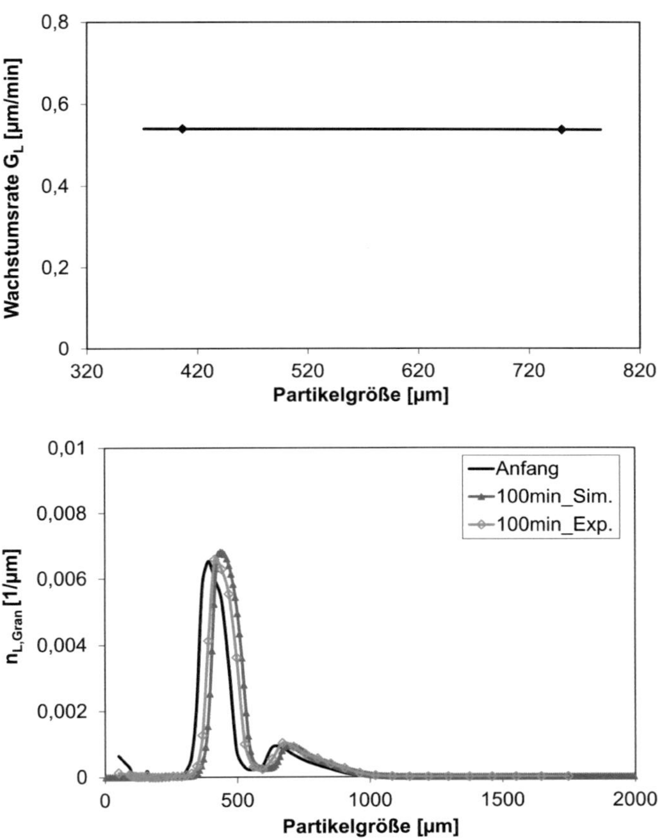

Abbildung 6.8: Partikelwachstumsrate und Partikelgrößenverteilung nach 100 min Versuchszeit beim Versuch mit bimodaler Bettvorlage.

Die Rechnung zeigt wie zuvor, dass die Wachstumsrate der Granulate auch für den Fall einer bimodalen Vorlage von der Größe unabhängig ist. Die berechneten Volumenanteile beider Granulatphasen sowie der Tropfenphase bei $t = 24{,}5$ s sind in Abbildung 6.9 dargestellt. Aufgrund der Düsenluft bildet sich am oberen Teil der Wirbelschicht ein Tal, wo die Tropfenabscheidung stattfindet. Dort werden die Tropfen abgebremst, da die Luft- bzw. Tropfengeschwindigkeit dort entgegengesetzt gerichtet ist. Daher werden nicht alle Tropfen bei diesem Fall an die Partikel abgeschieden, sondern ein Teil davon wird ausgeblasen und zum Staub getrocknet.

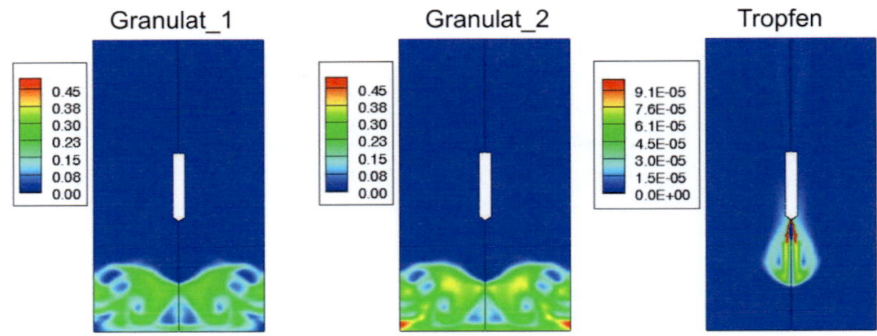

Abbildung 6.9: Volumenanteile der Granulatphasen und der Tropfenphase (t = 24,5 s).

Außerdem wurde das Temperaturfeld in der Wirbelschicht für den Versuch mit Topspray simuliert (siehe Abbildung 6.10). Es zeigt, dass die Wirbelschicht eine höhere Temperatur als das Freeboard oberhalb der Wirbelschicht hat, da ein Teil der Tropfen oberhalb der Wirbelschicht verdampfen. Im Düsenstrahl ist die Lufttemperatur aufgrund der niedrigen Düsenlufteintrittstemperatur und aufgrund der Tropfenverdampfung im Düsenstrahl niedrig. Die Tropfenabscheidung und die Verdampfung vom Film sorgen ebenfalls für eine niedrige Temperatur im Talbereich als in der Wirbelschicht.

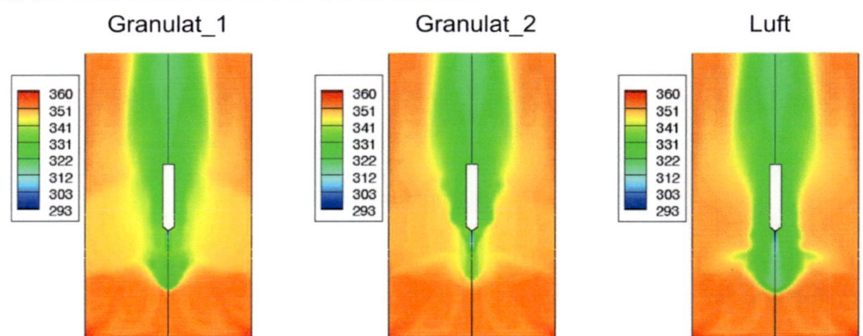

Abbildung 6.10: Temperaturen der Granulatphasen und der Luftphase (t = 24,5 s).

Fazit: Das in dieser Arbeit entwickelte Modell kann auch den Top-Spray-Versuch beschreiben. Allerdings zeigt sich bei diesen Betriebsbedingungen eine Unabhängigkeit der Wachstumsrate von der Partikelgröße. Die Granulate in der Wirbelschicht sind bei diesen Betriebsbedingungen nah zu ideal durchmischt. Eine weitere Simulation des Wurster-Coaters ist in Kapitel 9.19 zu finden.

6.3   3D Simulation mit einer bzw. zwei Düsen

Die Rechnung wird in eine 3D-Simulation übertragen. Der Rechenweg ist gleich wie für eine 2D Simulation. Um den Einfluss mehrerer Düsen zu untersuchen, werden hier zwei Testfälle betrachtet. Im ersten Fall ist nur eine Düse im System vorhanden. Im zweiten Fall werden zwei Düsen verwendet. Um die beiden Fälle besser miteinander vergleichen zu können, wird die Breite für den zweiten Fall gerade verdoppelt. Breite, Tiefe und Höhe von der ersten Wirbelschicht betragen jeweils 75, 100 und 600 mm. Die Düse ist auf dem Boden zentriert und hat einen Durchmesser von 10 mm. Für den zweiten Fall betragen die Breite, Tiefe und Höhe der Wirbelschicht 150, 100 und 600 mm. Der Abstand zwischen den Mittelpunkten der Düsen beträgt 50 mm (siehe Abbildung 6.11). Die Gitterzellenanzahl von zwei Rechnungen betragen jeweils 190000 und 300000.

Tabelle 6.3: Randbedingungen für die 3D Rechnungen.

	1-Düse	2-Düse
Fluidisationsmassenstrom [kg/h]	47,5	95
Düsenluftmassenstrom [kg/h]	8	8+8
Partikelgröße [mm]	1	1
Partikeldichte [kg/m^3]	1700	1700

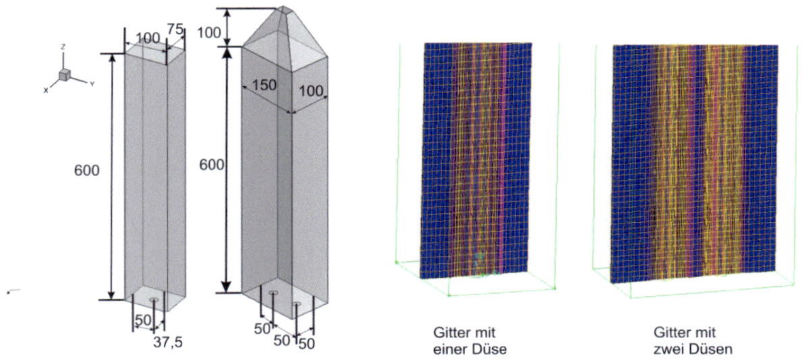

Abbildung 6.11: Geometrien bzw. Gitter der berechneten 3D-Anlage mit einer Düse und zwei Düsen.

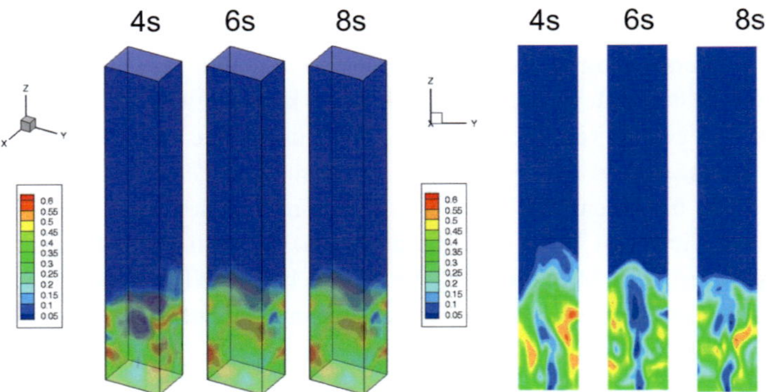

Volumenanteil der Granulate

Abbildung 6.12: Volumenanteil der Granulatphasen über der Zeit bei einer vorhandenen Düse.

Die 3D-Rechnung mit einer Düse (Abbildung 6.12) zeigt, dass die Düsenzone nicht ideal symmetrisch ist. Hier wurde ein relativ geringer Düsenluftmassenstrom ausgewählt, sodass der Düsenstrahl das Bett nicht durchdringt. Daher bildet sich in der Mitte eine Blase, was zu einer stark unregelmäßigen Partikelbewegung führt. Die 3D-Rechnung mit zwei Düsen (Abbildung 6.13) zeigt, dass die Düsenstrahlen der beiden Düsen nicht identisch sind und sich gegenseitig beeinflussen können.

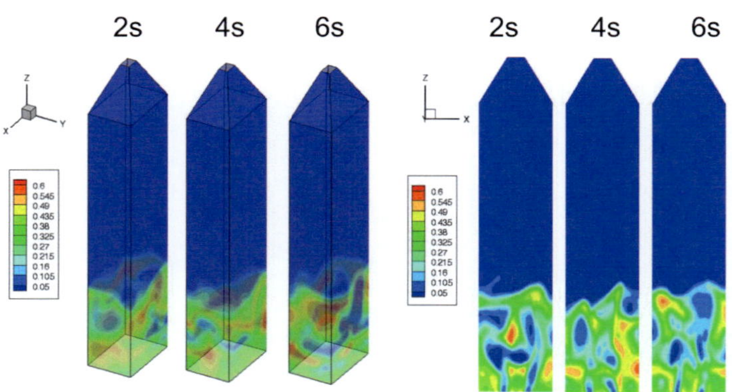

Volumenanteil der Granulate

Abbildung 6.13: Volumenanteil der Granulatphase über der Zeit bei zwei vorhandenen Düsen.

Die zwei Rechnungen zeigen, dass die Düsenanzahl einen Einfluss auf die Fluiddynamik der Wirbelschicht hat. Durch diese Simulationen kann der Einfluss jedoch nur qualitativ beschrieben werden. Um die beiden Rechnungen

auch quantitativ vergleichen zu können, wird für die beiden Fälle mit einer bidispersen Partikelphase die Tropfenabscheidung simuliert.

Tropfenabscheidung für das bidisperse System im 3D-Fall

Die Randbedingungen für die Luftmassenströme sind gegenüber dem monodispersen Fall unverändert geblieben. Die Granulatphasen haben Durchmesser
von 1 mm und 1,5 mm. Die Massen der Granulatphasen für den Fall mit einer
Düse betragen jeweils 385g und die Massen der Granulatphasen für den Fall mit
zwei Düsen sind entsprechend verdoppelt auf jeweils 770 g. Abbildung 6.14
zeigt die Massenströme der Tropfenabscheidung an den verschiedenen Granulatphasen für die beiden Fälle. Es zeigt sich, dass die Tropfenabscheidungen auf
den zwei Granulatphasen zu einander in Konkurrenz stehen. Die Schwankungen
des Massenstroms der abgeschiedenen Tropfen werden durch die schwankenden
Einsaugungsraten der beiden Granulatphasen erklärt.

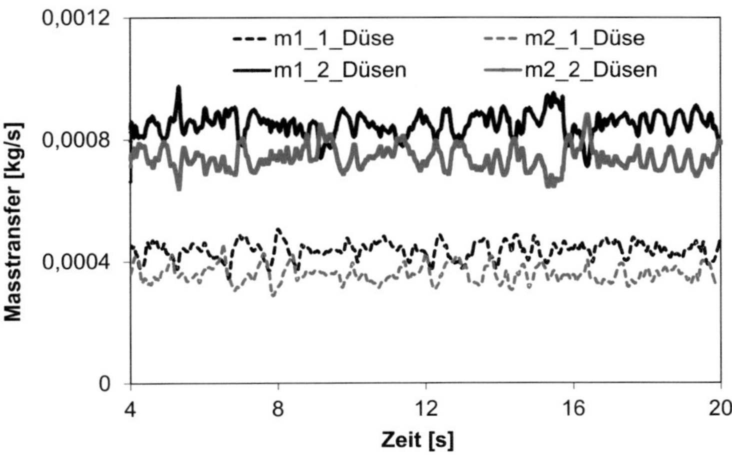

Abbildung 6.14: Massenströme der Tropfenabscheidung an den Granulatphasen.

Tabelle 6.4: Massenströme der Tropfenabscheidung an den Granulatphasen.

		Masstransfer			
		Granulat 1 $d_p = 1$ mm		**Granulat 2** $d_p = 1{,}5$ mm	
	Bettmasse [g]	10^{-4} [kg/s]	kg/kg Partikel/s	10^{-4} [kg/s]	kg/kg Partikel/s
1 Düse	385	4,36	$1{,}132 \cdot 10^{-3}$	3,58·	$9{,}299 \cdot 10^{-4}$
2 Düsen	770	8,50	$1{,}104 \cdot 10^{-3}$	7,39·	$9{,}597 \cdot 10^{-4}$

Aus Tabelle 6.4 ist zu erkennen, dass die auf die Granulatmasse bezogenen Massenströme der Tropfenabscheidung für die beiden Fälle fast identisch sind. Die Unterschiede betragen für Granulatphase 1 1,8 % und für Granulatphase 2 1,2 %. Das bedeutet, dass die Düsenanzahl in der Rechnung kaum Einfluss auf die Tropfenabscheidung hat. Dies wird durch den großen Abstand zwischen den beiden Düsen erklärt.

Fazit: Für die berechnete Geometrie und den gewählten Düsenabstand hat die Düsenanzahl kaum Einfluss auf die Tropfenabscheidung.

7 Zusammenfassung und Ausblick

Die Wirbelschicht-Sprühgranulation ist ein für die Produktgestaltung bzw. Prozessintensivierung bei der Trocknung besonders interessantes Verfahren, da das Verfahren die Schritte der Feststoffbildung und -formulierung in einem Apparat vereint. Durch Eindüsen einer Lösung, Suspension oder Schmelze in eine Schicht aus fluidisierten Partikeln bleibt nach Trocknung des Lösungsmittels bzw. Erstarrung der Schmelze eine dünne Feststoffschicht auf der Partikeloberfläche zurück. Die Partikel wachsen bis sie eine Zielgröße erreichen und werden dann aus dem Prozess ausgesiebt.

In Vorgängerarbeiten wurden verschiedene Teilmechanismen untersucht und Modellansätze entwickelt. Eine Modellierung des kontinuierlichen Prozesses durch Schließen der Rückführung des Staubes wurde mithilfe eines Kompartiment Modells durch Kombination der Populationsbilanzierung (Population Balance Equation, PBE) und Berechnung des Düsenstrahls durch ein dimensionale Ortsauflösung erfolgreich entwickelt. Jedoch wurden Parameter zur Berechnung der Fluiddynamik der Partikeln in der Wirbelschicht durch empirische Modelle bzw. Anpassungen der experimentellen Daten bekommen. Daher war dieses Modell anlagenspezifisch. Um die Fluiddynamik in der Wirbelschicht besser zu beschreiben, konnte die Computational Fluid Dynamics (CFD) an dieser Stelle eingesetzt werden.

Ziel der Arbeit war es, eine Methode zu entwickeln, um Prozesse der Wirbelschicht-Sprühgranulation und dabei insbesondere die zeitliche Entwicklung der Partikelgrößenverteilung mit physikalisch plausiblen Modellen zu beschreiben. Im Modell dient die zeitliche aufwändige CFD-Simulation als Generator für die Partikelwachstumskinetiken unter der Berücksichtigung von Fluiddynamik, Trocknung und vielfältigen Wechselwirkungen zwischen verschiedenen Partikeln in der Wirbelschicht, wie Tropfen, Staub und Granulate, für kurze Prozesszeiten (Sekunden-Bereich). Diese Kinetiken wurden in eine dynamische Populationsrechnung eingesetzt, um die Partikelgrößenverteilung in der Wirbelschicht für lange Prozesszeiten (Stunden-Bereich) vorherzusagen. Mehrmalige Aktualisierung der Kinetiken ermöglicht es, einen instationären Prozess in einer industriell relevanten Zeitskala abzubilden.

In dem ersten Schritt von dieser Arbeit wurde die Fluiddynamik in der Wirbelschicht untersucht. Vereinfachend basiert das in dieser Arbeit entwickelte Modell auf einem achsensymmetrischen Fall. Das Two-Fluid-Model (TFM) mit der Euler-Euler Betrachtungsweise wurde zur Berechnung der Fluiddynamik auswählt, da das Modell gegen CFD-DEM mit der Euler-Lagrange-

Betrachtungsweise rechnerisch viel günstiger ist. In diesem Modell wird die Partikelphase als eine kontinuierliche Phase betrachtet. Daher muss nur der Volumenanteil als Transportgröße gelöst werden. Die Eigenschaften der Partikelphase, wie z. B. Volumenviskosität, Scherviskosität, sowie der Druck, werden mit Konstitutionsgleichungen, welche aus der „Kinetic Theory of Granular Flow" (KTGF) hergeleitet werden, bestimmt. Außerdem werden die Wechselwirkungen zwischen Gas und Partikeln bzw. Partikeln und Partikeln mit geeigneten Wiederstandsmodellen berechnet. Die Einflüsse verschiedener Modelle zur Berechnung der Konstitutionsgleichungen, der Widerstandskräfte und der Reibung auf die Fluiddynamik wurden untersucht. Modellparameter, die ebenfalls großen Einfluss auf die Fluiddynamik haben, wie z. B. Restitutionskoeffizient (Stoßzahl), Packungslimit, radiale Verteilungsfunktion, wurden in einem Standardfall getestet. Die besten Parameter für die Fluiddynamikrechnung wurden für die weiteren Rechnungen verwendet. Außerdem wurde die Gitterunabhängigkeitsstudie für denselben Standardfall durchgeführt. Das im Hinblick auf die Rechenzeit bzw. den Rechenaufwand optimale Gitter wurde für die komplexen Rechnungen mit Implementierung der Partikelwachstumsmechanismen verwendet. Die simulierte Fluiddynamik, sowohl für das einphasige System als auch für das Gas-Partikel System, wurde mithilfe des Laser-Doppler-Anemometers (LDA) bzw. Particle-Image-Velocimeters (PIV) validiert.

Anschließend wurde anhand der Fluiddynamik die Tropfenabscheidung für ein monodisperses System simuliert. Dazu wurde das Trägheitsabscheidungsmodell nach Löffler implementiert. Der Abscheidegrad der Tropfen an Granulat gliedert sich in zwei Teile, Auftreffgrad und Haftanteil. In jeder Rechenzelle von CFD wurde dieser Abscheidegrad über die Zellenhöhe analog zu einer Kugelschüttung integriert. Daraus ergibt sich der abgeschiedene Massenstrom von Tropfen in jeder Rechenzelle und weiter der gesamte abgeschiedene Massenstrom. Die Rechnung zeigt, dass während eines Batch-Versuchs, in dem die Granulate nur durch Tropfenabscheidung wachsen, der gesamte Abscheidegrad mit zunehmender Bettmasse asymptotisch zu einem Grenzwert zunimmt. Daraus wurde die mittlere Wachstumsrate der Granulatphase bestimmt. Diese mittlere Wachstumsrate nimmt in einem Batch-Versuch über die Zeit ab, da die Oberfläche der Granulate über die Zeit zunimmt. Mit Lösen der Populationsbilanzgleichung mit oben berechneter Wachstumsrate wurde die Veränderung des mittleren Durchmessers über der Prozesszeit simuliert. Dieser simulierte Granulatdurchmesserverlauf stimmt gut mit den experimentellen Daten überein.

Danach wurde das Trocknungsverhalten bzw. Temperaturfeld in der Wirbelschicht simuliert, da die Staubeinbindung stark von der feuchten Oberfläche an den Granulaten beeinflusst werden kann. In der Implementierung wurde die feuchte Oberfläche als eine Transportgröße gelöst. Die Masse der feuchten Fläche ändert sich durch Tropfenabscheidung und Verdampfung vom Wasser. Diese wurden dazu entsprechend formuliert. Mit dieser gekoppelten Wärme- und Stoffübertragung in der CFD wurden das Temperaturfeld, die feuchte Oberfläche und die Verdampfungsrate des Wassers aus der Granulatoberfläche berechnet. Außerdem wurde ebenfalls die Verdampfung des Wassers aus Tropfen berücksichtigt, da ein bestimmter Anteil der Tropfen nicht an Granulaten abgeschieden wird, sondern sich aus dem Overspray bildet. Zur Validierung des Prozesses wurde reines Wasser statt Suspension in die Wirbelschicht gesprüht und die Temperaturprofile wurden in radialer Richtung gemessen. Damit wurde das simulierte Temperaturfeld validiert.

Die Staubeinbindung wurde anschließend implementiert. Hier wurde ebenfalls das Trägheitsabscheidungsmodell, analog zur Tropfenabscheidung verwendet. Jedoch muss der Bedeckungsgrad von Staubteilchen an der benetzten Oberfläche der Granulate berücksichtigt werden, da die Staubteilchen sich nur als Monolage auf die Oberfläche setzen können. Ein Bedeckungsgrad der Zufallspackung wurde für diese Rechnung angenommen. Weiterhin wurde die Staubrückführungsart berücksichtigt. In der Technikumsanlage wurde der Staub an vier Filtern abgeschieden und je nach 30 s wurde die Schleuse für die Staubrückführung geöffnet. Das entspricht einer stoßweisen Staubrückführung. In einem industriellen Prozess ist die Staubrückführung aufgrund einer Vielzahl von Filtern nahzu kontinuierlich. Sowohl stoßweise als auch kontinuierliche Staubrückführungen wurden als Randbedingungen vorgegeben. Die mittlere Wachstumsrate der Granulate wurde in diesem Fall durch die Massenströme von Tropfenabscheidung und Staubeinbindung bestimmt. Damit wurde die Entwicklung des mittleren Granulatdurchmessers durch Lösung einer Populationsbilanzgleichung der Granulatphase berechnet. Diese Ergebnisse wurden durch einen Semi-Batch Versuch mit der Staubrückführung bestätigt. Außerdem wurde festgestellt, dass die Staubeinbindung stark von der Temperatur der Wirbelschicht abhängt, die direkt durch Änderung der Fluidisationslufttemperatur einstellbar ist. Mit zunehmender Fluidisationslufttemperatur nimmt die Staubeinbindungsrate ab, da wenig feuchte Oberfläche durch starke Verdampfung für Staubeinbindung zur Verfügung steht. Zusätzlich wurde mit der Simulation festgestellt, dass die Staubeinbindungsrate proportional zu der Staubmasse in der Anlage bei den Betriebsbedingungen ist.

Aus experimentellen Erfahrungen hat man festgestellt, dass die Partikelwachstumsrate von Partikelgrößen abhängig ist. Daher muss eine Populationsbilanz für die Partikelphase in CFD gelöst werden. Die Transportgröße dazu ist die Partikelgrößenverteilung. Aufgrund des hohen Rechenaufwands ist die klassische Klassenmethode nicht für solche Rechnung geeignet, da eine Vielzahl der Klassen nötigt ist, um eine repräsentative Partikelgrößenverteilung darzustellen. Hierzu wurde die „Direct Quadrature Method of Moments" verwendet. Grundidee von DQMOM ist, dass die Partikelgrößenverteilung durch N repräsentative Nodes (N = 2, 3, 4) mit ihren Wichtungen und Abszissen bei Erhaltung von den ersten 2N Momenten ($m_0...m_{2N-1}$) ersetzt werden. Jede Node entspricht dann einer Partikelphase. Damit wurden statt der Transportgleichung der Partikelgrößenverteilung nur die Transportgleichungen von Volumenanteilen der Partikelphasen (Wichtungen) bzw. Durchmessern der Partikelphasen (Abszissen) in CFD gelöst. Die entsprechenden Quellterme dafür wurden aus der Integration der Transportgleichung der Partikelgrößenverteilung ermittelt. Das TFM wurde in diesem Fall zu einem Multi-Fluid-Model (MFM) erweitert. Die Volumenanteile bzw. Durchmesser der Granulatphasen ändern sich kaum aufgrund des Ausschlusses der Makro-Agglomeration zwischen Granulaten während der kurzen Prozesszeit, welche in CFD abgebildet wird. Deswegen wurden Quellterme für die Granulatvolumenanteile und Durchmesser gespart. Stattdessen wurden die Massenströme der Tropfenabscheidung (beim Fall ohne Staubeinbindung) an jeder Granulatphase und weiter zu Wachstumsraten der einzelnen Granulatphasen gerechnet. Das Trägheitsabscheidungsmodell wurde an dieser Stelle zu dem Fall, bei dem mehrere Granulatphasen sich in einer Zelle befinden, erweitert. Die simulierten Ergebnisse zeigten die Abhängigkeit der Wachstumsrate der Granulatgrößen. Das lag an unterschiedlichen Gründen. Zuerst segregieren Granulate unterschiedlicher Größen miteinander. Daraus folgt die ungleichmäßige Einsaugung der Granulate in den Düsenstrahl. Außerdem haben die unterschiedlichen Granulate unterschiedliche Verweilzeiten im Düsenstrahl. Dies hat einen direkt Einfluss auf die Tropfenabscheidung. Durch lineare Regression der simulierten Wachstumsraten einzelner Granulatphasen wurde die Wachstumsrate in Abhängigkeit von Granulatgrößen generiert. Diese Wachstumsrate wird zur Berechnung der Entwicklung der Partikelgrößenverteilung der Granulate benötigt. Ergebnisse aus dieser Methode zeigten gute Übereinstimmungen mit den experimentellen Daten, sowohl für einen Batch-Versuch als auch für einen Konti-Versuch mit externer Kernzufuhr und Produktabfuhr.

Schließlich wurde das Gesamtmodell zur Simulation des Konti-Prozesses mit Staubrückführung erstellt. In diesem Fall finden die Staubeinbindung und Keimbildung parallel zur Tropfenabscheidung statt. In dieser Rechnung wurde die Verteilung der Staubphase ebenfalls mithilfe der DQMOM zu zwei Nodes reduziert. Aufgrund der Kollisionen zwischen den Staubteilchen und Tropfen bzw. zwischen den Staubteilchen verändert sich sowohl der Durchmesser als auch der Volumenanteil stark. Daher muss in dieser Rechnung die vollständige

Populationsbilanz der Staubphase in der CFD Simulation gelöst werden. Gleichzeitig müssen vier Massenströme aufgrund der Tropfenabscheidung an den Granulatphasen, drei Massenströme aufgrund der Verdampfung vom Wasser aus den Granulatphasen und der Tropfenphase in die Luftphase und vier Massenströme aufgrund der Staubeinbindung berücksichtigt werden. Aus diesen Strömen wurden die Wachstumskinetiken sowohl für die Granulatphase als auch für die Staubphase generiert und die Populationsbilanz für die Granulat- und Staubphase eingesetzt, um die Partikelgrößenverteilung von den beiden Phasen für längere Prozesszeiten zu berechnen. Dieses „Multiscale" Simulationsmodell, welches durch Kombination von CFD mit Wärme- und Stoffübertragung und den PBE entwickelt wurde, ist in der Lage, den instationären Verlauf des Prozesses hinsichtlich der Änderung der Partikelgrößenverteilung in der Wirbelschicht mit allen prozessrelevanten Mechanismen, wie Tropfenabscheidung, Trocknung, Staubeinbindung und Keimbildung wiederzugeben.

Zum Schluss wurden einige ausgewählte Rechnungen für die Modellübertragung durchgeführt. Durch Vergleich mit den experimentellen Daten wurde festgestellt, dass das Rechenmodell für ein hohes Wirbelbett, für die Wirbelschicht mit Topspray bzw. dem Wurster-Coater gut geeignet ist. Allerdings basiert das in dieser Arbeit entwickelte Modell vereinfachend auf einem achsensymmetrischen Fall. Es kann jedoch leicht in den dreidimensionalen Fall übertragen werden, da 3D-Rechnungen flexibler alle Anlagenkonfiguration darstellen können. In dieser Arbeit wurden ebenfalls 3D-Rechnungen mit einer und zwei Düsen durchgeführt. Diese Rechnungen zeigten, dass die zweite Düse zwar Einfluss auf die Fluiddynamik hat, aber bei dem gegebenen Abstand keinen Einfluss auf die Tropfenabscheidung hat. Jedoch gilt diese Aussage nur bei diesem gerechneten Fall. Um eine plausible Aussage zu treffen, müssen mehrere Rechnungen mit unterschiedlichen Düsenabständen durchgeführt werden.

Industrielle Anlagen besitzen häufig mehrere Reihen von Düsen bzw. seitlichen Eindüsungen. Berechnungen von solchen Anlagen sind stark von den Rechenresourcen limitiert. Daher muss ein Teil von der Anlage zu berechnen ausgewählt werden, durch welchen die komplette Anlage mithilfe der periodischen Randbedingungen beschrieben wird, um den Rechenaufwand zu reduzieren. Diese Aufgabenstellung wird zurzeit am Institut für Thermische Verfahrenstechnik des Karlsruher Instituts für Technologie in Kooperation mit der Uhde Fertilizer Technology (UFT) bearbeitet. Daher sollen in folgenden Arbeiten solche Effekte, die in der Praxis relevant aber experimentell schwer zugänglich sind, anhand des implementierten Modells mit Hilfe einer 3D-Simulation untersucht werden und so aussagekräftige Vorhersagen für den Prozess gewonnen werden.

Außerdem sind einige Methoden über das Multiphase Particle in Cell (MPPIC) Modell zur Berechnung des Gas-Partikel-Systems veröffentlicht, z. B. *Barracuda* (Snider, 2007, 2010), Dense Discrete Phase Model (DDPM) von *Fluent*. Grundidee dieser Methode ist, dass die Partikelphase zwar als eine disperse Phase betrachtet wird, allerdings präsentiert jede gerechnete Partikel eine Gruppe von Partikeln. Die Gas-Partikel Wechselwirkungen werden in jeder Zelle aus verschiedenen Partikelgruppen aufsummiert. Die Partikel-Partikel Wechselwirkungen werden mithilfe einer Schubspannung nach Harris and Crighton (1994) in *Barracuda* oder mithilfe der Euler-Euler Betrachtungsweise in DDPM berechnet (siehe Kapitel 9.20). Die Methode hat Vorteile, dass einerseits, Rechnungen mit mehreren Partikeln im Vergleich zum CFD-DEM mit relativ niedriger Rechenkapazität möglich sind. Andererseits kann das polydisperse System ohne Problem im Vergleich zum TFM berechnet werden. Diese Methode ist daher ein Kompromiss zwischen TFM und CFD-DEM. Trotz der Vorteile sind diese Modelle immer noch in der Entwicklung. Einige empirische Parameter, die nicht allgemein gültig sind, müssen noch durch Experimente bzw. CFD-DEM justiert werden. Jedoch hat diese Methode in einigen Einsatzbereichen eine gute Übereinstimmung mit experimentellen Daten gezeigt (Cloete et al., 2010).

8 Literaturverzeichnis

Asai, Shioya, S. Hirasawa and T, Okazaki, Impact of an Ink Drop on Paper, Journal of Imaging Science and Technology, 1993, 37, 205-207

H. Arastoopour and H. Ibdir, Modeling of multi-type particle flow using kinetic approach, AIChE Journal, 2005, 51, 1620-1632

H.D. Baehr, K. Stephan, *Heat and mass transfer*, 2nd edition; Springer: Berlin Heidelberg New York, 2006

G. K. Batchelor, Pressure Fluctuations in Isotropic Turbulence, Proceeding of the Cambridge Philosophical Society, 1951, 47, 359-374

R. D. Becher, Untersuchung der Agglomeration von Partikeln bei der Wirbel-schicht-Sprühgranulation, Diss., 2011

R. Beetstra, M.A. van der Hoef and J.A.M. Kuipers, Drag force Drag Force of Intermediate Reynolds Number Flow Past Mono- and Bidisperse Arrays of Spheres, AIChE Journal, 2007, 53, 489-501

S. Benyahia, M. Syamlal and T. J. O'Brien Extension of Hill–Koch–Ladd drag correlation over all ranges of Reynolds number and solids volume fraction, Powder Technology, 2006, 162, 166-174

G. A. Bird, *Molecular Gas Dynamics and the Direct Simulation of Gas Flow*, Clarendon Press, Oxford, 1994

A. Bramley, M. Hounslow and R. Ryall, Aggregation during Precipitation from solution: A method for extracting rates from experiment, Journal of Colloid and Interface Science, 1996, 183, 155-165

N. F. Carnahan and K. E. Starling, Equation of State for Nonattracting Rigid Spheres, The Journal of Chemical Physics, 1969, 51, 635-636

S. Chandra and C.T. Avedisian, On the Collision of a droplet with a solid surface, Proceedings of the Royal Society of London, 1991, 432, 13-41

S. Chapman, T. G. Cowling, *THE MATHEMATICAL THEORY OF NON-UNIFORM GASES*, Cambridge University Press, 1970

S. Cloete, S. Johansen, M. Braun, B. Popoff, S. Amini, Evaluation of a Lagrangian Discrete Phase Modeling Approach for Resolving Cluster Formation in CFB Risers Fluidized and Circulating Fluidized Beds, Proceedings of 7th International Conference on Multiphase Flow (ICMF), Tampa, USA, 2010

C. T. Crowe, M. Sommerfeld, Y. Tsuji, *Multiphase Flows with Droplets and Particles*, CRC Press, Boca Raton, FL, 1998

P. A. Cundall, O. D. L. Strack, A discrete numerical method for granular assemblies, Géotechnique, 1979, 49, 47-65

N.G. Deen, M. Van Sint Annaland, M.A. Van der Hoef, J.A.M. Kuipers, Review of discrete particle modeling of fluidized beds, 2006, Chemical Engineering Science, 62, 28-44

J. Ding, D. Gidaspow, A Bubbling Fluidization Model Using Kinetic Theory of Granular Flow, AIChE Journal, 1990, 36, 523-538

W. Du, X. J. Bao, J. Xu, W. S. Wei, Computational fluid dynamics (CFD) modeling of spouted bed: Assessment of drag coefficient correlations, 2006, Chemical Engineering Science 61, 1401 – 1420

W. Du, X. J. Bao, J. Xu, W. S. Wei, Computational fluid dynamics (CFD) modeling of spouted bed: Influence of frictional stress, maximum packing limit and coefficient of restitution of particles, 2006, Chemical Engineering Science 61, 4558 – 4570

S. Ergun, Fluid Flow through Packed Columns, Chemical Engineering Progress, 1952, 48, 89-94

L. S. Fan, C. Zhu, *Principles of Gas-Solid Flows*, Cambridge University Press, 1998

R. Fan, D.L. Marchisio and R. O. Fox, Application of the Direct Quadrature Method of Moments to Polydisperse Gas–Solid Fluidized   Beds,   Elsevier Science, 2004

R. Fan, R. O. Fox, Segregation in polydisperse fluidized beds: Validation of a multi-fluid model, Chemical Engineering Science, 63, 2008, 272-285

R. O. Fox, F. Laurent, M. Massot, Numerical simulation of spray coalescence in an Eulerian framework: Direct quadrature method of moments and multi-fluid method, Journal of computational Physics, 2008, 227, 3058-3088

S. K. Friedlander, *Smoke, Dust and Haze: Fundamentals of Aerosol Dynamics,* Oxford University Press, 2000

L. Fries; M. Dosta, S. Antoyuk; S. Heinrich; S. Palzer, Moisture Distribution in Fluidized Beds with Liquid Injection. Chemical Engineering Technology 2011, 34, 1076-1084

S.C. Geckler and P. E. Sojka, Effervescent Atomization of Viscoelastic Liquids: Experiment and Modeling, Journal of Fluids Engineering, 2008, 130, 61303-61400

R. Garg, J. Galvin, T. Li, and S. Pannala, Documentation of open-source MFIX–DEM software for gas-solids flows, 2012

W. Ge, J. Li, Macro-scale phenomena reproduced in microscopic systems—pseudo-particle modeling of Fluidization, Chemical Engineering Science, 2003, 58, 1565-1585

D. Geldart, *Gas Fluidization Technology*, John Wiley & Sons, Chichester New York Brisbane Toronto Singapore, 1986

D. Gera, M. Syamlal, T. J. O'Brien, Hydrodynamics of particle segregation in fluidized beds, International Journal of Multiphase Flow, 2004, 30 419–428

D. Gidaspow, *Multiphase Flow and Fluidization, Continuum and Kinetic Theory Descriptions*, Academic Press, New York 1994

V. Gnielinski, *VDI Wärmeatlas*, Abschnitt Gj, Wärmeübertragung Paritkel-Fluid in durchströmten Haufwerken, zehnte, bearbeitete und erweiterte Auflage, Springer 2006

M. Goldschmidt, Hydrodynamic Modelling of Fluidized Bed Spray Granulation, Diss., 2001

H., Groenewold; E., Tsotsas, Predicting Apparent Sherwood Numbers for Fluidized Beds. Drying Technology, 1999, 17, 1557-1570

G. Grünewald, Staubeinbindung und Keimbildung bei der Wirbelschicht Sprüh-granulation, Diss., 2011

R. Gunawan, I. Fusman, R. D. Braatz, High Resolution Algorithms for Multidimensional Population Balance Equations, AIChE Journal, 2004, 50, 2738-2749

D.J., Gunn, Transfer of Heat or Mass to Particles in Fixed and Fluidized Beds, Int. J. Heat Mass Transfer, 1978, 21, 467-476

S. Heinrich, L. Mörl, Fluidized bed spray granulation – A new model for the description of particle wetting and of temperature and concentration distribution, Chemical Engineering and Processing, 1999, 38, 635-663

S. Heinrich, M. Peglow, M. Ihlow, M. Henneberg, L. Mörl, Analysis of the start-up process in continuous fluidized bed spray granulation by population balance modeling, Chemical Engineering Science, 2002, 57, 4369-4390

S. Heinrich, M. Henneberg, M. Peglow, J. Drechsler, L. Mörl, Fluidized Bed Spray Granulation: Analysis of Heat and Mass Transfers and Dynamic Particle Populations, Brazilian Journal of Chemical Engineering, 2005, 22, 181-194

H. Hertz, Ueber die Berührung fester elastischer Körper, Journal für die reine und angewandte Mathematik, 1881, 92, 156-171

J. O. Hinze, *Turbulence*, McGraw-Hill Inc., US, 1975

S. E. Harris, D. G. Crighton, Solitons, Solitary waves, and voidage disturbances in gas-fluidized beds, Journal of Fluid Mechanics, 1994, 266,243-276

R. Hill, D. Koch and A. J.C. Ladd, Moderate-Reynolds-Number Flows in Ordered and Random Arrays of Spheres, J. Fluid Mech. 2001, 448, 213-241

W. Holloway, X.L. Yin and S., Sundaresan, Fluid-Particle Drag in Inertial Polydisperse Gas–Solid Suspensions, AIChE Journal, 2010, 56, 1995-2004

B. P. B. Hoomans, J. A. M. Kuipers, W. J. Briels and W. P. M. Van Swaaij, Discrete Particle Simulation of Bubble and Slug Formation in a Two-Dimensional Gas-Fluidised Bed: A Hard-Sphere Approach, Chemical Engineering Science, 1996, 51, 99-118

M. J. Hounslow, R. L. Ryall, V. R. Marshall, A Discretized Population Balance for Nucleation, Growth, and Aggregation, 1988, AIChE, Journal, 24, 1821-1832

M., Ishii, One-dimensional drift-flux model and constitutive equations for relative motion between phases in various two-phase flow regimes,   International Journal of Heat and Mass Transfer, 2003

R. Jackson, *The Dynamics of Fluidized Particles*, Cambridge University Press, 2000

J. T. Jenkins and S. B. Savage, A Theory for the rapid flow of identical, smooth nearly elastic, spherical particles, Journal of Fluid Mechanics, 1983, 130, 187-202

P.C. Johnson and R. Jackson, Frictional-Collisional Constitutive Relations for Granular Materials, with Application to Plane Shearing, Journal of Fluid Mechanics, 1987, 176, 67-93

C. Kloss, C. Goniva, A. Hager, S. Amberger and S. Pirker, Models, algorithms and validation for open source DEM and CFD-DEM, Progress in Computational Fluid Dynamics, An Int. J., 2012 12, 140 – 152

J. Kumar, M. Peglow, G. Warnecke, S. Heinrich, L. Mörl, Improved accuracy and convergence of discretized population balance for aggregation: The cell average technique, Chemical Engineering Science, 2006, 61, 3327-3342

S. Kumar, D. Ramkrishna, On the solution by discretization balance equations by discretization-III: Nucleation, growth and aggregation of particles. Chemical Engineering Science, 2007, 52, 4659– 4679

Kurabayashi und W.J.Yang, Theory on Vaporization and Combustion of Liquid Drops of Pure Substances and Binary Mixtures on Heated Surfaces 1975

A. Ladd, Numerical Simulations of Particulate Suspensions via a discretized Boltzmann Equation, 1993

Launder and Spalding, *Mathematical Model of Turbulence*, Academic Press, London, 1972

A. Lefebvre, Atomization and Sprays, Hemisphere Pub. Corp. New York, 1989

R J. Leveque, *Finite-Volume Methods for Hyperbolic Problems*, Cambridge University Press, 2004

J. Li, J. Zhang, W. Ge, X. H.,Liu, Multi-scale methodology for complex systems, Chemical Engineering Science, 2004, 59, 1687-1700

K. C. Link, Wirbelschicht-Sprühgranulation: Untersuchung der Granulatbildung an einer frei schwebenden Einzelpartikel, Diss. 1997

J. D. Lister, D. J. Smit, M. J. Hounslow, Adjustable Discretized Population Balance for Growth and Agglomeration, AIChE Journal, 1995, 41, 591-603

F. Löffler, *Staubabscheiden*, Thieme Verlag, Stuttgart and New York 1988

C. K. K. Lun, S. B. Savage, D. J. Jeffrey, and N. Chepurniy, Kinetic Theories for Granular Flow: Inelastic Particles in Couette Flow and Slightly Inelastic Particles in a General Flow Field. J. Fluid Mech., 1984, 140, 223-256

D. Ma und G. Ahmadi, A Thermodynamical Formulation for Disperse Multiphase Turbulent Flows, International Journal of Multiphase Flow, 1990, 16, 341-351

M. L. Mansfield, L. R. Rakesh and D. A. Tomalia, The random parking of spheres on spheres, Journal of Chemical Physics, 1996, 105, 3245-3249

D. L. Marchisio, P. K. Pikturna, R. O. Fox, R. Vigil, A. Barresi, Quadrature Method of Moments for Population-Balance Equations, AIChE, Journal, 2003, 49, 1266-1276

L. Mazzei, D. L. Marchisio, P. Lettieri, New Quadrature-Based Moment Method for the Mixing of Inert Polydisperse Fluidized Powders in Commercial CFD Codes, AIChE, Journal, 2012, 58, 3054-3069

R. McGraw, Description of Aerosol Dynamics by the Quadrature Method of Moments, Aerosol Science and Technology 1997, 27, 255-265

P. Moin, K. Mahash, Direct Numerical Simulation, A Tool in Turbulence Research, Fluid Mechanics, 1998, 30, 539-578

B. Mulhem, Einfluss der Feststoffbeladung auf die Zerstäubung von Suspensionen mittels einer extern mischenden Zweistoffdüse, Diss., VDI Verlag Düsseldorf, 2004

K. Nakumura, C. E. Capes, Vertical Pneumatic Conveying of Binary Particle Mixture, in *Fluidization Technolgy,* 159-184, editor, D. L. Keairns, Hemisphere Pub. Corp. Washington, 1976

M. R. O. Panao and A. L. N Moreira, Experimental study of the flow regimes resulting from the impact of an intermittent gasoline spray, Experiments in Fluid, 2004, 37, 834-855

M. Peglow, J. Kumar, G. Warnecke, S. Heinrich, L. Mörl, A new technique to determine rate constants for growth and agglomeration with size- and time-dependent nuclei formation, Chemical Engineering Science, 61, 282-292

M. Peglow, J. Kumar, S. Heinrich, G. Warnecke, E. Tsotsas, L. Mörl, B. Wolf, A generic population balance model for simultaneous agglomeration and drying in fluidized beds, 2007, Chemical Engineering Science, 62, 513-532

H. Pitsch, Large-Eddy Simulation of Turbulent Combustion, Annual Review of Fluid Mechanics, 2006, 453-482

S. B. Pope, Probability Distributions of Scalars in Turbulent Shear Flow, Turbulent Shear Flows, 1979, 2, 7-16

S. B. Pope, *Turbulence Flows*, Cambridge University Press, 2000

T. Pöschel, T. Schwager, *Computational Granular Dynamics*, Springer, Berlin Heidelberg, 2005

A. Quarteroni, R. Sacco, F. Saleri, *Numerische Mathematik 2*, Springer Verlag, Berlin Heidelberg New York 2002

D. Ramkrishna, *Population Balance: Theory and Application to Particulate Systems in Engineering*, Academic Press 2000

A. D. Randolph, M. A. Larson, *Theory of Particulate Processes: Analysis and Techniques of Continuous Crystallization*, Academic Press, New York and London, 1971

P. G. Saffmann and J. S. Turner, On the collision of drops in turbulent clouds, J. of Fluid Mech., 1956, 1, 16-30

D. G. Schaeffer, Instability in the Evolution Equations Describing Incompressible Granular Flow, Journal of Differential Equations, 1987, 66, 19-50

S. H. Schaafsma, P. Vonk, N.W.F. Kossen, Fluid bed agglomeration with a narrow droplet size distribution, International Journal of Pharmaceutics, 2000, 193, 175–187

L. Schiller; Z. Naumann, A Drag Coefficient Correlation. Verein Deutscher Ingenieure, 1935, 77, 318-320

E. U. Schlünder, E. Tsotsas, *Wärmeübertragung in Festbetten, durchmischten Schüttgütern und Wirbelschichten*, Thieme, Stuttgart, 1988

J. Schröder, M.-L. Lederer, V. Gaukel, H. P. Schuchmann, Effect of Atomizer Geometry and Rheological l Properties on Effervescent Atomization of Aqueous Polyvinylpyrrolidone Solutions, ILASS – Europe 2011, 24th European Conference on Liquid Atomization and Spray Systems, Estoril, Portugal, September, 2011

D. M. Snider, Three fundamental granular flow experiments and CPFD predictions, Powder Technology, 2007, 176, 36–46

D. M. Snider, S. M. Clark, P. J. O'Rourke, Eulerian–Lagrangian method for three-dimensional thermal reacting flow with application to coal gasifiers, Chemical Engineering Science, 2011, 66, 1285-1295

M. Syamlal, The Particle-Particle Drag Term in a Multiparticle Model of Fluidization. National Technical Information Service, Springfield, VA, 1987. DOE/MC/21353-2373, NTIS/DE87006500

M. Syamlal, W. Rogers, und T.J. O'Brien, *MFIX Documentation, Theory Guide*, U.S. Department of Energy, Morgantown, West Virginia, 1993

K. Terrazas-Velarde, M. Peglow, E. Tsotsas: Stochastic simulation of agglomerate formation in fluidized bed spray drying: A micro-scale approach, Chemical Engineering Science, 2009, 64, 2631-2643

M. Toivakka, Numerical Investigation of Droplet Impact Spreading in Spray Coating of Paper, Spring Advanced Coating Fundamentals Symposium, 2003

E. Tsotsas, A. S. Mujumdar, *Modern Drying Technology: computational Tools at Different Scales*, WILEY-VCH, Weinheim, 2007

Y. Tsuji, T. Kawaguchi, T. Tanaka, Discrete Particle Simulation of two-dimensional fluidized bed, 1993, Powder Technology, 77, 79-87

Verein Deutscher Ingenieure VDI-Gesellschaft Verfahrenstechnik und Chemieingenieurwesen (GVC), *VDI-Wärmeatlas,* bearbeitete und erweiterte Auflage, Springer, 2006

H. Uhlemann, L. Mörl, *Wirbelschicht-Sprühgranulation*, Springer, Berlin Heidelberg, 2000

P. Walzel, *Zerstäuben von Flüssigkeiten*. Chemie Ingenieur Technik., 1990, 62, 983-994

C. Weber, Zum Zerfall eines Flussigkeitsstrahles, Zeitschrift für Angewandte Mathematik und Mechanik, 1931, 11, 136-154

C. Y. Wen and Y. H. Yu, Mechanics of Fluidization. Chemical Engineering Progress Symposium Series, 1966, 62, 100-111

D. C. Wilcox, Turbulence Modeling for CFD, DCW Industries Inc., California, 1998

G. Wozniak, *Zerstäubungstechnik: Prinzipien, Verfahren, Geräte*, Springer, Berlin, 2002

M. Wulkow, A. Gerstlauer and U. Nieken, Modelling and Simulation of Crystallization Processes using Parsival, *Chem Eng Sci.*2001, 56, 2575-2588

D. E. Wurster, 1966, Particle coating process. US Patent No.3,253,944, Wisconsin Alumni Research Foundation

N. Xie, F. Battaglia, S. Pannala, Effects of using two- versus three-dimensional computational modeling of fluidized beds: Part I, hydrodynamics, Powder Technology, 2008, 182, 1–13

N. Xie, F. Battaglia, S. Pannala, Effects of using two- versus three-dimensional computational modeling of fluidized beds: Part II, budget analysis, Powder Technology, 2008, 182, 14–24

B. H. Xu, A. B. Yu, Numerical simulation of the gas-solid flow in a fluidized bed by combining discrete particle method with computational fluid dynamics, Chemical Engineering Science, 1997, 52, 2785-2809

A. B. Yu, N. Standish, Estimation of the Porosity of Particle Mixtures by a Linear-Mixture Packing Model, Industrial & Engineering Chemistry Research, 1991, 30, 1372-1385

J. Zank, Tropfenabscheidung und Granulatwachstum bei der Wirbelschicht-Sprühgranulation, Diss., Shaker Verlag, 2003

H.P. Zhu, Z.Y. Zhou, R.Y. Yang, A.B. Yu, Discrete particle simulation of particulate systems: Theoretical developments, Chemical Engineering Science, 2007, 62, 3378 – 3396

Verwendete Diplomarbeiten von BASF SE

J. Heintz, Einfluss der Zerstäubung auf den Sprühgranulationsprozess, 2005

K. Voelskow, Untersuchung zur Eindüsung ins Wirbelbett, 2006

Verwendete Studien-/Diplomarbeiten von TVT

B. Dietrich, Quantitative Bestimmung der Staubeinbindungsraten bei der Wirbelschicht-Sprühgranulation, 2005

Im Rahmen der hier vorliegenden Arbeit am Institut für Thermische Verfahrenstechnik durchgeführte Studien- (1) und Diplomarbeiten (3)

[1]   B. Zhao., Modellierung der Fluiddynamik und des Partikelwachstums bei der Wirbelschicht-Sprühgranulation, Diplomarbeit, Institut für Thermische Verfahrenstechnik, Universität Karlsruhe, 2009

[2]   D. Hipp, Modellierung des Wärmeübergangs und Trocknungsverhaltens bei der Wirbelschicht-Sprühgranulation, Studienarbeit, Institut für Thermische Verfahrenstechnik, Karlsruher Institut für Technologie, 2010

[3]   J. Gebauer, Modellierung des Partikelwachstums bei der Wirbelschicht-Sprühgranulation, Diplomarbeit, Institut für Thermodynamik, Leibniz Universität Hannover, 2010

[4]   P. Lau, Mehrphasen Modellierung von großen Wirbelschicht Granulatoren, Diplomarbeit, Institut für Thermische Verfahrenstechnik, Karlsruher Institut für Technologie, 2012

Eigene Veröffentlichungen, Tagungsbeiträge und Vortragseinladungen zur Trocknung, CFD-Simulation und Modellierung der Wirbelschicht-Sprühgranulation im Rahmen der hier vorliegenden Arbeit

Veröffentlichungen

[1]   Z. Li, G. Grünewald, M. Kind (2010):

Modeling Fluid Dynamics and Growth Kinetics in Fluidized Bed Spray Granulation, The Journal of Computational Multiphase Flows, 2, 235

[2]   Z. Li, G. Grünewald, M. Kind (2011):

Modelling the Particle Growth in Fluidized Bed Spray Granulation, Proceeding to 6th World Conference on Particle Technology (WCPT6), Nuremberg, Germany 26-29.04.2011

[3]   Z. Li, G. Grünewald, M. Kind (2011):

Modelling the Growth Kinetics of Fluidized-Bed Spray Granulation, Chemical Engineering Technology (CET), 34, 1067.

[4]   Z. Li, J. Kessel, G. Grünewald, M. Kind (2012):

CFD Simulation on Drying and Dust Integration in Fluidized Bed Spray Granulation, Drying Technology, 30, 1088.

[5]   Z. Li, J. Kessel, G. Grünewald, M. Kind:

Coupled CFD-PBE Simulation for Nucleation and Particle Growth in Fluidized Bed Spray Granulation, Proceeding to The 9th International Conference on CFD in the Minerals and Process Industries, Melbourne, Australia, 10.-12. 12.2012

Tagungsbeiträge

[1]   Z. Li, G. Grünewald, M. Kind:

Modellierung der Fluiddynamik bei der Wirbelschicht-Sprühgranulation (Poster). ProcessNet-Jahrestagung, 07.-09.10.2008, Karlsruhe

[2]   Z. Li, G. Grünewald, M. Kind:

Modellierung der Fluiddynamik und die Wachstumskinetik bei der Wirbelschicht-Sprühgranulation (Poster). ProcessNet-"Trocknungstechnik" Fachausschuss 11.-13.03.2009 Bad Dürkheim

[3]   Z. Li, G. Grünewald, M. Kind:

Modellierung der Fluiddynamik und die Wachstumskinetik bei der Wirbelschicht-Sprühgranulation (Poster). ProcessNet-"Computational Fluid Dynamics"-Fachausschuss 30.-31.03.2009 Fulda

[4]   Z. Li, G. Grünewald, M. Kind:

Modelling the Fluid Dynamics and the Growth Kinetics of Fluidized Bed Spray Granulation (oral presentation), Seventh International Conference on Computational Fluid Dynamics in the Minerals and Process Industries 09.-11.12.2009, Melbourne Australia

[5]   Z. Li, G. Grünewald, M. Kind:

Modellierung der Wachstumskinetik bei der Wirbelschicht-Sprühgranulation (Poster). ProcessNet- „Trocknungstechnik" Fachausschuss 01.-02.03.2010 Göttingen

[6]   Z. Li, G. Grünewald, M. Kind:

Modelling the Particle Growth in Fluidized Bed Spray Granulation (Poster), 6th World Conference on Particle Technology (WCPT6) 26.-29.04.2010, Nuremberg, Germany

[7]   Z. Li, G. Grünewald, M. Kind:

Modelling the Growth Kinetics of Fluidized Bed Spray Granulation (oral presentation), 17th International Drying Symposium (IDS 2010) 03.-06.10.2010, Magdeburg Germany

[8]   Z. Li, G. Grünewald, M. Kind:

CFD-Simulation für die Trocknung und Staubeinbindung in der Wirbelschicht-Sprühgranulation (Vortrag). ProcessNet Jahrestreffen der Fachausschüsse Agglomerations- und Schüttguttechnik & Trocknungstechnik 14.-15.03.2011, Hamburg-Harburg

[9]   Z. Li, J. Kessel, G. Grünewald, M. Kind:

CFD Simulation of the Drying Behaviour in Fluidized Bed Spray Granulation (oral presentation). 7th Asia-Pacific Drying Conference 18.-20.09-2011 Tianjin, China

[10] Z. Li, J. Kessel, G. Grünewald, M. Kind:

CFD Simulation of nucleation in fluidized bed spray-granulation (Poster). 8th European Congress of Chemical Engineering (ECCE), 25.-29.09.2011 Berlin

[11] Z. Li, J. Kessel, G. Grünewald, M. Kind:

CFD-Simulation für die interne Keimbildung in der Wirbelschicht-Sprühgranulation (Vortrag). ProcessNet Jahrestreffen der Fachausschüsse Lebensmittelverfahrenstechnik, Rheologie und Trocknungstechnik, 19-21.03.2012, Universität Hohenheim, Stuttgart

[12] Z. Li, J. Kessel, G. Grünewald, M. Kind:

Coupled CFD-PBE Simulation of internal nucleation in fluidized bed spray granulation (oral presentation), 18th International Drying Symposium (IDS 2012) 11.-15.11.2012, Xiamen, China

[13] Z. Li, J. Kessel, G. Grünewald, M. Kind:

Coupled CFD-PBE Simulation of internal nucleation and Particle Growth in fluidized bed spray granulation (oral presentation), Ninth International Conference on CFD in the Minerals and Process Industries, 10.-12.12.2012 CSIRO, Melbourne, Australia

Vortragseinladungen

[1]   Z. Li, G. Grünewald, M. Kind:

Fortgeschrittene Methoden zur Beschreibung der Wirbelschicht-Sprühgranulation. Eingeladener Vortrag bei der Technischen Universität Hamburg-Harburg, 09.07.2009, Hamburg Harburg

[2]   Z. Li, M. Kind.

Fortgeschrittene Methoden zur Beschreibung der Wirbelschicht-Sprühgranulation. Eingeladener Vortrag beim Workshop BASF SE, 05.07.2012, Ludwigshafen.

9 Anhang

9.1 HRFVM

HRFVM Methode (LeVeque, 2004) hat eine hohe Genauigkeit beim Lösen von hyperbolischen partiellen differenziellen Gleichungen. Hier wurde zusätzlich ein Test für eine ansonsten sehr schwierig abzubildende rechteckförmige Partikelgrößenverteilung durchgeführt. Abbildung 9.1 zeigt, dass die HRFVM das Problem mit 1000 Klassen sehr genau beschreibt. Dagegen tritt bei der Cell–Average-Methode (Kumar, 2006) mit 1000 Klassen immer eine numerische Dispersion auf.

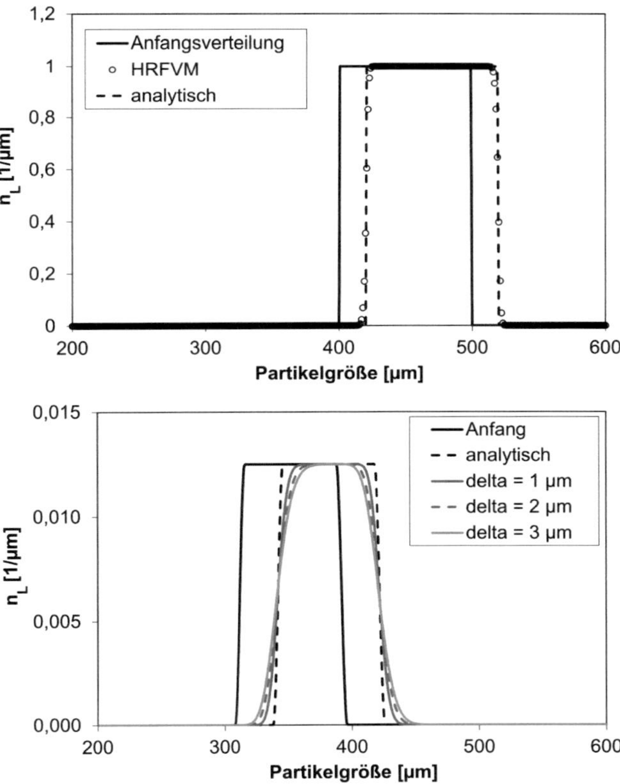

Abbildung 9.1: Lösung der Populationsbilanz für eine rechteckförmige Verteilung mit der HRFVM-Methode mit 1000 Klassen (oben) bzw. der Cell-Average-Methode mit verschiedenen Klassenzahlen (unten).

Eine Rechnung wird für einen Konti-Prozess mit externer Kernzufuhr (90 g/h) und Produktabfuhr (9 kg/h durch die Zellenradschleuse) durchgeführt, wobei für die Wachstumsrate zum Test eine Konstante (3 µm/min) eingesetzt wird. Als Trennkurve wird eine Rosin-Rammler-Verteilung (x' =780 µm und n = 8, siehe auch Kapitel 5.3.2) verwendet. Die Bettvorlage beträgt 1 kg und die Partikelgrößenverteilung der Bettvorlage und der externen Kerne sind in Abbildung 9.2 dargestellt.

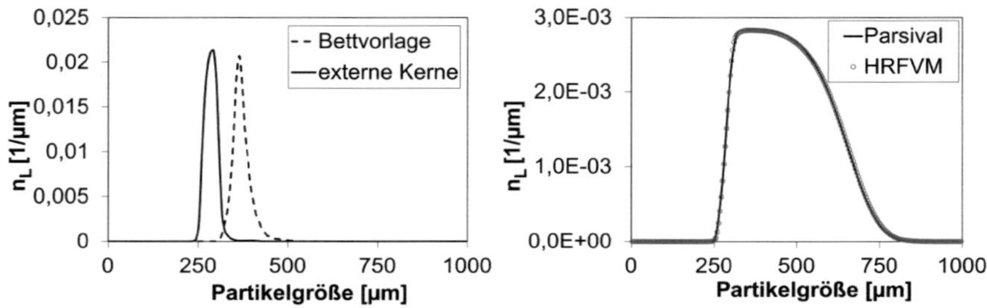

Abbildung 9.2: Partikelgrößenverteilung der externen Kerne und Bettvorlage (links), Vergleich der Endpartikelgrößenverteilung eines Konti-Prozesses (1000 min Prozesszeit) aus Parsival und HRFVM(250 Klassen) (rechts).

Die Rechnung wird für längere Zeiten durchgeführt (1000 min). Die Endergebnisse sind auch in der Abbildung 9.2 dargestellt. Es zeigt sich, dass die Rechnung mit *HRFVM* das gleiche Ergebnis wie *Parsival* (Genauigkeit 1e-3) liefert.

9.2   Product-Difference Algorithmus

Das Product-Difference (PD) Algorithmus wird benötigt, um die Wichtungen und Abszissen von N Nodes zu generieren. Zur Lösung des stark nicht linearen Gleichungssystems

$$m_k = \sum_{k=0,i=0}^{k=2N-1,i=N-1} w_i L_i^k \qquad \text{(Gl. 9.1)}$$

geht die Methode unendliche Kettenbrüche zurück (Gordon, 1967). Dazu wird zuerst eine rekursive Matrix P erzeugt mit der Formel:

$$P_{i,1} = \delta_{i1} \qquad\qquad i \in 1,2,...,2N+1$$

$$P_{i,2} = (-1)^{i-1} m_{i-1} \qquad\qquad i \in 1,2,...,2N+1$$

$$P_{i,j} = P_{1,j-1} P_{i+1,j-2} - P_{1,j-2} P_{i+1,j-1} \qquad j \in 3,...,2N+1,\ i \in 1,2,...,2N+2-j$$

z. B. für $N = 2$ werden aus ersten 4 Momenten ($m_0 \ldots m_3$) eine 5x5 Matrix gebildet.

	1	2	3	4	5
1	1	m_0	m_1	$m_2 m_0 - m_1^2$	$m_0(m_3 m_1 - m_2^2)$
2	0	$-m_1$	$-m_2$	$-m_0 m_3 + m_1 m_2$	0
3	0	m_2	m_3	0	0
4	0	$-m_3$	0	0	0
5	0	0	0	0	0

Aus Matrix P wird eine Matrix M erzeugt mit der Formel:

$$\begin{pmatrix}
\alpha_2 & -(\alpha_2\alpha_3)^{1/2} & 0 & 0 & 0 & \cdots \\
-(\alpha_2\alpha_3)^{1/2} & \alpha_3+\alpha_4 & -(\alpha_4\alpha_5)^{1/2} & 0 & 0 & \cdots \\
0 & -(\alpha_4\alpha_5)^{1/2} & \alpha_5+\alpha_6 & -(\alpha_6\alpha_7)^{1/2} & 0 & \cdots \\
 & & & \cdots & & \\
0 & & & & & \\
 & 0 & \cdots & & & \ddots \\
 & & 0 & & & -(\alpha_{2n-2}\alpha_{2n-1})^{1/2} \\
0 & & & & -(\alpha_{2n-2}\alpha_{2n-1})^{1/2} & \alpha_{2n-1}+\alpha_{2n}
\end{pmatrix}$$

womit α_i ist definiert als:

$$\alpha_i = \frac{P_{1,i+1}}{P_{1,i} P_{1,i-1}}$$

$$i \in 2,\ldots,2N \qquad\qquad\qquad\qquad\qquad\qquad \text{(Gl. 9.2)}$$

Daraus werden die Wichtungen w_i und Abszisse L_i aus dem Eigenvektor v_{i1} und dem Eigenwert ξ_{in}^e bestimmt.

$$w_i = m_0 v_{i1}^2$$

$$L_i = \xi_{in}^e$$

9.3   Rekonstruktion zur PGV aus Momenten

Die Partikelgrößenverteilung kann durch verschiedene Methoden aus den ersten Momenten rekonstruiert werden. Am einfachsten wird die Form der Verteilung vorgegeben, z. B. Gauss-Verteilung, Beta-Verteilung usw., die charakteristischen Parameter von der Verteilung werden aus den ersten Momenten bestimmt. Allerdings ist die Form der Verteilung meistens nicht vorhersagbar. Außerdem kann die PGV aus der statistischen wahrscheinlichsten Verteilung $n(L)$ generiert werden (Pope, 1979):

$$n_L(L) = exp\left(\sum_{i=0}^{2N-1} A_i L^i \right) \qquad \text{(Gl. 9.3)}$$

A_i sind die zu bestimmenden Parameter. N ist die Anzahl der Nodes. Daraus werden die Momente berechnet durch:

$$m_k = \int_0^\infty L^k \exp\left(\sum_{i=0}^{2N-1} A_i L^i \right) dL \qquad \text{(Gl. 9.4)}$$

Hierzu wird das Minimum L_{min} (L_1) und Maximum L_{max} (L_{lv+1}) von L und die Anzahl der Klasse l_v benötigt. Für den einfachsten Fall wird die Klassenbreite ΔL als konstant gewählt, dann:

$$\Delta L = \frac{L_{lv+1} - L_1}{l_v} \qquad \text{(Gl. 9.5)}$$

$$L_j = L_1 + (j-1) \cdot \Delta L \ \text{ mit } j=1...l_v$$

$$\sum_{i=0}^{2N-1} A_i L_j^i = \begin{bmatrix} A_0 & A_1 & ... & ... & ... & A_{2N-1} \end{bmatrix} \begin{vmatrix} 1 & 1 & ... & 1 \\ L_1 & L_2 & ... & L_{lv+1} \\ ... & ... & ... & ... \\ L_1^{2N-1} & L_2^{2N-1} & ... & L_{lv+1}^{2N-1} \end{vmatrix} \qquad \text{(Gl. 9.6)}$$

$$m_k = \sum_{j=1}^{lv+1} \left(L_j^k \cdot n_L(L_j) \Delta L \right) \qquad \text{(Gl. 9.7)}$$

Damit werden aus den ersten $2N$ $(0...2N\text{-}1)$ Momenten 2N Parameter A_i $(i = 0...2N\text{-}1)$ bestimmbar.

Diese Methode braucht nur wenige Momente, um eine monomodale Verteilung zu rekonstruieren. Abbildung 9.3 zeigt eine rekonstruierte PGV aus ersten 6 Momenten einer Gauß-Verteilung im Vergleich mit der originalen Gauss-Verteilung.

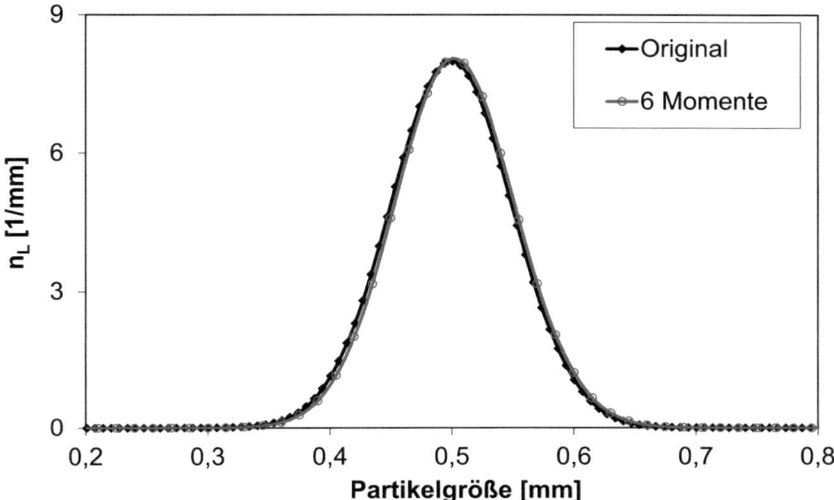

Abbildung 9.3: Vergleich einer rekonstruierten Gauss-Verteilung mittels der statistischen wahrscheinlichsten Verteilung aus ihren ersten 6 Momenten mit ihrer originalen Form.

Jedoch ist die Rekonstruktion für bimodale Verteilungen nicht zufriedenstellend. Abbildung 9.4 zeigt einen Vergleich zwischen der originalen und ihrer rekonstruierten Partikelgrößenverteilung aus den ersten 6 bzw. 8 Momenten. Die Ergebnisse haben deutlich gezeigt, dass je mehr die Momente zur Rekonstruktion verwendet werden, desto genauer ist das rekonstruierte Ergebnis.

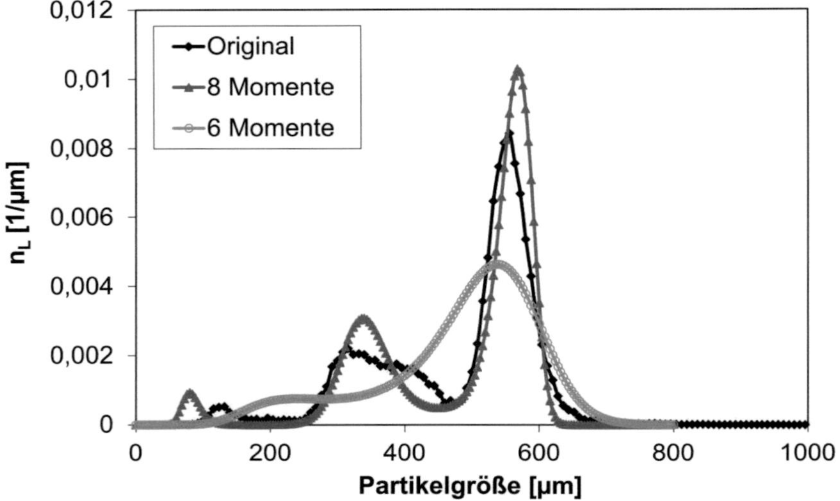

Abbildung 9.4: Rekonstruktion der Partikelgrößenverteilung aus den ersten 6 oder 8 Momenten.

9.4 Genauigkeit der QMOM

Zur Überprüfung der Genauigkeit der QMOM wird hier als Beispiel eine Rechnung mit reiner Agglomeration diskutiert. Die Populationsbilanzgleichung bei reiner Agglomeration für eine Anfangspartikelverteilung

$$n_L\left(L, t = 0\right) = 3k_v L^2 \frac{N_0}{v_0} exp\left(-\frac{k_v L^3}{v_0}\right) \qquad \text{(Gl. 9.8)}$$

mit einer konstanten Agglomerationsrate β_0 hat folgende analytische Lösung:

$$n_L\left(L, t\right) = 3k_v L^2 \frac{N_0}{v_0} \frac{4 exp\left(-\frac{\frac{2k_v L^3}{v_0}}{T(t) + 2}\right)}{\left(T(t) + 2\right)^2} \qquad \text{(Gl. 9.9)}$$

wobei:

$$k_v = \frac{\pi}{6}$$

$$T(t) = N_0 \beta_0 t$$

Zum Testen wurden hier die frei wählbaren Größen $N_0=0{,}5$, $v_0=1$, $\beta_0=1$ vorgegeben. In Tabelle 9.1 sind die analytische Ergebnisse der ersten Momente bzw. Ergebnisse aus QMOM bei t=2 s gelistet. In den QMOM Rechnungen wurden 2, 3, bzw. 4 Nodes verwendet. Es ergibt sich, dass die Rechnung mit 2 Nodes schon eine hohe Genauigkeit erreicht.

Tabelle 9.1: analytische und QMOM Lösungen für reine Agglomeration.

	Anfang	Nach 2 s			
		Analytisch	QMOM(4)	QMOM(3)	QMOM(2)
m_0	0,5	0,33333333	0,33333333	0,33333333	0,33333333
m_1	0,55396028	0,42275081	0,42274883	0,42278185	0,4227515
m_2	0,69481548	0,60697723	0,60697278	0,60700476	0,60788105
m_3	0,95492966	0,95492966	0,95492966	0,95492966	0,95492966
m_4	1,41064827	1,61478916	1,61479211	1,6149899	
m_5	2,21166638	2,89810282	2,89808572	2,89831336	
m_6	3,64756261	5,47134392	5,47134392		
m_7	6,28632604	10,7940704	10,7940888		

Die aus Momenten rekonstruierte (statistischen wahrscheinlichsten Verteilung, Kapitel 9.3) und analytische Partikelgrößenverteilungen sind in Abbildung 9.5 dargestellt. Die aus QMOM berechneten Partikelgrößenverteilungen geben die analytische Lösung wieder. Allerdings hängt die Rekonstruktionsgenauigkeit stark von der Rekonstruktionsmethode ab.

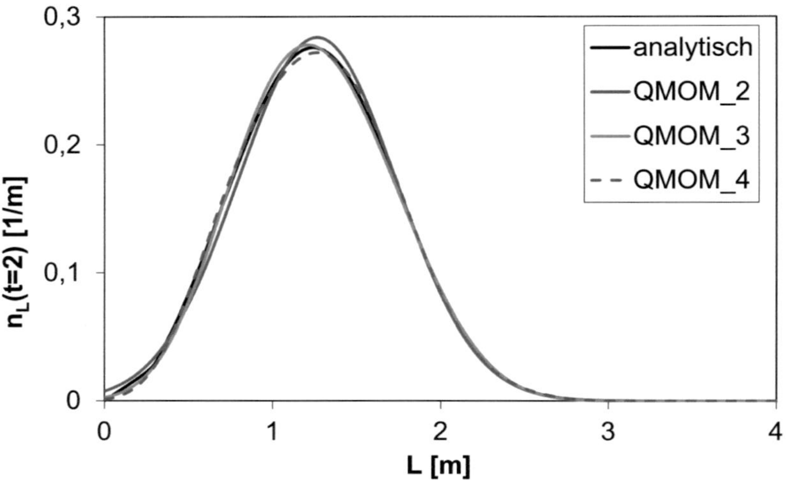

Abbildung 9.5: Vergleich der analytischen PGV mit den rekonstruierten PGV aus ersten 4, 6 und 8 Momenten (entsprechend 2, 3 und 4 Nodes) beim Fall mit reiner Agglomeration.

9.5   Geschwindigkeitsmessung mittels LDA und PIV

Zur experimentellen Validierung der Simulationsrechnungen wurden hier zwei verschiedene Messmethoden verwendet: Laser-Doppler-Anemometry (LDA) und Particle-Image-Velocimetry (PIV). Mit Hilfe dieser beiden Methoden konnten sowohl die Tropfengeschwindigkeiten (entspricht näherungsweise der Luftgeschwindigkeit) als auch die Partikelgeschwindigkeiten im Düsenstrahl gemessen werden.

LDA (Laser Doppler Anemometry) ist ein berührungsloses optisches Messverfahren zur Bestimmung von Geschwindigkeitskomponenten in Fluidströmungen. Hierzu müssen Tracerpartikel vorhanden sein, welche das einfallende Laserlicht reflektieren. Der Nachteil der LDA ist, dass jeweils nur in einem Punkt die Geschwindigkeit gemessen werden kann. Jedoch sind die Messergebnisse der LDA auch bei großen Partikeln relativ genau. Zudem ist bei diesem Messprinzip keine Kalibrierung erforderlich. Das in dieser Arbeit verwendete LDA der Firma TSI ist ein sog. „Kompakt-LDA". Es besteht aus dem „IDA 600 Prozessor", der „LDP-100 Probe" und einem kompatiblen Computer mit installierter „DMA-Karte". Die Messdaten wurden mit der Software „Laservec" verarbeitet.

Mit PIV (Partikel Image Velocimetry) kann ebenfalls die Geschwindigkeit von Tracerpartikeln berührungslos gemessen werden. In PIV beleuchtet ein zu einer Fläche aufgeweiteter Laserstrahl in einer Ebene die Partikel in der Strömung zweimal kurz nacheinander. Der zeitliche Abstand der beiden Laser-Pulse muss an die Hauptströmungsgeschwindigkeit angepasst werden. Je schneller die Strömung ist, umso kürzer muss der Abstand der Pulse gewählt werden. Die Partikel sollten sich in der Zeit zwischen den beiden Pulsen mit der lokalen Strömungsgeschwindigkeit um etwa 10 Pixel auf den Aufnahmen bewegt haben. Das von den Partikeln gestreute Licht der beiden Pulse wird mit einem Objektiv auf einer CCD-Kamera abgebildet. Nach Anwendung verschiedener statistischer Filter können durch Kreuzkorrelation die Geschwindigkeitsvektoren bestimmt werden. Der Vorteil von PIV ist, dass man mit einer Messung das Geschwindigkeitsfeld der Tracerpartikel auf der ganzen Messebene erhält. Aufgrund der vielen notwendigen Einstellungen und Messungenauigkeiten insbesondere bei großen Partikeln wurden die optimalen Einstellungen aufgrund des Vergleichs mit LDA-Ergebnissen gewählt. Das in dieser Arbeit verwendete PIV der Firma Dantec besteht aus einem Nd:YAG Laser mit einer Wellenlänge von 532 nm und einer CCD-Kamera mit der Auflösung von 1344*1024 Pixel*Pixel. Mit der Software FlowManager wurden die Doppelbilder analysiert und ausgewertet.

Zur Bestimmung der Luft- bzw. Tropfengeschwindigkeit wurde hier jedoch statt Suspension nur wenig Wasser eingedüst. Zur Messung der Partikelgeschwindigkeit wurde keine Flüssigkeit zugegeben. Der Versuchsaufbau zur Geschwindigkeitsmessung ist in Abbildung 9.6 dargestellt. Ein PIV-Laser beleuchtet eine Ebene oberhalb der Düsenmündung durch ein Fenster an der Seite des Metallschusses. Senkrecht zur Laserebene wurden eine CCD-Kamera und ein LDA auf einem Wagen mit Seiten- und Höhenverstellung befestigt. So konnten die Geschwindigkeiten von Partikeln und Tropfen im Düsenstrahl im Bereich des Sichtfensters in bestimmten Entfernungen von der Düsenmündung gemessen werden. Aufgrund von Vorüberlegungen zu den erwarteten Geschwindigkeiten und damit der Verschiebung der Partikel vom ersten zum zweiten Bild wurden für den PIV-Laser 200 µm als Zeitabstand der Lichtpulse gewählt. Für jede Versuchseinstellung wurden 100 Doppelbilder mit der Kamera aufgenommen und daraus mittlere Geschwindigkeiten berechnet.

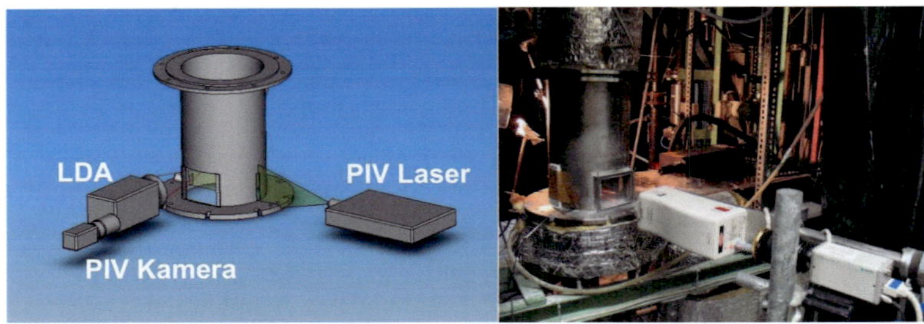

Abbildung 9.6: Versuchsaufbau mit Laser-Doppler-Anemometer (LDA) und Particle Image Velocimeter (PIV).

Die typischen gemessenen Doppelbilder für die Partikel und die Tropfen aus den PIV-Messungen sind in Abbildung 9.6 dargestellt.

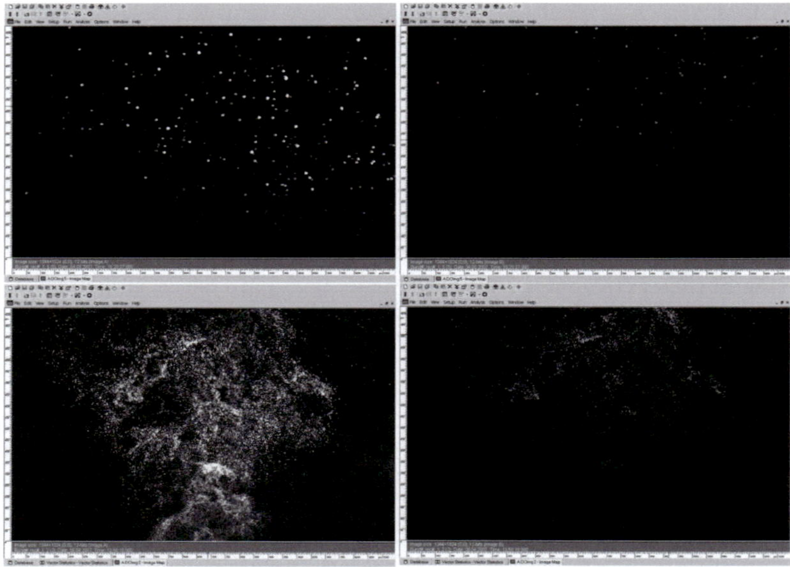

Abbildung 9.7: gemessene Doppelbilder aus PIV für Partikel (oben) und Tropfen (unten).

9.6 Berechnung der Turbulenz der Partikelphase

k-ε Dispersed Model

Dieses Modell wird verwendet, wenn die Volumenkonzentration der dispersen Phase klein ist, da die Partikel-Partikel-Wechselwirkungen, also beispielsweise Kollisionen, für die Turbulenzrechnung vernachlässigt werden. Der dominante Prozess für die Turbulenz der Partikel ist der Einfluss der Turbulenz der Gasphase. Der Reynolds-Spannungstensor für die Gasphase lautet:

$$\overline{\overline{\tau_g}} = -\frac{2}{3}\left(\rho_g k_g + \rho_g \mu_{t,g} \nabla \cdot \overrightarrow{U_g}\right) \cdot \overline{\overline{\mathbf{I}}} + \rho_g \mu_{t,g}\left(\nabla \cdot \overrightarrow{U_g} + \overrightarrow{U_g}^T\right) \qquad \text{(Gl. 9.10)}$$

$\mu_{t,g}$ ist die turbulente Viskosität der Gasphase und wird aus der turbulenten kinetischen Energie k_g und der turbulenten Energiedissipation ε_g berechnet:

$$\mu_{t,g} = \rho_g C_\mu \frac{k_g^2}{\varepsilon_g} \qquad \text{(Gl. 9.11)}$$

C_μ ist ein empirischer Faktor und hat einen Wert von 0,09 (Standardwert).

Die Transportgleichungen für k und ε lauten nun unter Berücksichtigung der dispersen Phase:

$$\frac{\partial}{\partial t}\left(\alpha_g \rho_g k_g\right) + \nabla \cdot \left(\alpha_g \rho_g \overrightarrow{U_g} k_g\right) = \nabla \cdot \left(\alpha_g \frac{\mu_{t,g}}{\sigma_k} \nabla k_g\right) + \alpha_k G_{k,g} - \alpha_g \rho_g \varepsilon_g + \alpha_g \rho_g \Pi_{k,g}$$

$$\text{(Gl. 9.12)}$$

$$\frac{\partial}{\partial t}\left(\alpha_g \rho_g \varepsilon_g\right) + \nabla \cdot \left(\alpha_g \rho_g \overrightarrow{U_g} \varepsilon_g\right) = \nabla \cdot \left(\alpha_g \frac{\mu_{t,g}}{\sigma_k} \nabla \varepsilon_g\right)$$

$$\text{(Gl. 9.13)}$$

$$+ \alpha_g \frac{\varepsilon_g}{k_g}\left(C_{1\varepsilon} G_{k,g} - C_{2\varepsilon} \rho_g \varepsilon_g\right) + \alpha_g \rho_g \Pi_{\varepsilon,g}$$

$\Pi_{k,g}$ und $\Pi_{\varepsilon,g}$ beschreiben den Einfluss der dispersen Phase auf die kontinuierliche Phase. Alle anderen Terme unterscheiden sich bis auf die Gewichtung mit dem Volumenanteil α_g nicht vom einphasigen System.

$$\Pi_{k,g} = \sum \frac{K_{s,g}}{\alpha_g \rho_g}\left(k_{s,g} - 2k_g + \overrightarrow{v_{s,g}} \cdot \overrightarrow{v_{dr}}\right) \qquad \text{(Gl. 9.14)}$$

$$\Pi_{\varepsilon,g} = C_{3\varepsilon} \frac{\varepsilon_g}{k_q} \Pi_{k,g} \qquad \text{(Gl. 9.15)}$$

mit $C_{3\varepsilon} = 1,2$

Um die Turbulenz der dispersen Phase zu modellieren, wird die Tchen-Theorie verwendet (Hinze, 1975). Die charakteristische Partikelrelaxationszeit ist gegeben als

$$\tau_{F,sg} = \alpha_s \rho_g K_{sg}^{-1} \left(\frac{\rho_s}{\rho_g} + C_V \right) \tag{Gl. 9.16}$$

und die Lagrange'sche Integrationszeit entlang der Flugbahn ist definiert als

$$\tau_{t,sg} = \frac{\tau_{t,g}}{\sqrt{1 + C_\beta \xi^2}} \tag{Gl. 9.17}$$

wobei

$$\xi = \frac{\left| \overrightarrow{v_{sg}} \right| \tau_{t,g}}{L_{t,g}} \tag{Gl. 9.18}$$

und

$$C_\beta = 1,8 - 1,35 \cos^2 \theta \text{ ist.} \tag{Gl. 9.19}$$

Die charakteristische Zeit der energiereichen turbulenten Wirbel und die Längenskala der turbulenten Wirbel sind definiert als

$$\tau_{t,g} = \frac{3}{2} C_\mu \frac{k_g}{\varepsilon_g} \tag{Gl. 9.20}$$

$$L_{t,g} = \sqrt{\frac{3}{2}} C_\mu \frac{k_g^{3/2}}{\varepsilon_q} \tag{Gl. 9.21}$$

θ ist der Winkel zwischen der zeitlich gemittelten Partikelgeschwindigkeit und der mittleren relativen Geschwindigkeit von Partikel und Gas. Mit dem Quotient η_{sg} der beiden charakteristischen Zeiten $\tau_{F,sg}$ und $\tau_{t,sg}$ kann die Turbulenz für die disperse Phase beschrieben werden.

$$\eta_{sg} = \frac{\tau_{t,sg}}{\tau_{F,sg}}$$

$$k_s = k_g \left(\frac{b^2 + \eta_{sg}}{1 + \eta_{sg}} \right)$$

$$k_{sg} = 2k_g \left(\frac{b + \eta_{sg}}{1 + \eta_{sg}} \right)$$

$$D_{t,sg} = \frac{1}{3} k_{sg} \tau_{t,sg}$$

$$D_s = D_{t,sg} + \left(\frac{2}{3} k_s - b \frac{1}{3} k_{sg} \right) \tau_{F,sg}$$

$$b = \left(1 + C_V\right) \left(\frac{\rho_s}{\rho_g} + C_V \right)^{-1}$$

mit: $C_V = 0,5$

Hiermit wird die Driftgeschwindigkeit $\vec{v}_{dr}$ berechnet:

$$\vec{v}_{dr} = -\left(\frac{D_s}{\sigma_{sg} \alpha_s} \nabla \alpha_s - \frac{D_g}{\sigma_{sg} \alpha_g} \nabla \alpha_g \right) \qquad \text{(Gl. 9.22)}$$

D_s und D_g sind Diffusionskoeffizienten für das binäre System und werden als $D_s = D_g = D_{t,sg}$ angenommen. σ_{sg} ist die Prandtl-Zahl für die Dispersion und wird als Konstante mit dem Wert 0,75 angenommen.

<u>k-ε Per Phase Model</u>

Für dichte Gas-Partikel-Systeme wird empfohlen, für jede Phase die entsprechenden Transportgleichungen zu lösen. Dieses Modell wird verwendet, wenn ein turbulenter Austausch zwischen beiden Phasen eine Rolle spielt. Der Rechenaufwand dieses Modells ist im Vergleich zum „$k - \varepsilon$ Dispersed Model" deutlich größer, da zwei zusätzliche Gleichungen für die sekundäre Phase gelöst werden müssen. Die Transportgleichungen für k und ε werden wie folgt formuliert:

$$\frac{\partial}{\partial t} \left(\alpha_q \rho_q k_q \right) + \nabla \cdot \left(\alpha_q \rho_q \vec{U}_q k_q \right) = \nabla \cdot \left(\alpha_q \frac{\mu_{t,q}}{\sigma_k} \nabla k_q \right) + \left(\alpha_q G_{k,q} - \alpha_q \rho_q \varepsilon_q \right) +$$

$$\sum_{l=1}^{N} K_{lq} \left(C_{lq} k_l - C_{ql} k_q \right) - \sum_{l=1}^{N} K_{lq} \left(\vec{U}_l - \vec{U}_q \right) \cdot \frac{\mu_{t,l}}{\alpha_l \sigma_l} \nabla \alpha_l + \sum_{l=1}^{N} K_{lq} \left(\vec{U}_l - \vec{U}_q \right) \cdot \frac{\mu_{t,q}}{\alpha_q \sigma_q} \nabla \alpha_q$$

$$\text{(Gl. 9.23)}$$

und

$$\frac{\partial}{\partial t}\left(\alpha_q \rho_q \varepsilon_q\right) + \nabla \cdot \left(\alpha_q \rho_q \overrightarrow{U_q} \varepsilon_q\right) = \nabla \cdot \left(\alpha_q \frac{\mu_{t,q}}{\sigma_\varepsilon} \nabla \varepsilon_q\right) +$$

$$\frac{\varepsilon_q}{k_q}\left[C_{1\varepsilon}\alpha_q G_{k,q} - C_{2\varepsilon}\alpha_q \rho_q \varepsilon_q + C_{1\varepsilon}\alpha_q G_{k,q} - C_{2\varepsilon}\alpha_q \rho_q \varepsilon_q + \right.$$

$$\left. C_{3\varepsilon}(\sum_{l=1}^{N} K_{lq}\left(C_{lq}k_l - C_{ql}k_q\right) - \sum_{l=1}^{N} K_{lq}\left(\overrightarrow{U_l} - \overrightarrow{U_q}\right)\cdot\frac{\mu_{t,l}}{\alpha_l \sigma_l}\nabla\alpha_l + \sum_{l=1}^{N} K_{lq}\left(\overrightarrow{U_l} - \overrightarrow{U_q}\right)\cdot\frac{\mu_{t,q}}{\alpha_q \sigma_q}\nabla\alpha_q)\right]$$

$$\text{(Gl. 9.24)}$$

$$\text{mit } C_{lq} = 2, \, C_{ql} = 2\left(\frac{\eta_{lq}}{1 + \eta_{lq}}\right)$$

Reynolds Stress Dispersed Model

Für Fälle, bei denen das $k - \varepsilon$ Modell die Turbulenz nicht hinreichend genau beschreibt, ist die Kombination des RSM-Modells mit dem „Dispersed Model" eine weitere Möglichkeit. So ergibt sich das sogenannte „Reynolds Stress Dispersed Model". Analog zum „$k - \varepsilon$ Dispersed Model" werden die Transportgleichungen für die turbulenten Größen nur für die kontinuierliche Phase gelöst. Die Turbulenz der dispersen Phase wird wiederum mit der Tchen-Theorie modelliert. Die Transportgleichungen für die Reynolds-Spannungen der Gasphase lauten wie folgt:

$$\frac{\partial}{\partial t}\left(\overline{\alpha}\rho\tilde{R}_{ij}\right) + \frac{\partial}{\partial x_k}\left(\overline{\alpha}\rho\tilde{U}_k\tilde{R}_{ij}\right) = -\overline{\alpha}\rho\left(\tilde{R}_{ik}\frac{\partial\tilde{U}_j}{\partial x_k} + \tilde{R}_{jk}\frac{\partial\tilde{U}_i}{\partial x_k}\right) + \frac{\partial}{\partial x_k}\left[\overline{\alpha}\mu\frac{\partial}{\partial x_k}\left(\tilde{R}_{ij}\right)\right]$$

$$-\frac{\partial}{\partial x_k}\left[\overline{\alpha}\rho\overline{u_i' u_j' u_k'}\right] + \overline{\alpha}p\left(\frac{\partial u_i'}{\partial x_j} + \frac{\partial u_j'}{\partial x_i}\right)$$

$$-\overline{\alpha}\rho\tilde{\varepsilon}_{ij} + \Pi_{R,ij}$$

$$\text{(Gl. 9.25)}$$

Hier beschreibt der Term $\Pi_{R,ij}$ die Wechselwirkung zwischen der kontinuierlichen und der dispersen Phase.

$$\Pi_{R,ij} = \frac{2}{3}\delta_{ij}\Pi_{kc} \qquad\qquad\qquad \text{(Gl. 9.26)}$$

Das Kronecker-Delta δ_{ij} ist definiert als

$$\delta_{ij} = 1 \qquad\qquad \text{falls } \Pi_{R,ij} = \frac{2}{3}\delta_{ij}\Pi_{kc}$$

$$\delta_{ij} = 0 \qquad\qquad \text{falls } i \neq j$$

$$\Pi_{kc} = K_{dc}\left(\tilde{k}_{dc} - 2\tilde{k}_c + \overrightarrow{V_{rel}} \cdot \overrightarrow{V_{drift}} \right) \tag{Gl. 9.27}$$

wobei $\tilde{k}_c$ die turbulente kinetische Energie der kontinuierlichen Phase, $\tilde{k}_{dc}$ die Kovarianz der Geschwindigkeiten beider Phasen, $\overrightarrow{V_{rel}}$ die relative Geschwindigkeit zwischen beiden Phasen und $\overrightarrow{V_{drift}}$ die Driftgeschwindigkeit sind. Die Größe sind gleich definiert wie im „$k - \varepsilon$ Dispersed Turbulence Model".

9.7 Algebraische Berechnung der Granulattemperatur

Bei dem Gleichsetzen des Energieerzeugungs- bzw. Dissipationsterms bietet sich die Möglichkeit die Granulattemperatur Θ nach Syamlal (1993) algebraisch zu bestimmen:

$$\Theta = \left(\frac{-K_{1s}\alpha_s tr\left(\overline{\overline{D}}_{s,i}\right) + \sqrt{K_{1s}^2 tr^2\left(\overline{\overline{D}}_{s,i}\right)\alpha_s^2 + 4K_{4s}\alpha_s\left[K_{2s}tr^2\left(\overline{\overline{D}}_{s,i}\right) + 2K_{3s}tr\left(\overline{\overline{D}}_{s,i}^{\,2}\right)\right]}}{2\alpha_s K_{4s}} \right)^2 \tag{Gl. 9.28}$$

$$K_{1s} = 2(1 + e_{ss})\rho_s g_0$$

$$K_{2s} = 4d_s\rho_s(1 + e_{ss})\frac{\alpha_s g_0}{3\sqrt{\pi}} - \frac{2}{3}K_{3s}$$

$$K_{3s} = \frac{d_s\rho_s}{2}\frac{\sqrt{\pi}}{3(3 - e_{ss})}\left[1 + 0{,}4(1 + e_{ss})(3e_{ss} - 1)\alpha_s g_0 + \frac{8\alpha_s g_0(1 + e_{ss})}{5\sqrt{\pi}}\right]$$

$$K_{4s} = \frac{12\left(1 - e_{ss}^2\right)\rho_s g_0}{d_s\sqrt{\pi}}$$

$\overline{\overline{D}}_{s,i}$ ist der Dehngeschwindigkeitstensor und ist definiert als:

$$\overline{\overline{D}}_{s,i} = \frac{1}{2}\left(\nabla\vec{u}_{s,i} + \left(\nabla\vec{u}_{s,i}\right)^T\right) \tag{Gl. 9.29}$$

9.8 3D Rechnung für das Flachbett

3D-Rechnungen sind zeitlich viel aufwendiger als 2D Rechnungen für die gleiche Geometrie. Daher werden 2D-Rechnungen bevorzug verwendet, solange die Geometrie zum 2D bzw. 2D achsensymmetrischen Fall vereinfacht werden darf. Xie (2008a, 2008b) hat gezeigt, dass die 2D bzw. 2D-achsensymmetrische

Rechnung die experimentelle Beobachtung wiedergeben können. Außerdem haben die 2D bzw. 2D achsensymmetrischen Rechnungen eine gute Übereinstimmung mit den entsprechenden 3D-Rechnungen. Zur Überprüfung wurden hier die Fluiddynamikrechnungen für den Standardfall (Kapitel 3.2) in 3D mit gleichen Modellen bzw. Modellparametern wie in 2D-Rechnungen durchgeführt. Um die Düsenmündung fein genug zu vernetzen und um möglichst wenige Gitterzellen zu verwenden, wird folgende Vernetzungsstrategie (siehe Abbildung 9.8) verwendet: Es werden zentrisch um die Düsenmündung Halbkugeln mit unterschiedlichem Radius gelegt. Diese Halbkugeln werden zunächst durch Flächen und der Funktion „Split" geviertelt. Dadurch ist eine Hexaeder-Vernetzung der einzelnen Volumenteile möglich. Durch das Halbkugel-Verfahren werden die Gitterzellen in alle Richtungen bis zur Halbkugelschale allmählich vergröbert. Dadurch kann gewährleistet werden, dass Gitterzellen eine gute Qualität aufweisen. Wiederholt man diese Vernetzung mit größeren und mehreren Halbkugeln, so können kleine Gitterzellen der Düsenmündung allmählich an großen Zellen der Wirbelschicht angepasst werden. Durch die Halbkugelmethode ist es jedoch nötig tetraedrische Gitterzellen zu verwenden. Für die Volumenvernetzung wurden die Vernetzungstypen Cooper und HexCore verwendet. Trotz der aufwendigen Vernetzung beträgt die Gitteranzahl für diese 3D-Rechnung 185.000, welche viel höher als die Gitteranzahl in einer 2D-Rechnung (9800) ist.

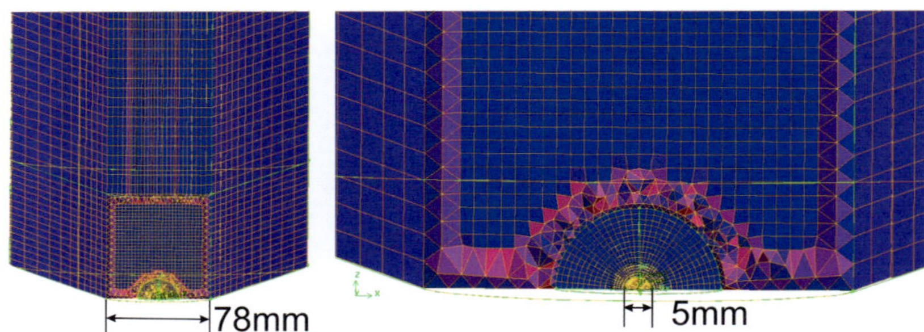

Abbildung 9.8: 3D-Gitter zur Simulation des Flachbettes.

Die zeitliche gemittelte axiale Geschwindigkeiten (gemittelt von 15 s bis 27 s, je 0,5 s) der Partikelphase auf einer Ebene 70 mm oberhalb der Düsenmündung werden in Abbildung 9.9 gezeigt. Es zeigt sich, dass das Geschwindigkeitsfeld der Partikelphase ein Profil des Freistrahls beherrscht. Das Geschwindigkeitsfeld ist nahezu achsensymmetrisch und das Maximum tritt in der Mitte der Ebene auf.

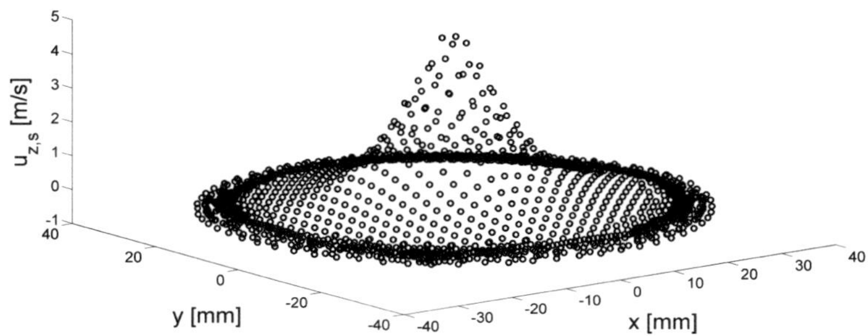

Abbildung 9.9: zeitlich gemittelte axiale Geschwindigkeiten der Partikelphase beim Abstand 70 mm oberhalb der Düsenmündung (z = 70 mm).

Das Geschwindigkeitsprofil an der Schnittlinie der Ebenen $z = 70$ mm und $x = 1{,}25$ mm ist in Abbildung 9.10 dargestellt. Allgemein stimmen die gerechneten Geschwindigkeiten aus 3D- und 2D-Simulationen überein. Allerdings sind die gerechneten Geschwindigkeiten in der Düsenstrahlmitte aus der 3D-Simulation niedriger als die aus der 2D-Simulation. Das liegt an verschiedenen Gründen. Erstens: die tangentiale Geschwindigkeit wird in einer 2D-Simulation nur pseudo-3D gerechnet. Das heißt, dass die tangentiale Geschwindigkeit in der tangentialen Richtung überall dieselbe ist. Dagegen werden die Geschwindigkeiten in 3D-Simulation vollständig gelöst. Zweitens: das Gitter von der 3D-Rechnung ist relativ unstrukturierter und gröber im Vergleich zum 2D-Gitter aufgrund der kleinen Düsenmündung. Außerdem sind die Daten bei $x = 0$ mm aufgrund der Vernetzung nicht direkt darstellbar, sonder nur bei $x = 1{,}25$ mm.

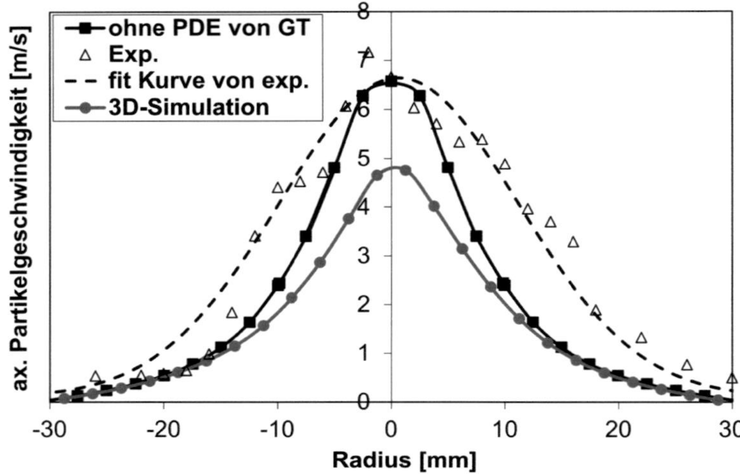

Abbildung 9.10: zeitliche gemittelte axiale Geschwindigkeiten der Partikelphase beim Abstand 70 mm oberhalb der Düsenmündung (z = 70 mm) bei x = 1,25 mm.

Beim Vergleich der 2D- und 3D-Rechnungen hat sich gezeigt, dass die 2D-Rechnung in diesem Fall die Fluiddynamik genau so gut wie die 3D-Rechnung mit einem stark reduzierten Aufwand beschreibt.

9.9 Drag Modell aus der Lattice-Boltzmann Methode

Modell nach Benyahia (2006):

$$F = 1 + \frac{3}{8}\text{Re} \qquad \alpha_s \leq 0,01 \text{ und } Re \leq \frac{F_2 - 1}{\left(3/8 - F_3\right)} \qquad \text{(Gl. 9.30)}$$

$$F = F_0 + F_1\text{Re}^2 \qquad \alpha_s > 0,01 \text{ und } Re \leq \frac{F_3 + \sqrt{F_3^2 - 4F_1\left(F_0 - F_2\right)}}{2F_1} \qquad \text{(Gl. 9.31)}$$

$$F = F_2 + F_3\text{Re} \qquad \alpha_s \leq 0,01 \text{ und } Re > \frac{F_2 - 1}{\left(3/8 - F_3\right)} \qquad \text{(Gl. 9.32)}$$

$$\alpha_s > 0,01 \text{ und } Re > \frac{F_3 + \sqrt{F_3^2 - 4F_1\left(F_0 - F_2\right)}}{2F_1} \qquad \text{(Gl. 9.33)}$$

$$F_0 = \begin{cases} \left|(1-w)\left[\dfrac{1+3\sqrt{\alpha_s/2}+(135/64)\alpha_s\ln(\alpha_s)+17{,}14}{1+0{,}681\alpha_s-8{,}48\alpha_s^2+8{,}16\alpha_s^3}\right] + w\left[10\dfrac{\alpha_s}{(1-\alpha_s)^3}\right]\right| & 0{,}01<\alpha_s<0{,}4 \\[4mm] 10\dfrac{\alpha_s}{(1-\alpha_s)^3} & \alpha_s\geq 0{,}4 \end{cases}$$

$$F_1 = \begin{cases} \sqrt{\dfrac{2}{\alpha_s}}\,/\,40 & 0{,}01<\alpha_s\leq 0{,}1 \\[3mm] 0{,}11+0{,}00051\exp(11{,}6\alpha_s) & \alpha_s>0{,}1 \end{cases}$$

$$F_2 = \begin{cases} \left|(1-w)\left[\dfrac{1+3\sqrt{\alpha_s/2}+(135/64)\alpha_s\ln(\alpha_s)+17{,}89}{1+0{,}681\alpha_s-11{,}03\alpha_s^2+15{,}41\alpha_s^3}\right] + w\left[10\dfrac{\alpha_s}{(1-\alpha_s)^3}\right]\right| & \alpha_s<0{,}4 \\[4mm] 10\dfrac{\alpha_s}{(1-\alpha_s)^3} & \alpha_s\geq 0{,}4 \end{cases}$$

$$F_3 = \begin{cases} 0{,}9351\alpha_s+0{,}03667 & \alpha_s<0{,}0953 \\[2mm] 0{,}0673+0{,}212\alpha_s+0{,}0232/(1-\alpha_s)^5 & \alpha_s\geq 0{,}0953 \end{cases} \tag{Gl. 9.34}$$

$$\text{mit } w = \exp\left(-\frac{10(0{,}4-\alpha_s)}{\alpha_s}\right)$$

Die *Re*-Zahl ist dabei über den <u>Radius</u> und die Leerrohrgeschwindigkeit (superficial) definiert:

$$\mathrm{Re} = \frac{\rho_g(1-\alpha_s)\lvert u_g-u_s\rvert d_s}{2\mu_g}. \tag{Gl. 9.35}$$

<u>Modell nach Beetstra (2007):</u>

$$F^{tot} = \frac{10\alpha_s}{(1-\alpha_s)^3} + (1-\alpha_s)\left(1+1{,}5\alpha_s^{1/2}\right) +$$

$$\frac{0{,}413\,\mathrm{Re}}{24(1-\alpha_s)^3}\left(\frac{(1-\alpha_s)^{-1}+3\alpha_s(1-\alpha_s)+8{,}4\,\mathrm{Re}^{-0{,}343}}{1+10^{3\alpha_s}\,\mathrm{Re}^{-(1+4\alpha_s)/2}}\right) \tag{Gl. 9.36}$$

$$K_{g,i} = \alpha_i y_i \frac{18\mu_g \alpha_g}{d_i^2} F \qquad \text{(Gl. 9.37)}$$

für ein großes Verhältnis der Durchmesser gilt:

$$K_{g,i} = \alpha_i \left(y_i + 0,064 y_i^3 \right) \frac{18\mu_g \alpha_g}{d_i^2} F \qquad \text{(Gl. 9.38)}$$

$$F = F^{tot}\left(1-\alpha_s\right) = \frac{10\alpha_s}{\left(1-\alpha_s\right)^2} + \left(1-\alpha_s\right)^2\left(1+1,5\alpha_s^{1/2}\right) +$$

$$\frac{0,413\,\mathrm{Re}}{24\left(1-\alpha_s\right)^2}\left(\frac{\left(1-\alpha_s\right)^{-1} + 3\alpha_s\left(1-\alpha_s\right) + 8,4\,\mathrm{Re}^{-0,343}}{1 + 10^{3\alpha_s}\,\mathrm{Re}^{-(1+4\alpha_s)/2}} \right) \qquad \text{(Gl. 9.39)}$$

Die *Re*-Zahl ist in diesem Fall über den <u>Durchmesser</u> definiert:

$$\mathrm{Re} = \frac{\rho_g\left(1-\alpha_s\right)\langle d\rangle\left| u_g - u_i \right|}{\mu_g} \qquad \text{(Gl. 9.40)}$$

$$\frac{1}{\langle d\rangle} = \left(\sum_{i=1}^{N} \frac{x_i}{d_i} \right)^{-1} \qquad \text{(Gl. 9.41)}$$

mit

$$x_i = \frac{\alpha_i}{\alpha_s}, \quad y_i = \frac{d_i}{\langle d\rangle} \qquad \text{(Gl. 9.42)}$$

Für ein polydisperses System wird jede Feststoffphase mit dem Index i gekennzeichnet und α_s ist dann der gesamte Feststoffanteil.

<u>Modell nach Gidaspow (1994):</u>

$$F_{Ergun} = \frac{150}{18}\frac{\alpha_s}{\left(1-\alpha_s\right)^3} + \frac{1,75}{18}\frac{\mathrm{Re}_s}{\left(1-\alpha_s\right)^3} \qquad \text{(Gl. 9.43)}$$

$$F_{Wen-Yu} = \left\lfloor 1 + 0,15\left(\mathrm{Re}_s\right)^{0,687} \right\rfloor \left(1-\alpha_s\right)^{-4,65} \qquad \text{(Gl. 9.44)}$$

$$\mathrm{Re} = \frac{\rho_g\left(1-\alpha_s\right)\langle d\rangle\left| u_g - u_i \right|}{\mu_g} \qquad \text{(Gl. 9.45)}$$

9.10 Richardson Extrapolation

Der theoretische Grenzwert der Geschwindigkeit für ein unendlich feines Gitter wurde mithilfe der Richardson-Extrapolation (Quarteroni et al. 2002) ermit-

telt. Dazu wurde das Gitter ein weiteres Mal adaptiert, wodurch die Zahl der Gitterpunkte auf das 64-fache des Ursprungswertes steigt. Es wurden dann für drei
Gitterfeinheiten (23000 (grob), 96000(mittel), 360000(fein)) Simulationsrechnungen durchgeführt, wobei der Grenzwert für die Geschwindigkeit u_R nach
Richardson-Extrapolation gegeben ist, durch:

$$u_R = u_g + \frac{u_m - u_g}{1 - \left(\dfrac{h_u}{h_g}\right)^p} = u_m + \frac{u_f - u_m}{1 - \left(\dfrac{h_f}{h_m}\right)^p} \qquad \text{(Gl. 9.46)}$$

$$\frac{h_u}{h_g} = \frac{h_f}{h_m} = \frac{1}{2} \qquad \text{(Gl. 9.47)}$$

$$p = \frac{ln\left(\dfrac{u_f - 2u_m + u_g}{u_g - u_m}\right)}{ln(1/2)} \qquad \text{(Gl. 9.48)}$$

p wird hier am Mittelpunkt (Radius = 0) bestimmt p= 1,295. Die so extrapo-
lierte Partikelgeschwindigkeit ist in Abbildung 9.11 dargestellt. Das Gitter mit
5200 Zellen weist gegenüber dem durch Extrapolation bestimmten Grenzwert
für die Partikelgeschwindigkeit in der Strahlmitte einen maximalen Diskretisie-
rungsfehler von lediglich 6 % bei gleichzeitig deutlich reduzierter Rechenzeit
auf. Für alle weiteren Simulationen wird daher ein Gitter mit 5200 Gitterpunkten
verwendet.

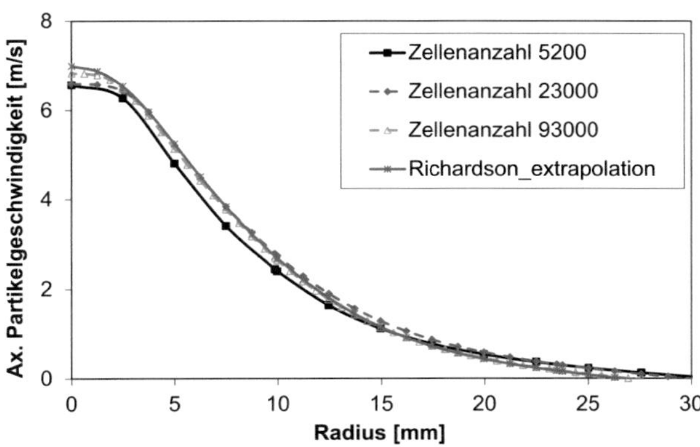

Abbildung 9.11: Berechnete und durch Richardson-Extrapolation ermittelte Partikel-
geschwindigkeit.

9.11 Stoffdaten zur Berechnung der Trocknung

Zur Berechnung der Trocknung werden die Stoffeigenschaften von einzelnen Stoffen benötigt, die in Tabelle 9.2 aufgelistet sind. Bei den Rechnungen werden die Wärmeleitfähigkeit λ, die Dichte ρ sowie die Wärmekapazität c_p des Feststoffs und der Flüssigkeit sowie die Wärmekapazität vom Gas als konstant angenommen, da diese Größen im gerechneten Temperaturbereich nahezu von der Temperatur unabhängig sind. Dagegen sind die Wärmeleitfähigkeit λ und die dynamische Viskosität μ sowie der binäre Diffusionskoeffizient D aber stark von der Temperatur abhängig, daher sind diese Größen jeweils anhand der Messdaten (VDI-Wärmeatlas, Abschnitt D, 2006) im gerechneten Temperaturbereich linear angepasst.

Tabelle 9.2: Stoffdaten zur Berechnung der Trocknung.

	Gas	
Spezies	Luft	Dampf
λ [W/m/K]	$6{,}9\cdot10^{-5}\cdot T/K + 5{,}5\cdot10^{-3}$	$0{,}0261$
μ [kg/m/s]	$4{,}5\cdot10^{-8}\cdot T/K + 5{,}2\cdot10^{-6}$	$1{,}34\cdot10^{-5}$
D [m²/s]	$1{,}71\cdot10^{-8}\ T/K - 2{,}61\cdot10^{-5}$	
c_p [J/kg/K]	$1006{,}4$	2014
	Granulat	
Spezies	Granulat	Wasser(l)
λ [w/m/K]	$2{,}25$	$0{,}6$
c_p [kg/m/s]	856	4182
ρ [kg/m³]	1700	$998{,}2$
Δh_v [J/kg] (T =298 K)		$2444627{,}8$
	Tropfen	
Spezies	Kalk	Wasser(l)
λ [w/m/K]	$2{,}25$	$0{,}6$
c_p [kg/m/s]	856	4182
ρ [kg/m³]	2700	$998{,}2$

9.12 Berechnung der Filmdicke

Die kinetische Energie und die Oberflächenenergie vor und nach dem Stoß sind wie folgt formuliert:

$$E_K = \frac{1}{2}\rho u^2 \left(\frac{1}{6}\pi d_0^3\right) \qquad \text{(Gl. 9.49)}$$

$$E_{s,vor} = \pi d_0^2 \sigma_{lg} \qquad \text{(Gl. 9.50)}$$

$$E_{s,nach} = S\left(\sigma_{\mathrm{lg}} - \sigma_{sg} + \sigma_{sl}\right) = S\sigma_{\mathrm{lg}}\left(1 - \cos(\theta)\right) = \frac{1}{4}\pi d^2 \sigma_{\mathrm{lg}}\left(1 - \cos(\theta)\right) \quad \text{(Gl. 9.51)}$$

Die Energiedissipation aufgrund viskoser Kräfte wird unter der Annahme berechnet, dass die Zeit für die Ausbreitung des Tropfens auf der Partikeloberfläche näherungsweise d_0/u_0 entspricht:

$$E_{diss} = \int_0^{t_c} \int_{V_{tr}} \eta \left(\frac{\partial u_x}{\partial y} + \frac{\partial u_y}{\partial x}\right) \cdot \frac{\partial u_x}{\partial y}\, dv dt \approx \eta \left(\frac{u_0}{h}\right)^2 \frac{1}{6}\pi d_0^3 \frac{d_0}{u_0} \quad \text{(Gl. 9.52)}$$

Für den Stoß muss die Energieerhaltung gelten:

$$E_{diss} + E_{s,nach} = E_{s,vor} + E_K \quad \text{(Gl. 9.53)}$$

Daher ergibt sich nach *Chandra & Avedisian* (1991):

$$\frac{3}{2}\frac{We}{Re}\beta_{\max}^4 + \left(1 - \cos(\theta)\right)\beta_{\max}^2 - \left(\frac{1}{3}We + 4\right) = 0 \quad \text{(Gl. 9.54)}$$

mit den drei dimensionslosen Kennzahlen Reynolds-Zahl, Weber-Zahl und der maximalen Ausbreitung $\beta_{\max}$ (siehe Abbildung 4.9):

$$Re = \frac{\rho u_0 d_0}{\eta} \quad \text{(Gl. 9.55)}$$

$$We = \frac{\rho u_0^2 d_0}{\sigma} \quad \text{(Gl. 9.56)}$$

$$\beta_{\max} = \frac{d}{d_0} \quad \text{(Gl. 9.57)}$$

Ein ähnliches Ergebnis wurde von *Kurabayashi* und *Yang* (1975) hergeleitet. In diesem Modell wird das Verhältnis zwischen der Viskosität des Tropfens und der Viskosität des Tropfens an der Wand (falls die Wand eine andere Temperatur, als der Tropfen hat) berücksichtigt:

$$\frac{We}{2} = \frac{3}{2}\beta_{\max}^2 \left[1 + \frac{3We}{Re}\left(\beta_{\max}^2 \ln\left(\beta_{\max}\right) - \frac{\beta_{\max}^2 - 1}{2}\right)\left(\frac{\mu}{\mu_W}\right)^{0,14}\right] - 6 \quad \text{(Gl. 9.58)}$$

Allerdings ist das Modell von *Kurabayashi* und *Yang* (1975) nur numerisch lösbar.

Aus der Geometrie ergibt sich die Filmhöhe zu:

$$\frac{1}{4}\pi d^2 \Delta x_{F,init} = \frac{1}{6}\pi d_0^3 \quad \text{(Gl. 9.59)}$$

$$\frac{\Delta x_{F,init}}{d_0} = \frac{2}{3}\frac{1}{\beta_{max}^2}$$

(Gl. 9.60)

Tabelle 9.3: Berechnung der Ausbreitung eines Tropfens mit verschiedenen Modellen.

d_0 [mm]	387	725	22
η [Pas]	0,013	0,013	0,013
σ [N/m]	0,072	0,072	0,072
u_0 [m/s]	1,45	1,45	0,1
β_{max} [-] (C&A)	2,03	2,27	2,45
$\Delta x_{F,init}/d_0$ [-]	**0,16**	**0,13**	**0,11**
β_{max} [-] (K&Y)	2,05	2,24	1.94
$\Delta x_{F,init}/d_0$ [-]	**0,16**	**0,13**	**0,17**

Asai (1993) hat ein semiempirisches Modell vorgestellt, welches ebenfalls von der Energieerhaltung ausgeht:

$$\frac{\pi \rho d_0^3 u^2}{12} + \pi d^2 \sigma_{lg} = E_K + E_{diss} + \sigma_{lg} S$$

(Gl. 9.61)

E_K: kinetische Energie nach dem Stoß

E_{diss}: Energiedissipation

Unter der Annahme, dass die Filme zylinderförmig sind, ergibt sich das geometrische Verhältnis zwischen d_0, d und $\Delta x_{F,init}$:

$$\frac{\pi d_0^3}{6} = \frac{\pi d^2 \Delta x_{F,init}}{4}$$

(Gl. 9.62)

Die Oberfläche nach dem Aufprall entspricht der Seiten- und Stirnfläche des Zylinders:

$$S = \frac{\pi d^2}{4} + \pi d \Delta x_{F,init}$$

(Gl. 9.63)

Zur Vereinfachung wird die Oberfläche nach dem Stoß im Bereich $1 < d/d_0 < 3$ durch untenstehende Funktion angenähert:

$$\frac{S}{\pi d_0^2} = \underbrace{\frac{d^2}{4d_0^2} + \frac{2d_0}{3d}}_{Korrekt} \approx \underbrace{1 + 0,36\left(\frac{d}{d_0} - 1\right)^2}_{Asai} \qquad \text{(Gl. 9.64)}$$

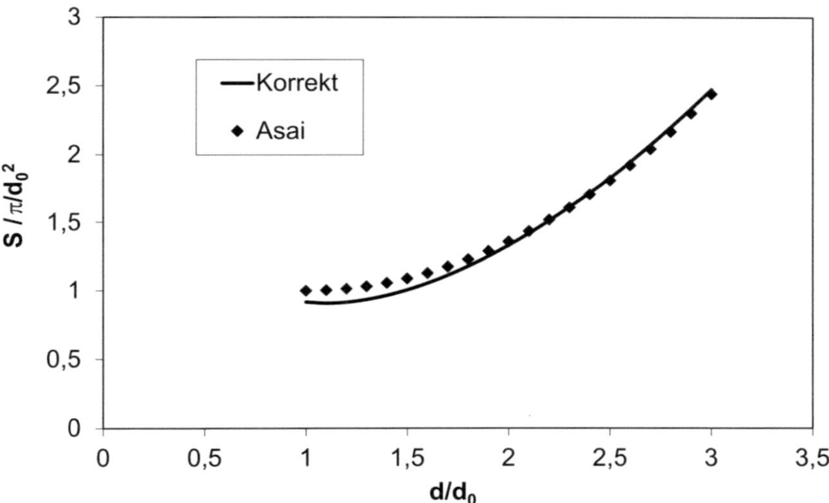

Abbildung 9.12: Annäherung nach Asai (1993).

Damit vereinfacht sich die Energiegleichung zu:

$$\frac{d}{d_0} = 1 + 0,48 We^{0,5}\underbrace{\left(1 - \frac{E_K + E_{diss}}{\pi \rho d_0^3 u^2 / 12}\right)}_{X} \qquad \text{(Gl. 9.65)}$$

Dabei ist der Term X eine Funktion der We- und Re-Zahl. Folgender Ansatz wird von *Asai* (1993) vorgeschlagen:

$$X = \exp(-aWe^b\,Re^c) \qquad \text{(Gl. 9.66)}$$

wobei die Parameter a, b und c aus experimentellen Daten gewonnen werden. Damit ergibt sich für das Verhältnis der Durchmesser vor und nach dem Stoß.

Hinweis: Der Vorgang des Pralls von Tropfen auf eine Ebene kann mithilfe des Volume of Fluid Modell (VOF) simuliert werden. Abbildung 9.13 zeigt den Volumenanteil der Flüssigkeit, wobei die Randbedingungen für die Simulation analog zu den Experimenten gewählt wurden.

$$\sigma = 0,070\ N/m$$

$d_0 = 10\ \mu m$

$u_0 = 2\ m/s$

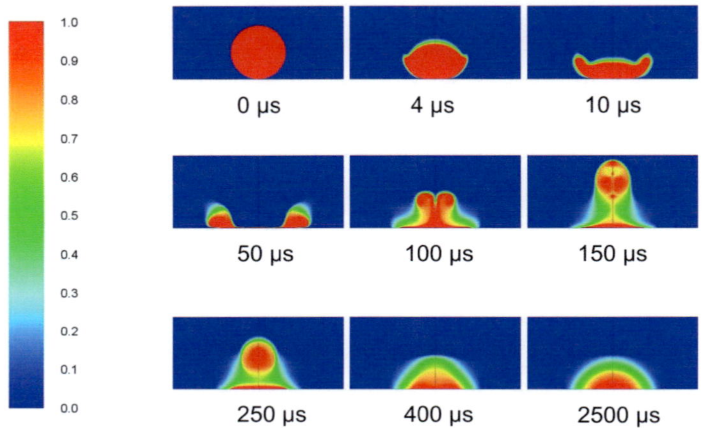

Abbildung 9.13: Volumenanteil des Tropfens während des Aufpralls an eine Oberfläche.

Abbildung 9.14 zeigt den aus der Simulation ermittelten Verlauf der Filmdicke über der Zeit. Am Ende lag das Verhältnis $\Delta x_{F,init}/d_0$ bei 0,42. Dieser Wert stimmt gut mit dem Experiment überein.

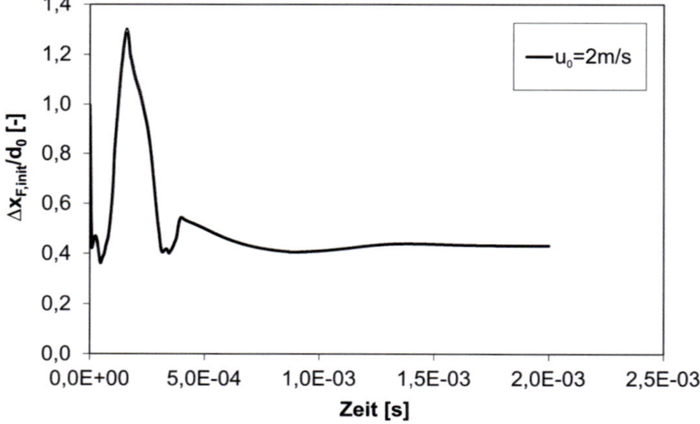

Abbildung 9.14: CFD-Rechnung für den Aufprall eines Tropfens auf einer Oberfläche.

9.13 Approximierte Antoine-Gleichung

Eine Testrechnung wird durchgeführt, um die Genauigkeit der Approximation der Antoine-Gleichung zu prüfen. Hierbei wird eine überströmte Kugel betrachtet, die von einem Wasserfilm mit der Dicke Δx_F umgeben ist. Hier werden die Energiegleichung mit der zeitlichen Änderung der Filmtemperatur und die Massenänderung des Wasserfilms gekoppelt gelöst.

$$c_{p,F} m_F \frac{d\left(\dfrac{T_s + T_{F,O}}{2}\right)}{dt} = \underbrace{\frac{\lambda_F}{\Delta x_F} A_F \left(T_s - T_{F,O}\right)}_{\dot{Q}_{P-F}} - \dot{m}_F A_F \Delta h_v + \alpha_{F-G} A_F \left(T_g - T_{F,O}\right)$$

$$\text{(Gl. 9.67)}$$

$$\frac{dm_F}{dt} = -\dot{m}_F \qquad \text{(Gl. 9.68)}$$

Die Temperaturänderung der Partikel wurde aufgrund der größeren Masse zuerst vernachlässigt. Die Stoffdaten sind in Tabelle 9.2 gegeben. Die Randbedingungen sind in Tabelle 9.4 gelistet:

Tabelle 9.4: Bedingungen der Testrechnung für die Fälle mit der Antoine-Gleichung und mit der quadratischen approximierten Antoine-Gleichung.

T_s [°C]	80
$T_{F,Anfang}$ [°C]	30
T_g [°C]	30
u_{rel} [m/s]	20
Δx_F [μm]	4
d_p [μm]	650

Die Temperaturverläufe der Filmoberfläche über der Zeit mit und ohne Vereinfachung der Antoine-Gleichung sind in Abbildung 9.15 dargestellt. In diesem Fall liegt der maximale Temperaturunterschied bei 0,13 °C, d. h., eine Vereinfachung der Antoine-Gleichung ist gerechtfertigt.

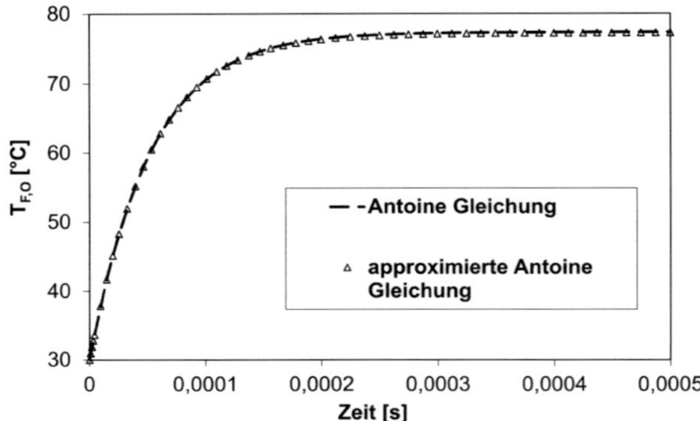

Abbildung 9.15: Filmoberflächentemperaturverlauf der Testrechnung für die Fälle mit der Antoine-Gleichung und mit der quadratischen approximierten Antoine-Gleichung.

9.14 Zufallspackung der Staubeinbindung

Die Zufallspackung von Staub auf einem Granulat wurde mithilfe einer Monte Carlo Simulation nach Mansfield (1996) berechnet. Die Prozedur zur Berechnung des Bedeckungsgrads eines Partikels (Radius r_1) mit Staubteilchen (Radius r_2) ist wie folgt formuliert:

i. Generieren einer einheitlichen Zufallszahl auf einer Kugelschale mit dem Radius r_1+r_2

ii. Suchen eines beliebigen Punktes P

iii. Löschen aller Punkte innerhalb eines Abstands $2 \cdot r_2$ von P

iv. Anzahl der Punkte + 1

v. Wiederholen bis zum letzten Punkt

Aus der Rechnung hat man auch festgestellt (Mansfield, 1996), dass die diffusionskontrollierte Packung fast gleich die Zufallspackung ist.

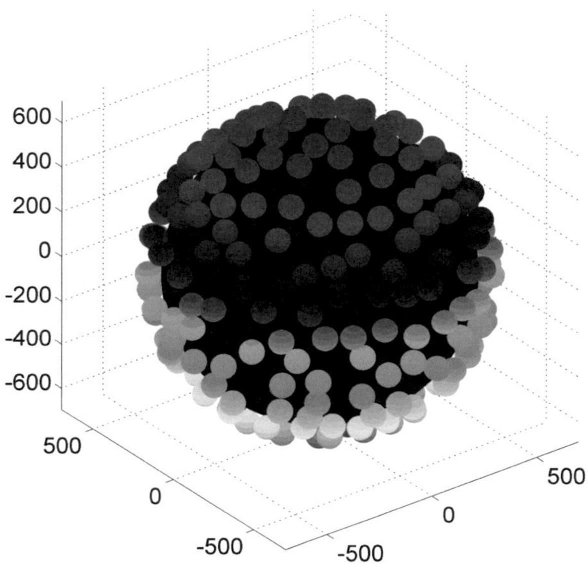

Abbildung 9.16: Schematische Darstellung einer Kugelschale aus der einheitlichen Zufallszahl (Als Beispiel werden hier $r_1=600$, $r_2=50$ gewählt).

9.15 Fluiddynamik des polydisperse Systems

9.15.1.1 Wirbelschicht mit Segregation

Im Experiment wurden Glaspartikel mit verschiedenen Durchmessern (und Farben) in einer quasi-2D Wirbelschicht fluidisiert und die relativen Höhen der Schwerpunkte der Volumenanteile beider Partikelphasen gemessen (Goldschmidt, 2012). Die Rechnungen wurden mit zwei unterschiedlichen Luftgeschwindigkeiten durchgeführt. Im ersten Versuch entspricht die Luftgeschwindigkeit der minimalen Fluidisationsgeschwindigkeit u_{mf} der großen Partikel ($u_{mf} = 1{,}25$ m/s). Im zweiten Versuch liegt die Luftgeschwindigkeit mit 1,1 m/s zwischen den beiden minimalen Fluidisationsgeschwindigkeiten ($u_{mf,1} = 0{,}78$ m/s, $u_{mf,2} = 1{,}25$ m/s). Die verglichene Größe aus dem Experiment und der Simulation ist die mit dem Volumenanteil gewichtete mittlere Höhe der Partikel:

$$\langle h_i \rangle = \frac{h_i \cdot \alpha_i}{\sum \alpha} \qquad\qquad\text{(Gl. 9.69)}$$

Versuch 1:

Table I: Properties of glass beads

	small particles	large particles
colour	yellow	red
diameter, d	1.52 ± 0.04 mm	2.49 ± 0.02 mm
density, ρ	2523 ± 6 kg/m³	2526 ± 6 kg/m³
minimum fluidisation velocity, u_{mf}	0.78 ± 0.02 m/s	1.25 ± 0.01 m/s
coefficient of normal restitution, e	0.97 ± 0.01	0.97 ± 0.01
coefficient of friction, μ	0.15 ± 0.015	0.10 ± 0.01
coefficient of tangential restitution, β_0	0.33 ± 0.05	0.33 ± 0.05

Abbildung 9.17: Versuchsbedingungen (oben) und experimentelle Daten (unten) einer Wirbelschicht mit bidispersen Partikeln (Goldschmidt, 2002).

Die rechnerisch bestimmte mittlere Betthöhe ist in Abbildung 9.18 für eine Prozesszeit von 60 s gezeigt. Die Rechnung kann die experimentellen Daten (qualitativ) bestätigen. (Hinweis: ein direkter quantitativer Vergleich ist im Rahmen dieser Arbeit leider nicht möglich, da die in Abbildung 105 dargestellten experimentellen Rohdaten nicht ohne Weiteres verfügbar sind.

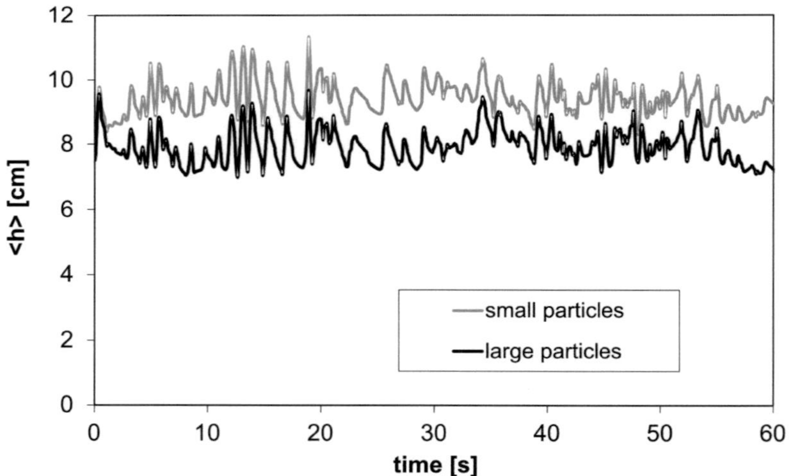

Abbildung 9.18: Simulation des Segregationsexperiments aus Abbildung 9.17 in Fluent (u=1,25 m/s).

Versuch 2:

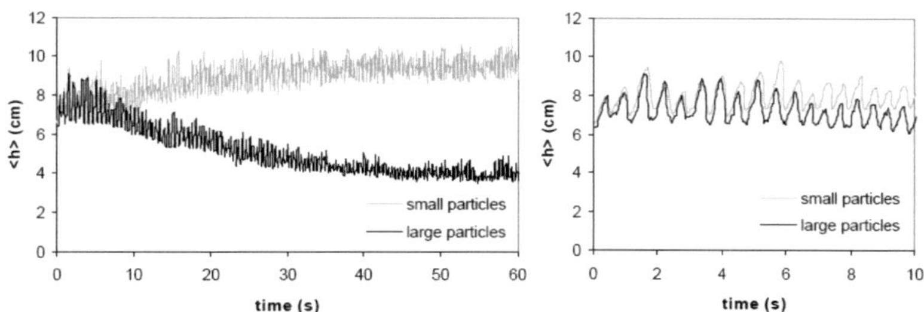

Figure 3: Average particle heights obtained from digital image analysis of a segregation experiment at 1.10 m/s.

Abbildung 9.19: Randbedingung bzw. experimentelle Daten einer Wirbelschicht mit bidispersen Partikeln (Goldschmidt, 2002).

Die Rechnung mit dem Gidaspow-Drag für diesen Fall ist in Abbildung 9.20 dargestellt.

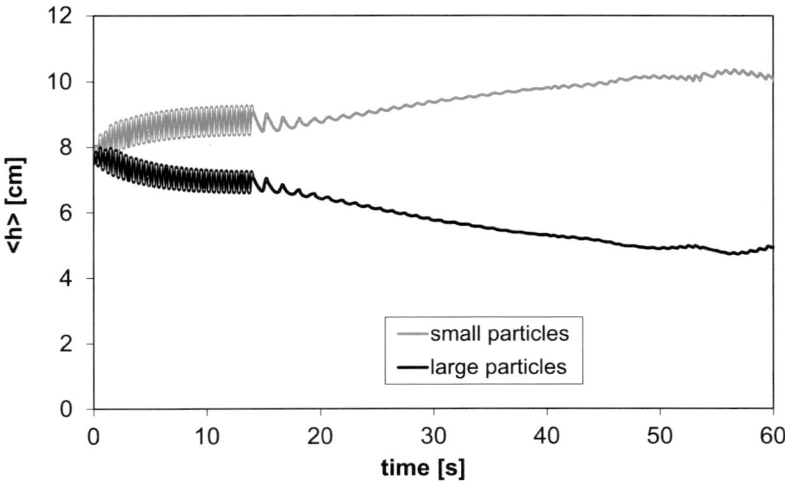

Abbildung 9.20: Simulation des Segregationsexperiments aus Abbildung 9.19 in Fluent (u=1,1 m/s).

Es hat sich gezeigt, dass das Drag-Modell von Gidaspow die Segregation qualitativ beschreiben kann. Allerdings tritt in der Rechnung die Segregation früher als im Experiment auf. Im Experiment segregieren die Partikel innerhalb der ersten 5 Sekunden nicht. Eine mögliche Ursache für die in der Rechnung zu früh auftretende Segregation liegt möglicherweise in einer nicht adäquaten Beschreibung des Drags zwischen Gas und Partikeln. Das im Folgenden beschriebene HYS-Modell bietet eine Abhilfe für dieses Problem.

9.15.1.2 HYS Modell (Holloway, Yin and Sundaresan Drag Modell)

Das neuste Modell zur Beschreibung des Drags zwischen Gas und Partikeln ist das HYS-Modell (2010). Dieses Modell basiert wie auch das Drag Modell von Beetstra (2006) auf den Ergebnissen einer Lattice Boltzmann CFD-Rechnung. Für polydisperse Systeme hat man festgestellt, dass, wenn beide Feststoffphasen unterschiedliche Geschwindigkeiten (Relaxationszeiten) haben, über die Gasphase eine zusätzliche Drag-Kraft zwischen den Partikeln übertragen wird, der sogenannte Stokes-Effekt. Diese Kraft kann als pseudo-solid-solid Drag betrachtet werden. Dabei wird die Segregation durch diesen Drag verhindert. Zur Implementierung wird wie folgt vorgegangen:

$$F_{Di} = -\beta_{ii}\Delta U_i - \sum_{i\neq j}{}' \beta_{ij}\Delta U_j \qquad \text{(Gl. 9.70)}$$

Mit den Relativgeschwindigkeiten der Solidphasen i und j zur Gasphase ΔU_i und ΔU_j.

Wenn $\Delta U_i = \Delta U_j$ gilt, verschwindet dieser Effekt.

$$F_{Di} = -\left(\beta_i - \sum_{i\neq j}\beta_{ij}\right)\Delta U_i - \sum_{i\neq j}\beta_{ij}\Delta U_j \qquad \text{(Gl. 9.71)}$$

$$\beta_i = \frac{18(1-\alpha_s)\alpha_{s,i}\mu_g}{d_i^2} F^*_{Di-fixed} \qquad \text{(Gl. 9.72)}$$

$$F^*_{Di-fixed} = \frac{F_{Di-fixed}}{3\pi\mu_g(1-\alpha_s)\Delta U} \qquad \text{(Gl. 9.73)}$$

$$F^*_{Di-fixed} = \frac{1}{1-\alpha_s} + \left(F^*_{D-fixed} - \frac{1}{1-\alpha_s}\right)\left(ay_i + (1-a)y_i^2\right) \qquad \text{(Gl. 9.74)}$$

$F^*_{D-fixed}$ berechnet sich aus dem Modell von Beetstra (2007):

$$\begin{aligned} F^*_{D-fixed} &= \frac{10\alpha_s}{(1-\alpha_s)^2} + (1-\alpha_s)^2\left(1+1,5\alpha_s^{1/2}\right) \\ &+ \frac{0,413\,\mathrm{Re}_{mix}}{24(1-\alpha_s)^2}\left(\frac{(1-\alpha_s)^{-1} + 3\alpha_s(1-\alpha_s) + 8,4\,\mathrm{Re}_{mix}^{-0,343}}{1+10^{3\alpha_s}\,\mathrm{Re}_{mix}^{-(1+4\alpha_s)/2}}\right) \end{aligned} \qquad \text{(Gl. 9.75)}$$

$$Re_{mix} = \frac{\rho_g \Delta U_{mix} (1 - \alpha_s)\langle d \rangle}{\mu_g} \qquad \text{(Gl. 9.76)}$$

$$\Delta U_{mix} = \frac{\sum_i \alpha_i \Delta U_i}{\sum_i \alpha_i} \qquad \text{(Gl. 9.77)}$$

$$\frac{1}{\langle d \rangle} = \left(\sum_{i=1}^{N} \frac{x_i}{d_i} \right)^{-1} \qquad \text{(Gl. 9.78)}$$

$\langle d \rangle$ ist der Sauter-Durchmesser.

$$x_i = \frac{\alpha_i}{\alpha_s} \qquad \text{(Gl. 9.79)}$$

$$y_i = \frac{d_i}{\langle d \rangle} \qquad \text{(Gl. 9.80)}$$

$$a = 1 - 2{,}66 \cdot \alpha_s + 9{,}096 \cdot \alpha_s^2 - 11{,}338 \cdot \alpha_s^3 \qquad \text{(Gl. 9.81)}$$

β_{ij} wird über den harmonischen Mittelwert berechnet:

$$\beta_{ij} = -2 \cdot \alpha_{ij} \cdot \frac{\alpha_{s,i}\alpha_{s,j}}{\dfrac{\alpha_{s,i}}{\beta_i} + \dfrac{\alpha_{s,j}}{\beta_j}} \qquad \text{(Gl. 9.82)}$$

mit

$$\alpha_{ij} = 1{,}313 \cdot log10\left(\frac{min(d_i, d_j)}{\lambda} \right) - 1{,}249 \qquad \text{(Gl. 9.83)}$$

λ ist die „lubrication cut off distance" und als 1 μm definiert.

$$F_{Di} = -\left(\beta_i - \sum_{i \neq j} \beta_{ij} \right)\Delta U_i - \sum_{i \neq j} \beta_{ij}\Delta U_j \qquad \text{(Gl. 9.84)}$$

Diese Gleichung bezeichnet die Drag-Kräfte der i-ten Solidphase. Zur Implementierung wird der erste Term als Drag-Koeffizient $K_{g,s}$ zwischen Gas- und Solidphase i definiert. Der zweite Term wird als Impulsquellterm für Solidphase und Gasphase implementiert. Der Drag $K_{i,j}$ (Kapitel 5.2) zwischen Solidphase i und Solidphase j wird unverändert nach dem Modell von Syamlal (1987) übernommen.

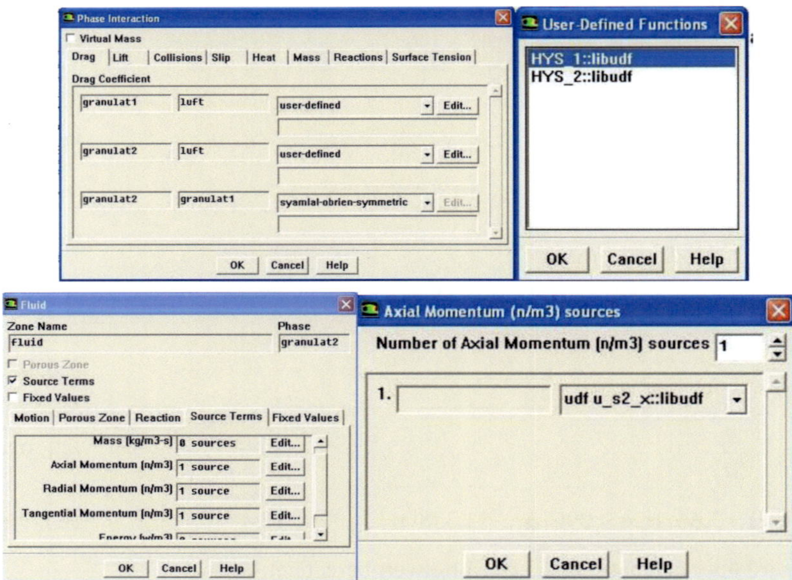

Abbildung 9.21: Menü zum Einbinden der UDFs in Fluent.

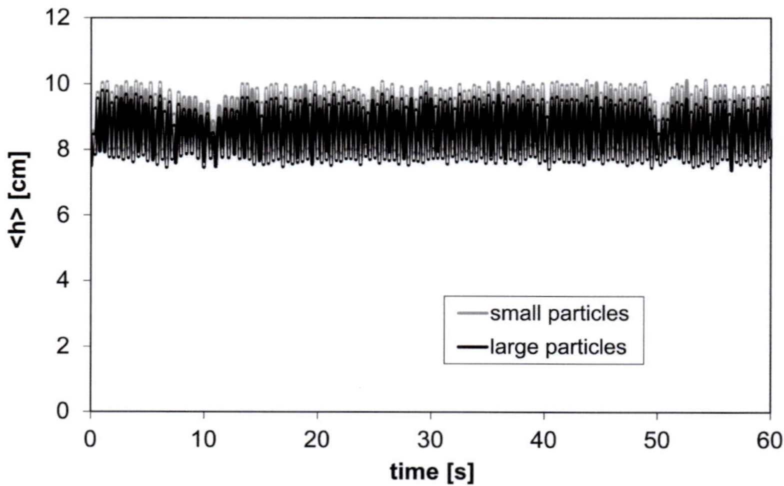

Abbildung 9.22: Simulation des Segregationsexperiments für den Versuch 1 mit dem HYS-Modell.

Die Simulation für den Versuch 2 ist in Abbildung 9.23 dargestellt.

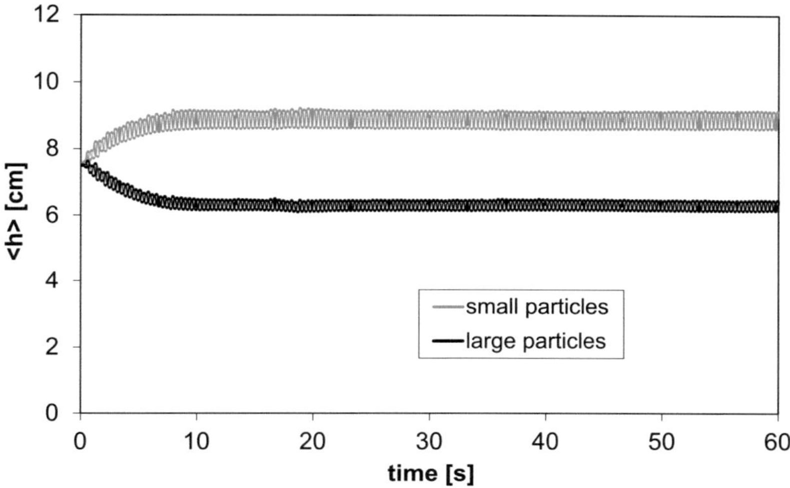

Abbildung 9.23: Simulation des Segregationsexperiments für den Versuch 2 mit dem HYS-Modell.

Es hat sich gezeigt, dass das Modell von HYS (2010) ein ähnliches Ergebnis liefert wie das Modell von Gidaspow und auch hier eine frühere Segregation stattfindet.

Fazit: Mangels besserer Modelle wird die momentan implementierte Berechnungsmethode (Gidaspow-Modell, 1994) auch auf das polydisperse System angewendet. Sofern die Partikel tatsächlich fluidisiert sind, findet dabei in dem hier betrachteten Größenbereich nur eine geringfügige Segregation der Partikel statt. Dieses Ergebnis stimmt gut mit experimentellen Daten, (vgl. Abbildung 9.17) überein. Wenn die Eintrittsgeschwindigkeit der Fluidisationsluft zwischen den beiden u_{mf} der Partikeln liegt, wird bei allen Modellen durch die Rechnung eine schnellere Segregation als im Experiment vorhergesagt.

9.16 Festlegung einer Trenngrenze zwischen Staub und Kernen

Die Kerne, die als die kleinsten Granulate durch Agglomeration von Keimen bzw. Staub erzeugt werden, wurden in dieser Arbeit aus der Staubphase getrennt. Dazu wurde eine Trenngrenze aus der Senkgeschwindigkeit einer Partikel bestimmt. In Gleichgewicht müssen die Summe der Widerstandskraft F_W und Auftriebskraft F_b gleich Gewichtskraft sein.

$$F_W = mg - F_b \qquad \text{(Gl. 9.85)}$$

Die Widerstandskraft wird mithilfe eines Widerstandsbeiwerts formuliert:

$$C_D \frac{\rho_g u_{senk}^2}{2} \frac{\pi}{4} d_{p,crit}^2 = \frac{\pi}{6} d_{p,crit}^3 \left(\rho_p - \rho_g \right) g \qquad \text{(Gl. 9.86)}$$

Dann ergibt sich:

$$u_{senk} = \sqrt{\frac{4}{3} d_{p,crit} \frac{\left(\rho_p - \rho_g \right)}{\rho_g} g \frac{1}{C_D}} \qquad \text{(Gl. 9.87)}$$

Der Widerstandsbeiwert C_d hier kann mit dem Modell von Kaskas berechnet werden:

$$C_D = \frac{24}{\mathrm{Re}} + \frac{4}{\sqrt{\mathrm{Re}}} + 0,4 \qquad \text{(Gl. 9.88)}$$

Die Trenngrenzen der intern gebildeten Kerne bei unterschiedlichen Fluidisationsluftmassenströmen sind in Tabelle 9.5 aufgelistet. Dabei beträgt der Düsenluftmassenstrom 12 kg/h.

Tabelle 9.5: Trenngrenze der intern gebildeten Kerne bei unterschiedlichen Fluidisationsluftmassenströmen.

$\dot{M}_{FL}$ [kg/h]	50	75	105
v_{FL} [m/s]	0,46	0,64	0,86
$d_{p,crit}$ bei ρ_s [µm]	113	140	170
$d_{p,crit}$ bei ρ_{FS} [µm]	97	120	145

9.17 Rechenzeitoptimierung

Die Rechendauer einer CFD-Rechnung für das 6-Phasen-Modell ist lang im Vergleich zur Prozesszeit. Daher wurden verschiedene Möglichkeiten zur Optimierung der Rechenzeit außer der parallelen Rechnung überprüft.

9.17.1 Ausgabe der Residuen und Export der Daten

Der Test für die Ausgabe der Residuen wird wie oben mit dem 6-phasigen Modell (Kapitel 5.4) und 100 Zeitschritten (je 10^{-4} s) mit 8 Cores durchführt. Die Rechenzeiten ohne und mit Ausgabe der Residuen betragen 224 s bzw. 314 s. Die Rechnung ohne Ausgabe der Residuen ist also deutlich schneller, weshalb für die weitere Rechnung die Residuen nicht ausgegeben werden. Die gleiche Rechnung wurde für den Fall ohne und mit Datenexport durchgeführt. Dabei wurde festgestellt, dass der Export der Daten keinen Einfluss auf die Rechenzeit hat (223 s gegenüber 224 s) Wenn die Daten allerdings über „Plot" angezeigt werden, steigt die Zeitdauer auf 324 s. Daher wurde während der Rechnung „Plot" ausgeschaltet.

9.17.2 Häufigkeit der Kopplung der UDF-Quellterme

Entsprechend werden mit dem 6-phasigen Modell (Kapitel 5.4) zwei Rechnungen für längere Zeiten durchgeführt (8 Prozessoren). Im ersten Fall werden die UDFs für jeden Zeitschritt aktualisiert, im zweiten Fall werden die UDFs nach je 5 Zeitschritten aktualisiert. Tabelle 9.6 zeigt, dass die Aktualisierung der UDFs nach jeweils 5 Zeitschritten die Rechnung in diesem Fall **sogar** um den Faktor 1,7 verlangsamt, was auf die schlechtere Konvergenz zurückzuführen ist. In diesem Fall werden dann mehr Iterationsschritte benötigt.

Tabelle 9.6: Rechenzeit für die Rechnungen mit unterschiedlicher UDF-Aktualisierung (6-Phasen-Modell).

	Aktualisierung UDF für jeden Schritt	**Aktualisierung UDF alle 5 Schritte**
Prozesszeit [s]	5 (35-40s)	5 (35-40s)
Rechenzeit	3 Tage 10 Stunden	5 Tage 19 Stunden
Zeitschrittweite [s]	$5 \cdot 10^{-5}$	$5 \cdot 10^{-5}$

In Tabelle 9.7 sind die Mittelwerte der exportierten Parameter (6-Phasen-Modell) aufgelistet. Der Aktualisierungsschritt der Quellterme beeinflusst die Tropfenabscheidung bzw. die Staubeinbindung relativ wenig, hat aber großen Einfluss auf die Kollision zwischen den Staubteilchen. Daher werden die UDFs in jedem Zeitschritt aktualisiert.

Tabelle 9.7: Ergebnisse für die Rechnungen mit unterschiedlicher UDF-Aktualisierung (6-Phasen-Modell).

Parameter	Aktualisierung UDF für jeden Schritt	Aktualisierung UDF alle 5 Schritte	Fehler %
m1 [kg/s]	8,658E-05	8,697E-05	0,442
m2 [kg/s]	1,606E-04	1,623E-04	1,021
m_staub_1_1 [kg/s]	2,684E-05	2,575E-05	-4,076
m_staub_1_2 [kg/s]	4,413E-05	4,217E-05	-4,447
m_staub_2_1 [kg/s]	1,082E-04	1,066E-04	-1,492
m_staub_2_2 [kg/s]	1,587E-04	1,600E-04	0,822
m_tropfen_k [kg/s]	4,010E-04	3,898E-04	-2,779
m_tropfen_k_w [kg/s]	2,549E-04	2,477E-04	-2,831
k_agg [#/s]	-9,331E+09	-8,421E+09	-9,753

9.17.3 Abhängigkeit der Tropfenabscheidung der Zeitschrittweite

Die Courant-Zahl C gibt an, um wie viele Zellen sich eine Größe, wie zum Beispiel die Tropfenphase, bei der CFD-Simulation während eines Zeitschrittes maximal fortbewegt.

$$C = u \frac{\Delta t}{\Delta x}$$
(Gl. 9.89)

Damit das explizite Euler-Verfahren, welches zur numerischen Lösung von Differentialgleichungen mit Anfangsdaten verwendet wird, stabil ist, muss die Courant-Zahl kleiner als eins sein. Das bedeutet, dass die Ausbreitungsgeschwindigkeit der Tropfen kleiner sein muss als die Ausbreitungsgeschwindigkeit der Information im Rechengitter.

Liegt hingegen, wie in dieser Arbeit, ein implizites Verfahren vor, kann mit Werten der Courant-Zahl sehr viel größer als eins eine konvergente und stabile Lösung erzielt werden. Größere Courant-Zahlen sind ebenfalls möglich, die Rechnungsgenauigkeit hängt jedoch auch von der Feldänderung der Umgebung ab. Mit der Courant-Zahl ist es möglich, die Zeitschrittweite („Timestep") für die Diskretisierung der partiellen Differenzialgleichungen, wie beispielsweise die Kontinuitätsgleichung und Impulsbilanz abzuschätzen. u gibt dabei die Geschwindigkeit an, Δt die gewählte Zeitschrittweite und Δx den diskreten Ortsschritt, also beispielsweise die Länge oder Höhe einer Zelle im gewählten Rechen- bzw. Gitternetz.

Damit die Simulationszeit der CFD-Rechnung möglichst gering gehalten werden kann, sollte die Zeitschrittweite Δt bei gleichzeitiger Stabilität der Rechnung größtmöglich sein. Aus diesem Grund wurden Simulationen mit unterschiedlichen Zeitschrittweiten (Timesteps) berechnet, um Aussagen über den Einfluss auf die Tropfenabscheidung treffen zu können. Die Rechnungen wurden mit dem in Kapitel 5.3.2 diskutierten Fall (beim 10 min. Prozesszeit) getestet. Die kleinste Zelle in dem Gitternetz hat eine Höhe von $\Delta x = 2{,}5$ mm. Mit dem Düsenluftmassestrom und den gewählten Zeitschrittweiten von $\Delta t = 10^{-5}$ s bzw. 10^{-4} s ergeben sich Courant-Zahlen von 6 bzw. 60. Die Ergebnisse der Simulationen zeigen, dass die berechneten Massenströme der Tropfenabscheidung $\dot{m}_i$ der Tropfenphase an den Granulatphasen 1 und 2 sich für die unterschiedlichen Zeitschrittweiten nur geringfügig unterscheiden, da der hier verwendete Solver implizit rechnet.

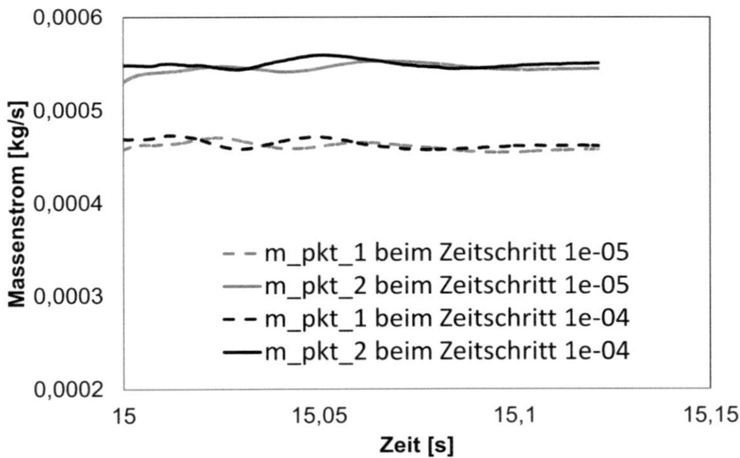

Abbildung 9.24: Einfluss der Zeitschrittweite auf die Tropfenabscheidung.

Die Stoffströme $\dot{m}_1$ weichen um 0,56 % voneinander ab und die Stoffströme um 0,77 %. Dieser Fehler für die Ermittlung der abgeschiedenen Tropfenmasse wird in Anbetracht der Tatsache, dass die Simulationsdauer auf ein Zehntel verkürzt wird, akzeptiert. Zudem verringert sich die Geschwindigkeit der Tropfenphase von anfänglich $v_{Tr} = 150$ m/s nach der Einsprühung in der Wirbelschicht, wodurch sich die Courant-Zahl ebenfalls verkleinert.

Fazit: Die Tropfenabscheidung hängt bei dem verwendeten impliziten Solver nicht von der Zeitschrittweite ab. Größere Zeitschrittweiten sind zu bevorzugen, wenn die Rechnung selbst dann noch stabil ist.

9.18 Hochbettrechnung der BASF-Pilotanlage

9.18.1 Fluiddynamik

In der Arbeit von Voelskow (2005, Diplomarbeit von BASF) wurde die Partikelgeschwindigkeit in einem BASF-Miniplant (GCT/T, Bau L541) mit Hilfe eines faseroptischen Sensors gemessen. Für diesen Versuch wird eine Simulation durchgeführt. In diesem Versuch wird eine Düse ohne Drall verwendet. Die Anlagen- und Düsengeometrien sind in Abbildung 9.25 dargestellt.

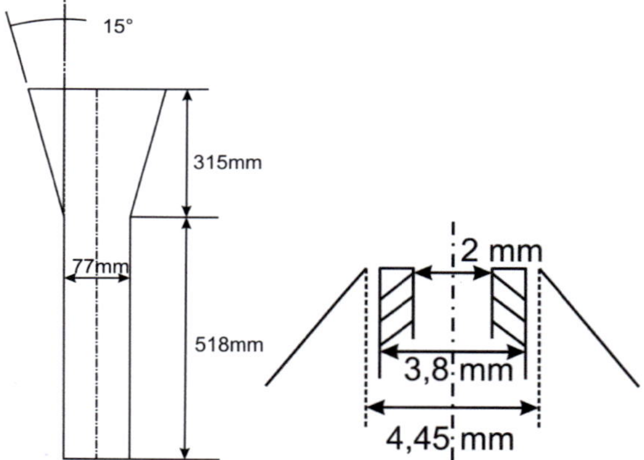

Abbildung 9.25: *Anlagen- bzw. Düsengeometrie des BASF-Miniplants.*

Abbildung 9.26: Vernetzung ohne Düsengeometrie der Miniplant.

Die Anlage ohne Düsengeometrie ist relativ einfach vernetzbar (Abbildung 9.26). Der untere Teil der Anlage wird mit „map", die obere Verbreiterung mit „pave" vernetzt. Zum Vergleich wurde auch eine Rechnung mit Düsengeometrie durchgeführt. Hier muss die Düsenmündung fein vernetzt werden, außerhalb wird die Gitterqualität durch Gebietszerlegung verbessert (Abbildung 9.27).

Abbildung 9.27: Vernetzung mit Düsengeometrie des Miniplants.

Im Versuch wurden Al_2O_3 Partikel verwendet. Die Partikel sind monodispers, kugelförmig und hoch porös. Die Schüttdichte beträgt ca. 810 kg/m^3. Die Randbedingungen sind in Tabelle 9.8 aufgelistet.

Tabelle 9.8: Randbedingungen des Versuches zur Analyse der Fluiddynamik im Miniplant

Düsenluftmassenstrom [Nm^3/h]	3,4 (20 °C)
Fluidisationsluftstrom [Nm^3/h]	45 (80 °C)
Bettmasse [kg]	2
Partikeldichte [kg/m^3]	1320
Partikelgröße [mm]	1

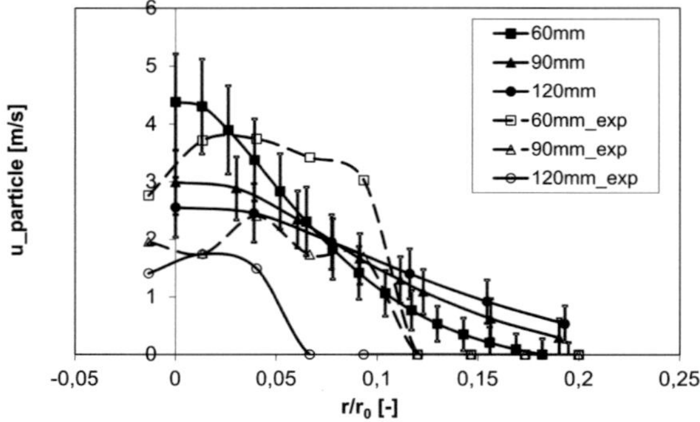

Abbildung 9.28: Simulierte und gemessene Partikelgeschwindigkeit für die Rechnung mit Düsengeometrie.

Die simulierten Partikelgeschwindigkeiten bei den Rechnungen mit und ohne Düsengeometrie sind in Abbildung 9.28 und Abbildung 9.29 dargestellt. Es zeigt sich, dass die simulierten Partikelgeschwindigkeiten bei der Rechnung mit Düsengeometrie in der Nähe der Düse besser zum Experiment passen. Allerdings überschätzt sie die Partikelgeschwindigkeit 120mm oberhalb der Düsenmündung. Dagegen stimmen die berechneten Partikelgeschwindigkeiten bei der Rechnung ohne Düsengeometrie an der Stelle gut mit dem experimentellen Daten überein.

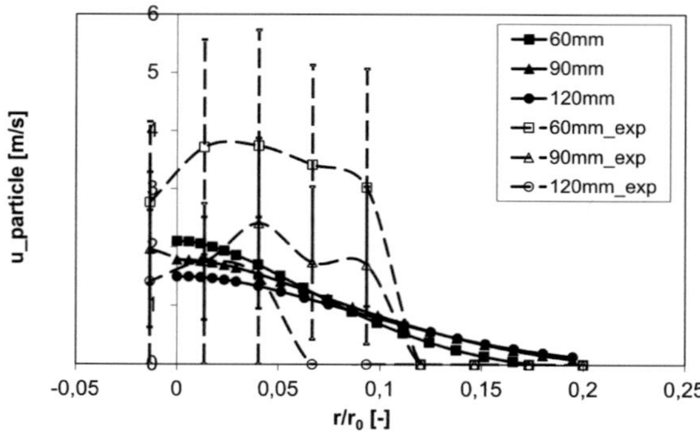

Abbildung 9.29: Simulierte und gemessene Partikelgeschwindigkeit für die Rechnung ohne Düsengeometrie.

Fazit: Die Simulation kann die Partikelgeschwindigkeit in der Wirbelschicht gut beschreiben. Der Unterschied zwischen den experimentellen und simulierten Partikelgeschwindigkeiten liegt meistens in den Standardabweichungen der Messwerte.

9.18.2 Düsenberechnung

Um einen Granulationsversuch in der BASF Miniplant (GCT/T Bau L541) zu rechnen, müssen zunächst einige Randbedingungen bestimmt werden. Wichtige Randbedingungen sind z.B. der Tropfendurchmesser sowie das Verhältnis zwischen der tangentialen und axialen Geschwindigkeit des Zerstäubungsgases. Der Tropfendurchmesser wird hier mit verschiedenen Korrelationen abgeschätzt, weil die entsprechenden Messdaten nicht vorhanden sind. Zur Analyse der Geschwindigkeitskomponenten der Düsenluft wird eine 3D-Rechnung für die in der Anlage eingebauten Düse (Firma *Schlick, Typ N.N.*) durchgeführt.

Um das Verhältnis von tangentialer zu axialer Geschwindigkeitskomponente zu bestimmen, wird eine 3D Rechnung durchgeführt. Die Düsengeometrie ist in Abbildung 9.30 dargestellt. Zur Bestimmung des Geschwindigkeitsvektors der Düse wird hier nur ein Teil der Anlage vernetzt und berechnet, wodurch der Rechenaufwand reduziert wird.

Abbildung 9.30: Düsengeometrie der im Granulationsversuch eingesetzten Düse (Firma Schlick).

Bei der Vernetzung wird das Gitter an der Düsenmündung fein vernetzt und im Bereich oberhalb der Düsenmündung allmählich vergröbert (Abbildung 9.31).

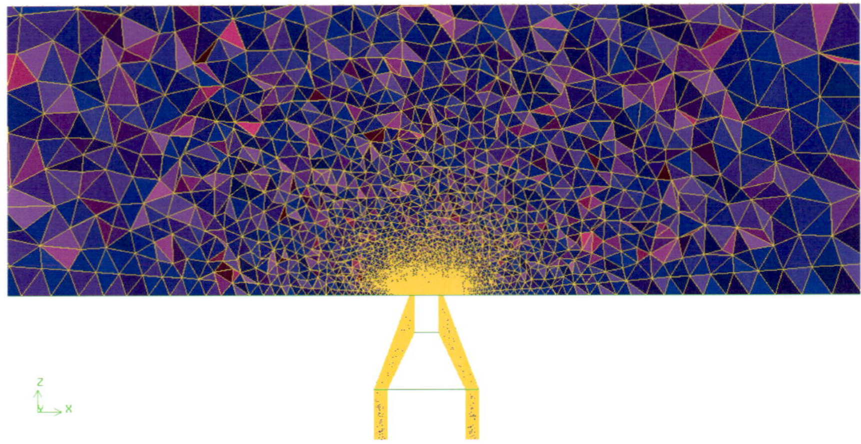

*Abbildung 9.31: 3D Mesh zur Berechnung der Strömung der in Abbildung 9.30 dar-
gestellte Düse.*

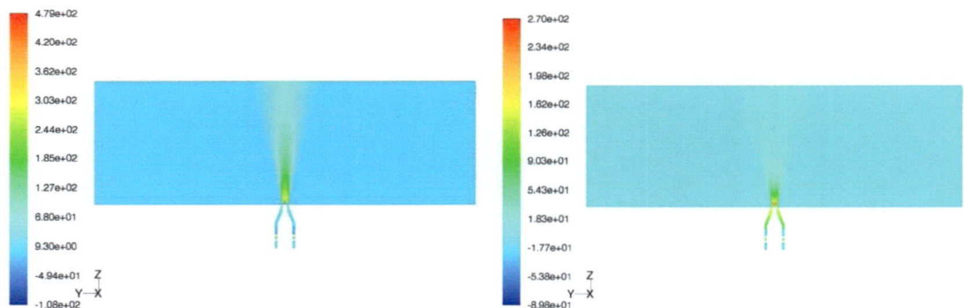

Abbildung 9.32: Kontur der axialen bzw. tangentialen Luftgeschwindigkeit.

Die axialen bzw. tangentialen Geschwindigkeiten sind in Abbildung 9.32 dargestellt.

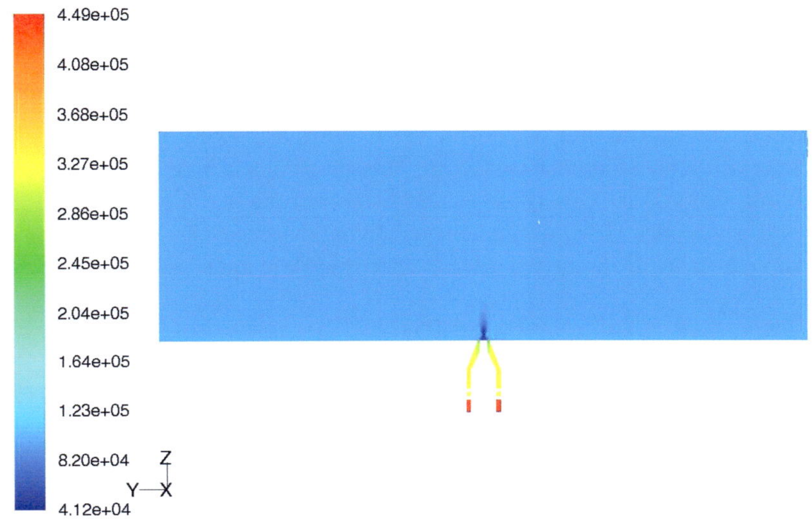

Abbildung 9.33: *Kontur des absoluten Druckes.*

Der absolute Druck ist in Abbildung 9.33 dargestellt. Der Druck am Lufteinlass beträgt 4,49 bar, was gut mit dem experimentellen Wert von 4,4 bar übereinstimmt.

Wenn man die Rechnung ohne Berücksichtigung der Düsengeometrie (Düsenmündung: 2,5 mm) 2D durchführt, ergibt sich mit der Bedingung „incompressible ideal gas" an der Düsenmündung eine axiale Luftgeschwindigkeit von 278 m/s. Nach der in Kapitel 3.1.2 vorgestellten Methode wird dann eine Stelle mit einem Durchmesser von 2,5 mm oberhalb der Düsenmündung gesucht, an der die mittlere axiale Geschwindigkeit 278 m/s beträgt. Aus der 3D Rechnung ergibt sich, dass an der Stelle 3,5 mm oberhalb der Düsenmündung die axiale Geschwindigkeit 278 m/s beträgt. Die mittlere radiale bzw. tangentiale Geschwindigkeit an dieser Fläche beträgt 8,5 m/s und 139,1 m/s, d. h. die radiale Geschwindigkeit beträgt 3,05% der axialen Geschwindigkeit und die tangentiale Geschwindigkeit erreicht 49,92% der axialen Geschwindigkeit. Damit wird der Geschwindigkeitsvektor an der Düsenmündung für die 2D Rechnung zu (1; 0,0305; 0,4992) festgelegt.

9.18.3 Berechnung des Tropfendurchmessers

In einem Sprühgranulationsprozess spielt der Tropfendurchmesser eine entscheidende Rolle. Kleinere Tropfen neigen zur Bildung von Staub. Dagegen neigen größere Tropfen zur Agglomeration der Granulate. Der Tropfendurchmesser wurde allerdings nicht für alle Düsenarten bzw. Massenströme gemessen und muss darum abgeschätzt werden. Für innenmischende Zweistoffdüsen sind verschiedene Modelle vorhanden, welche auch für außenmischende Zweistoffdüsen gut anwendbar sind (Lefebvre, 1989; Wozniak, 2003). Für die Modelle werden noch einige Parameter benötigt: Massenstrombeladung (*ALR*, air liquid ratio) von Gas (G) zu Flüssigkeit (L), Massenstromanteil x, Volumenanteil des Gases α sowie das Geschwindigkeitsverhältnis zwischen Gas und Flüssigkeit (*sr*, slip ratio). Die Definitionen dieser Größen sind wie unten erläutert:

$$ALR = \frac{\dot{m}_G}{\dot{m}_L}, \ x = \frac{\dot{m}_G}{\dot{m}_L + \dot{m}_G}, \ \alpha = \frac{V_G}{V_G + V_L}, \ sr = \frac{v_G}{v_L}$$

Aus der Kontinuitätsgleichung folgt für den Volumenanteil mit *ALR* und *sr*:

$$\frac{1-\alpha}{\alpha} = \frac{(1-x)/\rho_L/v_L}{x/\rho_G/v_G} = \frac{1-x}{x}\frac{\rho_G}{\rho_L}sr = \frac{1}{ALR}\frac{\rho_G}{\rho_L}sr \qquad \text{(Gl. 9.90)}$$

$$\alpha = \frac{1}{1 + \dfrac{\rho_G}{\rho_L}\dfrac{sr}{ALR}} \qquad \text{(Gl. 9.91)}$$

Nach *Ishii* (2003) gilt für das Verhältnis zwischen *sr* und α:

$$sr = \sqrt{\frac{\rho_L}{\rho_G}}\left(\frac{\sqrt{\alpha}}{1+75(1-\alpha)}\right)^{0,5} \qquad \text{(Gl. 9.92)}$$

Damit kann α iterativ bestimmt werden.

Außerdem kann der Volumenanteil α mit verschiedenen empirischen Modellen nach Baroczy, Turner-Wallis und Thom (Schröder, 2011) berechnet werden. Alle Modelle haben die gleiche Form, verwenden aber unterschiedliche Parameter.

$$\alpha = \frac{1}{1 + \left(\dfrac{1-x}{x}\right)^p \left(\dfrac{\rho_G}{\rho_L}\right)^q \left(\dfrac{\mu_L}{\mu_G}\right)^r} \qquad \text{(Gl. 9.93)}$$

Tabelle 9.9 Modellparameter zur Berechnung des Volumenanteils.

Modell	p	q	r
Baroczy	0,74	0,65	0,13
Turner-Wallis	0,72	0,4	0,08
Thom	1	0,89	0,18

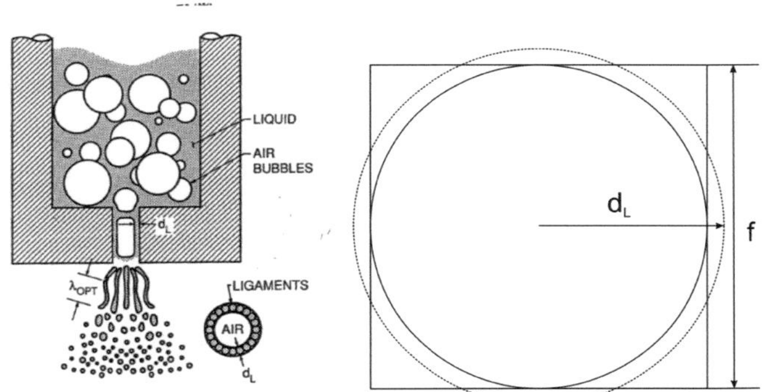

Abbildung 9.34: Flüssigkeitszerstäubung in einer Zweistoff-Düse (Schröder 2011).

Aus der Geometrie (Abbildung 9.34) ergibt sich:

$$\frac{d_G}{d_D} = \sqrt{\frac{\rho_L ALR}{\rho_L ALR + \rho_G sr}} = \sqrt{\alpha} \qquad \text{(Gl. 9.94)}$$

$$f = \frac{d_D - d_G}{2} \qquad \text{(Gl. 9.95)}$$

Die Oberfläche jedes Flüssigkeitszylinders muss äquivalent zur Fläche des Quaders sein.

$$\frac{\pi d_L^2}{4} = \left(\frac{d_D - d_G}{2}\right)^2 \qquad \text{(Gl. 9.96)}$$

$$d_L = \frac{d_D - d_G}{\pi} \qquad \text{(Gl. 9.97)}$$

Die Länge des Flüssigkeitszylinders ist nach Weber durch die optimale Wellenlänge festgelegt, wobei als weiterer Parameter die sogenannte *Ohnesorge-Zahl Oh* auftaucht.

$$Oh = \frac{\sqrt{We}}{Re} = \frac{\mu_L}{\sqrt{\rho_L \sigma d_L}} \qquad \text{(Gl. 9.98)}$$

Die Wellenlänge kann nach *Weber* (1933) berechnet werden:

$$\lambda_{opt} = \sqrt{2}\pi d_L \left(1 + \frac{3\mu_L}{\sqrt{\rho_L \sigma d_L}}\right)^{0,5} \qquad \text{(Gl. 9.99)}$$

Damit ist der Tropfendurchmesser d_{Tr} berechenbar:

$$d_{Tr} = \left[\frac{3}{2}\sqrt{2}\pi d_L^3 \left(1 + \frac{3\mu_L}{\sqrt{\rho_L \sigma d_L}}\right)^{0,5}\right]^{1/3} \qquad \text{(Gl. 9.100)}$$

Für die außenmischende Düse gibt es ebenfalls verschiedene Modellansätze. Nach *Walzel* (1990) ist der Sauter-Durchmesser:

$$\frac{d_{32}}{d_D} = C_3 \left[\frac{\Delta p_G^*}{(1+\mu_P)^2}\right]^m \left(1 + C_4 Oh^j\right) \qquad \text{(Gl. 9.101)}$$

mit der Flüssigkeitsbeladung μ_P (*1/ALR*), der *Ohnesorge*-Zahl *Oh*, dem Durchmesser des Flüssigkeitsaustritts d_D und der dimensionslosen Druckdifferenz:

$$\Delta p_G^* = \frac{\Delta p_G d_D}{\sigma} \qquad \text{(Gl. 9.102)}$$

C_3, C_4, m und j sind Anpassparameter für den Ansatz. Der Parameter *m* liegt zwischen -0,4 und -0,6 je nach Düsengeometrie. Mit C_3=0,35, C_4=2,5 und *j*=1 ergibt sich für die gemessenen Fälle gute Übereinstimmung. Durch Anpassung der experimentellen Daten der Düse im TVT-Technikum ergibt sich $m = -0,542$.

Nach *Mulhem* (2004) wird der Sauter-Durchmesser ähnlich berechnet:

$$\frac{d_{32}}{d_D} = 0,21 \cdot Oh^{0,0622} \left(We_{aero} \cdot ALR\right)^{-0,4} \qquad \text{(Gl. 9.103)}$$

$$We_{aero} = \frac{\rho_{Luft} d_D u_{rel}^2}{\sigma_L} \qquad \text{(Gl. 9.104)}$$

u_{rel} ist die Relativgeschwindigkeit zwischen Gas und Flüssigkeit am Düsenaustritt. Dabei tritt das Gas meistens Schallgeschwindigkeit aus der Düsenmündung aus, so dass die relative Geschwindigkeit an der Mündung ca. 300 m/s beträgt. Die Schallgeschwindigkeit an der Mündung wird berechnet durch:

$$a_{krit} = \sqrt{\frac{2}{\kappa+1}} \cdot a_{vor} = \sqrt{\frac{2}{\kappa+1}} \cdot \sqrt{\kappa \cdot R \cdot T_{vor}} \qquad \text{(Gl. 9.105)}$$

Die Betriebsbedingungen bzw. Stoffdaten der Polymer-Wasser-Lösung bei der Eintrittstemperatur von 80 °C sind in Tabelle 9.10 gegeben.

Tabelle 9.10: Randbedingungen des Granulationsversuches von Hochbett.

	Lösung 1	**Lösung 2**
Massenstrom DL [kg/h]	4,6	4,6
Massenstrom Polymer [kg/h]	2,3	2,3
Feststoffgehalt [-]	0,42	0,35
Oberflächenspannung [mN/mm]	58,0	59,6
Viskosität [mPa·s]	163,0	47,1

Die Oberflächenspannung wurde mit Hilfe eines Ringtensiometers der Firma *Lauda* gemessen. Die Viskosität wurde bei verschiedenen Temperaturen und Konzentrationen mit einem Rheometer bestimmt.

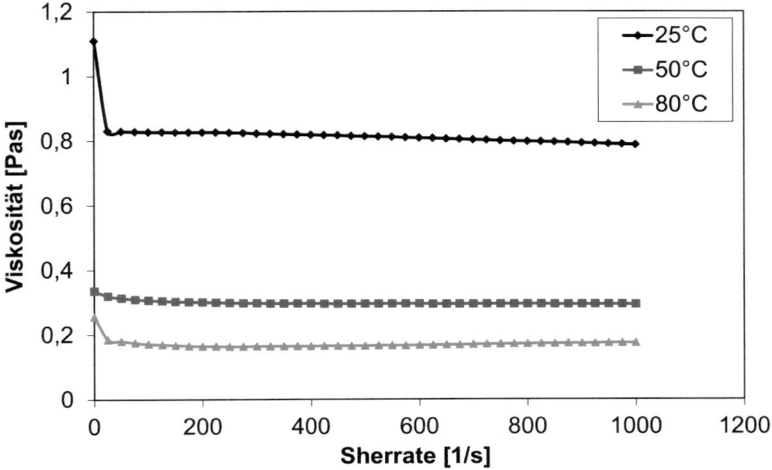

Abbildung 9.35: Viskosität einer 42%-igen (Gew.-%) Polymer-Wasser-Lösung.

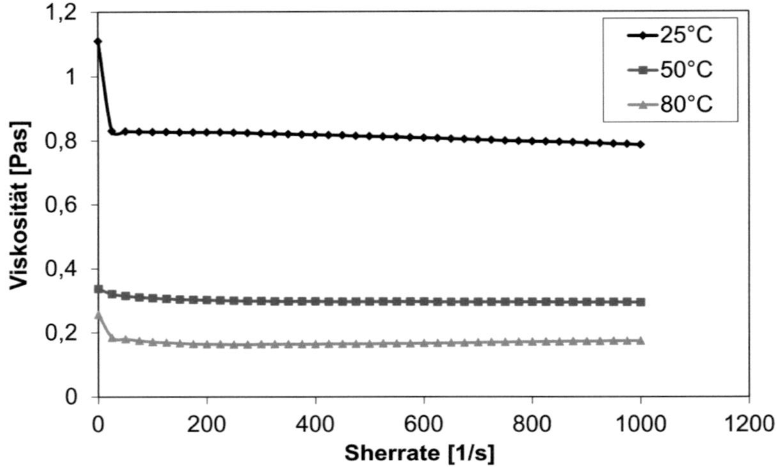

Abbildung 9.36: Viskosität einer 35%-igen (Gew.-%) Polymer-Wasser Lösung.

Aus den obigen Modellen kann dann der mittlere Tropfendurchmesser be-rechnet werden.

Tabelle 9.11: Mit verschiedenen Modellen berechnete Tropfendurchmesser für eine 35%-ige Polymer-Lösung mit den in Tabelle 9.10 gegebenen Parametern.

Modell	α [–]	Oh	d_L [µm]	d_{Tr} [µm]
Ishii	0,9892	2,37	5,78	15,41
Baroczy	0,9838	2,49	5,21	14,01
Turner-Wallis	0,9432	3,33	2,92	8,20
Thom	0,9968	2,31	6,07	16,13
Walzel		0,158		9,16
Mulhem				7,56

Tabelle 9.12: Mit verschiedenen Modellen berechnete Tropfendurchmesser für eine 42%-ige Polymer-Lösung mit den in Tabelle 9.10 gegebenen Parametern.

Modell	α [–]	Oh	d_L [µm]	d_{Tr} [µm]
Ishii	0,9894	8,21	5,69	18,39
Baroczy	0,9814	8,82	4,93	16,10
Turner-Wallis	0,9325	11,2	3,06	10,40
Thom	0,9955	7,62	6,6	21,08
Walzel		0,555		15,4
Mulhem				8,18

Abbildung 9.37 zeigt die berechneten Tropfengrößen (42 %-Lösung) als Funktion des air-liquid-ratios *(ALR)*. Mit zunehmendem *ALR* werden die Tropfen kleiner. Bei einem *ALR* größer als 2 fallen die berechneten Tropfendurchmesser aus allen Modellen bis auf Walzel (1990) mit $m = -0,4$ zusammen, sowohl für innen- als auch für außenmischende Düsen.

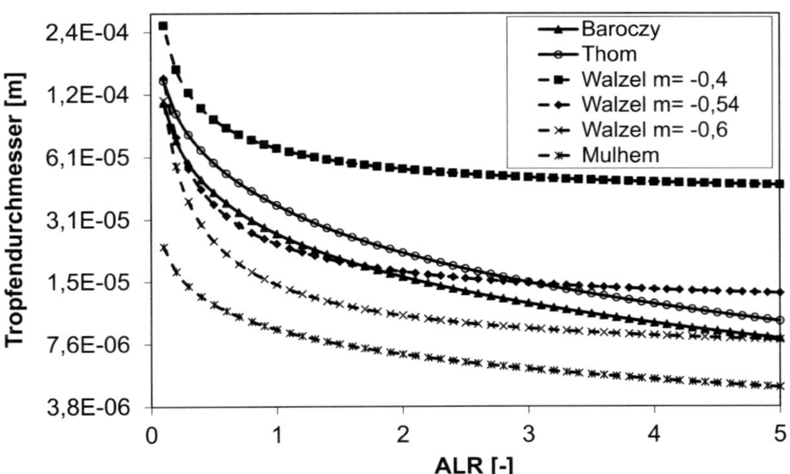

Abbildung 9.37: Zusammenfassung der berechneten Tropfendurchmesser mit verschiedenen Modellen.

Laut der Literatur (Schröder, 2011) eignet sich das Baroczy-Modell am besten für die Zerstäubung einer Polymer-Wasser Lösung. Also wird hier der Tropfendurchmesser in erster Näherung zu 15 µm für die verdünnte Lösung (35%) und 20 µm für die nicht verdünnte Lösung (42%) abgeschätzt.

9.18.4 Tropfengeschwindigkeitsrechnung mittels DPM

In diesem Versuch beträgt das Verhältnis von Zerstäubungsluft zu Feed-Flüssigkeit 1,83 (*ALR*). Die Tropfengeschwindigkeit erreicht 3,5 mm oberhalb der Düsenmündung nicht die Luftgeschwindigkeit. Daher wird die Tropfengeschwindigkeit mithilfe einer DPM (Discrete Phase Model)-Simulation (*Fluent*) bestimmt. Die mittlere axiale Geschwindigkeit beträgt 90 m/s, die radiale Geschwindigkeit 26,1 m/s und die tangentiale Geschwindigkeit 32,4 m/s. Damit ist der Vektor der Tropfengeschwindigkeit (1, 0,29, 0,36). Der Betrag der Tropfengeschwindigkeit ist in Abbildung 9.38 dargestellt.

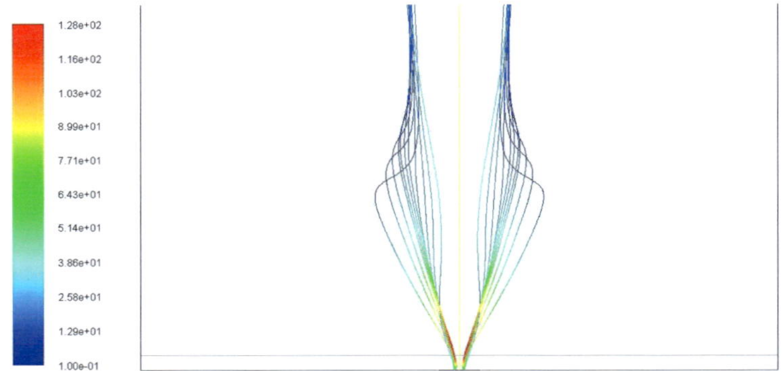

Abbildung 9.38: *Betrag der Tropfengeschwindigkeit in m/s mittels DPM.*

9.19 Simulation eines Wurster-Coaters

Ein weiteres Beispiel geht um einen Wurster-Coater, welcher häufig in der pharmazeutischen Industrie verwendet wird. Der Wurster Coater gehört auch zur Art des Bottomsprays, jedoch ist ein Wurster-Rohr (Abbildung 9.39) vorhanden, damit die Partikel sich in der Wirbelschicht gerichtet bewegen. Nach Angaben in der Literatur (Fries, 2011) hat der Abstand zwischen dem Wurster-Rohr und dem Boden h_{gap} einen großen Einfluss auf die Fluiddynamik in der Wirbelschicht. Daher wurde in dieser Simulation der Abstand h_{gap} 10 mm, 20 mm und 30 mm variiert.

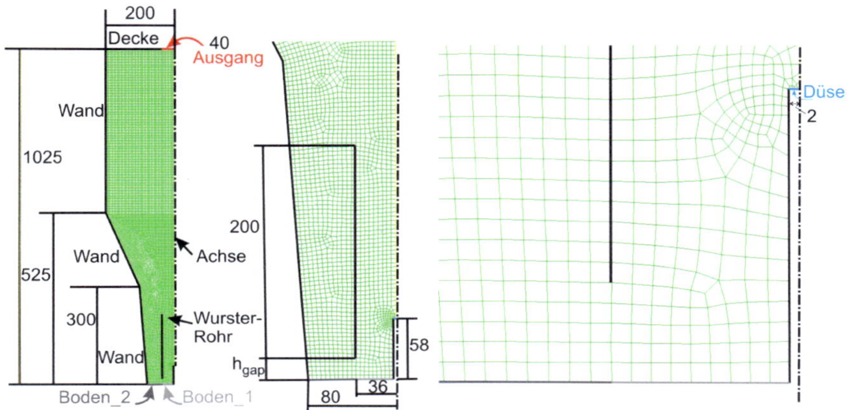

Abbildung 9.39: Geometrie und Rechengitter des gerechneten Wurster-Coaters.

Eine Masse von 940 g Partikeln mit einer monomodalen Verteilung wurde für die Simulation als Bettvorlage vorgegeben. Der Durchmesser d_{30} betrug 3 mm. Zur Simulation wurden 2 **Nodes** verwendet. Die Massen der beiden Nodes wurden zum Test gleich eingesetzt, daher liegen die zwei Abszissen bei 2,5 mm und 3,373 mm und die zwei Wichtungen bei 0,71 und 0,29. Die Partikeldichte wurde mit 1500 kg/m^3 angenommen. Diese Dichte entspricht der von porösen Al$_2$O$_3$ Partikeln (Fries, 2011). Die hier verwendeten Modelle und Modellparameter sind bis auf den Restitutionskoeffizient identisch wie die in Tabelle 3.3 beschriebenen. Der Restitutionskoeffizient wurde hier 0,8 nach Fries (2011) eingesetzt.

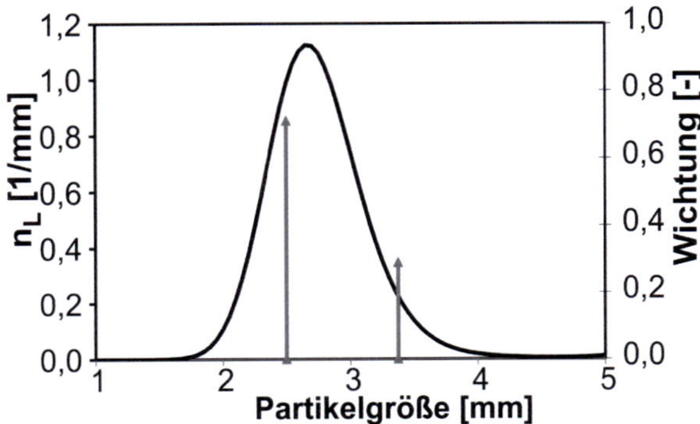

Abbildung 9.40: Verteilung der Bettvorlage, Wichtungen und Abszissen bei 2 Nodes.

Die Randbedingungen sind in Tabelle 9.13 aufgelistet. Die Geschwindigkeiten auf dem Boden 1 und dem Boden 2 betragen jeweils 8 m/s (7,7·u_{mf}) und 3 m/s (2,9·u_{mf}). Die Luftgeschwindigkeit hinter der Düsenmündung beträgt 160 m/s.

Tabelle 9.13: Randbedingungen für die Rechnungen des Wurster-Coaters.

Fluiddynamik	Rand	Massenstrom [kg/s]	Temperatur [°C]
	Boden_1	0,037	80
	Boden_2	0,055	80
	Düse	0,0024	30
Tropfenab-scheidung	Düse (Tropfen)	0,001 ($x_{FS,Sus}$=0,35)	30
Trocknung	Düse (Tropfen)	7,78e-4 ($x_{FS,Sus}$=0,35)	30

Abbildung 9.41 zeigt die Volumenanteile der kleineren und größeren Partikel bei unterschiedlicheren h_{gap}. Es zeigt sich, dass mit zunehmender Spalthöhe h_{gap} sich der Düsenstrahl verlängert.

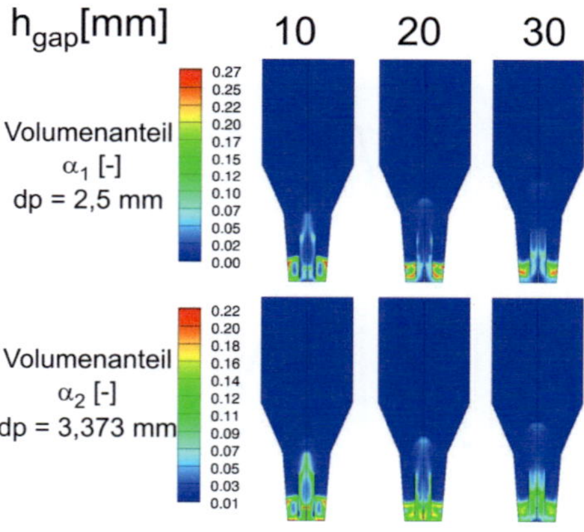

Abbildung 9.41: Volumenanteile der kleineren und größeren Partikel bei unterschied-lichen Spalthöhen h_{gap}.

Die dargestellten Geschwindigkeitsprofile im Düsenstrahl können diesen Effekt auch bestätigen (Abbildung 9.42). Die Geschwindigkeiten wurden an der Stelle 230 mm oberhalb des Bodens über 20 s (40 – 60 s Prozesszeit, je 0,5 s) gemittelt. Die Geschwindigkeit steigt bei höherer Spalthöhe h_{gap} an derselben Stelle für die beiden Partikelphasen. Außerdem ist der Volumenanteil der kleineren Partikel im Wurster-Rohr deutlich kleiner als der von den größeren Partikeln. Das liegt an der höheren Luftgeschwindigkeit im Wurster-Rohr.

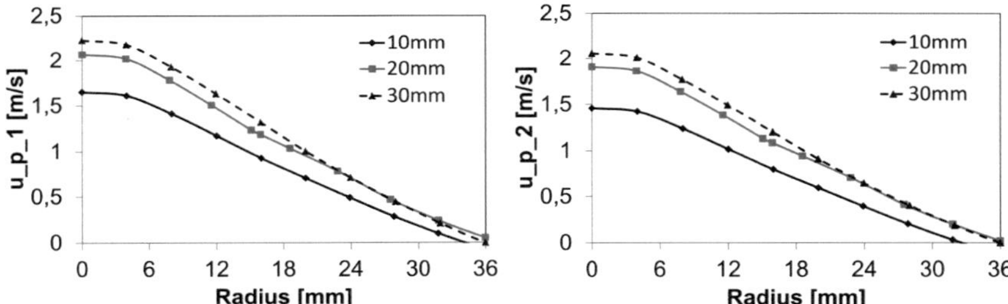

Abbildung 9.42: Geschwindigkeiten der kleineren (links) und größeren (rechts) Partikel auf einer Ebene 230 mm oberhalb des Bodens (entspricht 172 mm oberhalb der Düsenmündung) bei unterschiedenen h_{gap}.

Die Tropfenabscheidung wurde analog Kapitel 5.3.1 gerechnet. Die Ergebnisse sind in Tabelle 9.14 zusammengefasst. Bei diesem Fall ist der gesamte Abscheidegrad niedrig (ca. 45%). Das geht auf den großen Partikeldurchmesser zurück, da je größer der Durchmesser, desto kleiner die zur Tropfenabscheidung zur Verfügung stehende Oberfläche bei der gleichen Masse ist. Außerdem hat man festgestellt, dass mit zunehmendem h_{gap} der Massenstrom der Tropfenabscheidung auf den kleineren Partikeln abnimmt, sowie das Verhältnis der Wachstumsrate zwischen Node 1 zu Node 2.

Tabelle 9.14 Tropfenabscheidung und Wachstumsrate bei unterschiedenen h_{gap}.

	h_{gap} [mm]	Node 1	Node 2	η_{total}
Massenstrom **[10^{-4} kg/s]**	10	1,89	2,62	0,452
	20	1,80	2,69	0,449
	30	1,67	2,62	0,429
Wachstumsrate **[µm/min]**				**Verhältnis**
	10	7,05	13,19	1,87
	20	6,9	13,44	1,95
	30	6,2	13,18	2,12

Abbildung 9.43 verdeutlicht die Wachstumsraten der beiden Phasen. Die größere Partikel wachsen deutlich schneller als die kleinere Partikel. Die Wachstumsrate der kleineren Partikel nimmt mit zunehmender h_{gap} ab.

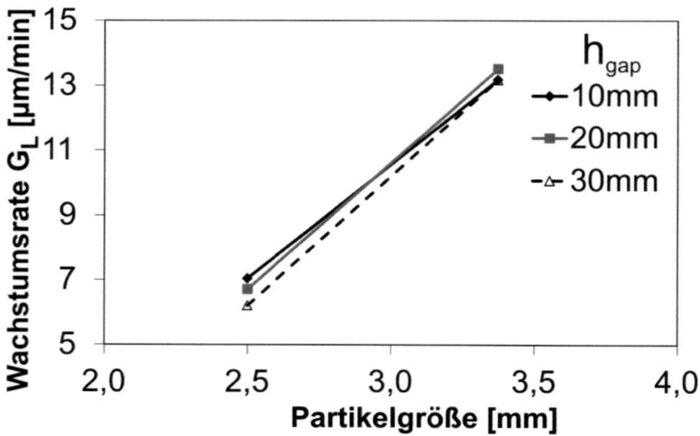

Abbildung 9.43: Wachstumsraten der Partikeln bei verschiedenen h_{gap}.

Das liegt wiederum in der Fluiddynamik in der Wirbelschicht begründet. Das Wurster-Rohr verhält sich hier wie ein Sieb. Die größeren Partikel werden bevorzugt in das Wurster-Rohr eingesaugt, insbesondere im bodennahen Bereich aufgrund der Segregation der Partikeln. Dieser Effekt kann gut bei der Simulation beobachtet werden. Abbildung 9.44 zeigt die flächenbezogenen Massenströme der zwei Partikelphasen entlang h_{gap} beim Fall h_{gap} = 30 mm. Diese Massenströme sind ebenfalls über 40 - 60 s Prozesszeit je 0,5 s gemittelt. In Bodennähe sind beide Massenströme höher als die in der Nähe von der unteren Kante des Wurster-Rohrs. Die mittleren Massenströme der beiden Phasen betragen 15,07 und 21,32 kg/m^2/s.

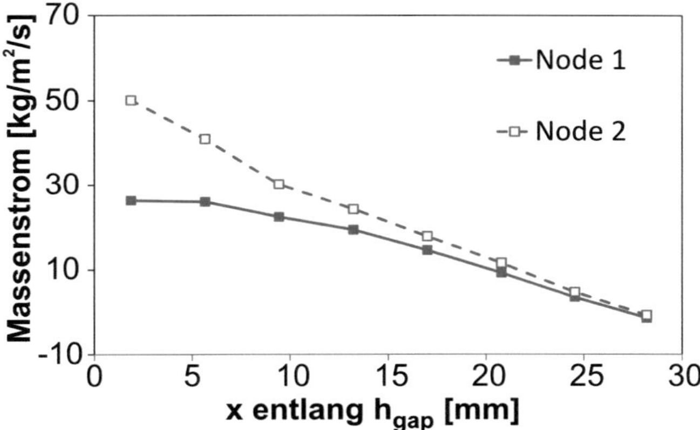

Abbildung 9.44: Flächenbezogene Massenströme der zwei Partikelphasen entlang h_{gap} beim Fall h_{gap}=30 mm.

Zusätzlich wurde das Temperaturfeld im Wurster-Coater simuliert. Abbildung 9.45 zeigt die Temperaturkontur der Gasphase, der Partikelphasen und der Tropfenphase in dem Wurster-Coater für den Fall h_{gap}=30 mm. Die Temperatur der Partikelphase in dem bodennahen Bereich ist leicht höher als in dem Düsenstrahl, da die Partikel aufgrund der Tropfenabscheidung oberhalb der Düse nass sind. Aufgrund der Tatsache, dass die Filmoberflächentemperatur niedriger als die Partikeltemperatur ist, wird die Partikelphase während der Verdampfung gekühlt. Die gekühlten Partikel fallen zurück auf das Bett und vermischen sich mit den Partikeln in dem Bett. Die Wassergehalte in der Gasphase (als Dampf) und in den beiden Partikelphasen sowie in der Tropfenphase sind ebenfalls in Abbildung 9.45 dargestellt. Aufgrund des geringeren gesamten Abscheidegrads der Tropfen verdampft ein großer Teil des Wassers direkt aus Tropfen zu Dampf. Die Tropfenphase hat in Düsennähe eine niedrige Temperatur, da während der Trocknung die Tropfen erst gekühlt werden. Während der Flugbahn werden die Tropfen aufgewärmt, da die Umgebungstemperatur steigt.

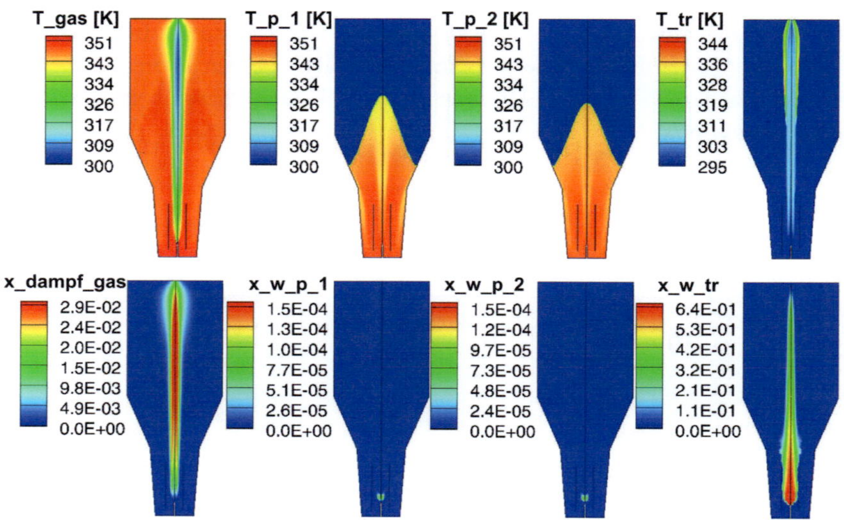

Abbildung 9.45: Temperaturkonturen der Gas-, Partikel- und Tropfenphase und Wassergehalt in der Gas-, Partikel- und Tropfenphase beim Fall $h_{gap}=30$ mm.

Obige Beispiele zeigen, dass das in dieser Arbeit entwickelt Modell den Wurst-Coater beschreiben kann. Allerdings sind diese Rechnungen nicht experimentell validiert.

9.20 Weitere Rechnungsmöglichkeiten für das Gas-Partikel System

Außer TFM sind verschiedene Methode mithilfe der Euler-Lagrange Methode vorhanden, um die Fluiddynamik in einer Wirbelschicht zu beschreiben. Für die hydrodynamischen Rechnungen der Wirbelschicht werden z. B. CFD-DEM (coupled Computational Fluid Dynamics and Discrete Element Method) und MPPIC (Multiphase Particle In Cell) häufig verwendet.

9.20.1 CFD-DEM

Die Vorteile, Nachteile bzw. die Grundlage und Anwendungen von CFD-DEM sind in der Literatur behandelt, welche auch in Kapitel 1.1 diskutiert wurden. Zur Zeit steht verschiedene kommerzielle Software (*EDEM-Fluent, StarCD*) bzw. Open source code (*CFDEM* mit Kopplung zwischen *Lammps* und *OpenFoam, MFIX*) zur Verfügung. Eine Rechnung mit CFDEM wird als Beispiel gezeigt. Die Geometrie bzw. Randbedingungen werden in Tabelle 9.15 dargestellt.

Tabelle 9.15: Geometrie und Randbedingungen für die CFD-DEM Simulation.

Geometrie	Länge [mm]	Breite [mm]	Höhe [mm]
	300	50	600
Partikel	Anzahl	Dichte [kg/m^3]	Durchmesser [m]
	36000	2000	0,005
Gas am Boden	U_{leer} [m/s]	Vektor	Dichte [kg/m^3]
	3	[0 0 1]	1,2 (konst.)

Die Partikel werden am Anfang im Bereich z = 0 bis 200 mm bei einer Porosität von 0,476 vorgegeben. Danach beginnt die Rechnung. Als Widerstandmodell wird hier das Modell von Gidaspow (1994) verwendet. Der Restitutionskoeffizient wird zu 0,9 gesetzt. Die Kollision zwischen beiden Partikeln wird mithilfe des Hertz-Modells simuliert. Das Verhältnis zwischen der Aktualisierungszeit von DEM-Rechnung t_{dem} und der von CFD t_{cfd} beträgt 10. Das liegt dran, dass die Kollisionszeit zwischen den Partikeln viel kleiner als der CFD-Zeitschritt ist. In Abbildung 9.46 sind die Partikelposition bzw. daraus sich ergebender Luftanteil dargestellt. Die Partikel fallen am Anfang zu einer relativ dichten Packung und dann verwirbeln sie sich aufgrund der Fluidisationsluft. Die Blasenbildung von der Wirbelschicht ist deutlich zu sehen. Da CFD-DEM weniger Modelle bzw. Modellparameter braucht, ist CFD-DEM wesentlich genauer als das TFM. Daher bietet CFD-DEM eine gute Möglichkeit, die TFM zu kalibrieren.

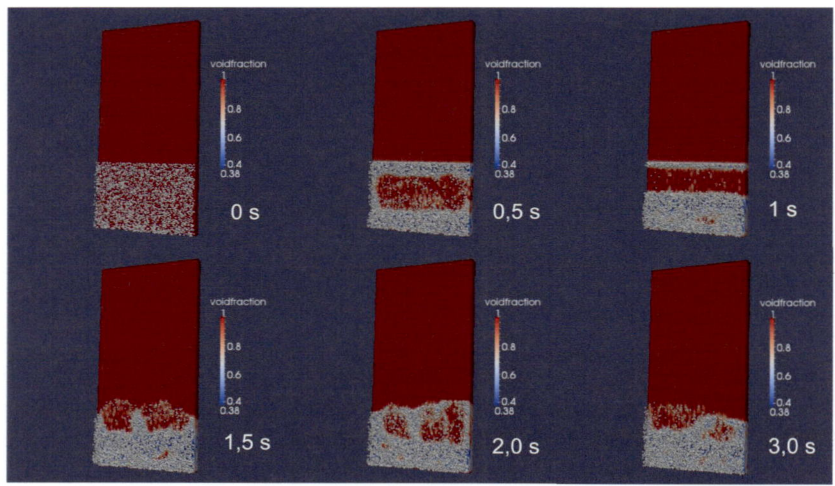

Abbildung 9.46: Simulierte Partikelposition und Volumenanteil mittels CFD-DEM Methode.

9.20.2 Multiphase Particle in Cell (MPPIC)

Zur Überwindung der Zeitaufwendigkeit der CFD-DEM bzw. zur Verbesserung der Genauigkeit vom TFM werden die Methode Multiphase Particle in Cell (MPPIC) vorgestellt. Analog zu Discrete Phase Model (DPM), werden die Partikel nach der Gruppe (Parcel) getrackt. D. h. jede gerechnete Partikel bezeichnet eine Gruppe von Partikeln. Damit wird der Rechenaufwand dramatisch reduziert. Ein anderer Vorteil ist, dass die Partikelgrößenverteilung auch berücksichtigt werden können. Schwierigkeit in solchem Modell ist die Berechnung der Wechselwirkungen zwischen den Partikeln. Die Beschleunigung der Partikel wird wie folgt beschrieben:

$$\frac{du_p}{dt} = F_D\left(u - u_p\right) + \frac{g\left(\rho_p - \rho\right)}{\rho_p} - \frac{1}{\rho_p}\nabla p - \frac{1}{\rho_p}\nabla \cdot \overline{\overline{\tau}}_s \qquad \text{(Gl. 9.106)}$$

Zwei Methoden sind für die Wechselwirkungen zwischen den Partikeln vorhanden. Nach Snider (2001) können diese Wechselwirkungen durch eine Schubspannung an den Partikeln mit dem Modell von Harris and Crighton (1993) beschrieben werden:

$$\overline{\overline{\tau}}_s = \frac{P_s \alpha_s^\beta}{max\left(\alpha_{max} - \alpha_s, \varepsilon\left(1 - \alpha_s\right)\right)} \qquad \text{(Gl. 9.107)}$$

mit

P_s Feststoffdruck (als Konstant)

α_s Volumenanteil des Partikels

α_{max} Packungslimit

ε kleine Zahl (z. B. 10^{-7}), um die Scherspannung gegen unendlich bei α_s gegen α_{max} zu vermeiden.

β Parameter ($2 \leq \beta \leq 5$)

Diese Betrachtungsweise wurde in einer kommerziellen Software *Barracuda* implementiert.

In einem anderen Modell werden die Wechselwirkungen zwischen den Partikeln in einer Zelle direkt mithilfe der TFM berechnet. Diese sogenannte Dense Discrete Phase Model (DDPM) wurde in der kommerziellen Software *Fluent* implementiert. Eine Testrechnung wurde für DDPM gerechnet. In dieser Rechnung wurde eine quaderförmige Wirbelschicht (600 X 100 X 500 mm) verwendet. Eine Trennwand ist in der Mittel der Anlage gebaut. Die untere Kante der Wand hat einen Abstand von 100 mm zu dem Boden. Am Anfang wurden zwei Arten von Partikeln mit gleicher Anzahl ($\sim 1{,}2 \cdot 10^{6}$) aber unterschiedlichen Durchmessern (1 mm bzw. 2 mm) vorgegeben. Jede Partikel Parcel (Gruppe) enthält entsprechend 10,1 echte Partikel. Daher werden insgesamt 240000 Parcels, für jede Partikelart 120000, berechnet. Die gesamte Masse von der Partikelphase beträgt 9,72 kg. Die Partikel werden zu einer Höhe von 200 mm am Anfang gepatched, dann ergibt sich einen Volumenanteil der Partikelphase von 0,48. Detaillierte Einstellungen sind in Tabelle 9.16 zusammengefasst. Die Rechenergebnisse nach 0,6 s ist in Abbildung 9.47 dargestellt. Die Blasebildung von der Wirbelschicht ist auch deutlich zusehen. Aufgrund der Trennwand ist der Volumenanteil von Partikeln höher als in Bulk der Wirbelschicht und der Volumenanteil erreicht fast das Packungslimit.

Tabelle 9.16: Geometrie und Randbedingungen für die DDPM Simulation.

Geometrie	Länge [mm]	Breite [mm]	Höhe [mm]
	600	100	500
Partikel	Anzahl	Dichte [kg/m^3]	Durchmesser [m]
	$1{,}213 \cdot 10^6$	1700	0,001
	$1{,}213 \cdot 10^6$	1700	0,002
Gas am Boden	U_{leer} [m/s]	Vektor	Dichte [kg/m^3]
	1	[0 0 1]	1,2 (konst.)

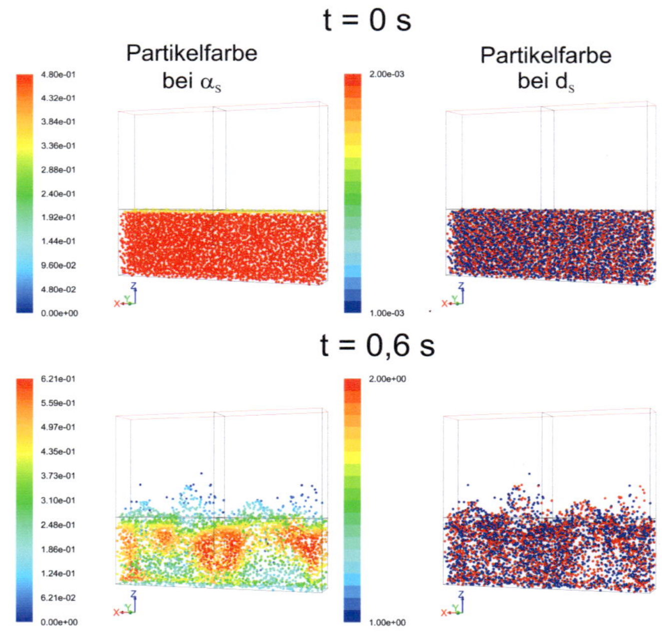

Abbildung 9.47: Simulation zwei gemischter Partikelphasen in einer Wirbelschicht mittels DDPM.

Diese Methode hat eine gute Anwendbarkeit zur Simulation der Fluiddynamik in einer Wirbelschicht Riser (Cloete, 2010). Diese Methode könnte theoretisch die Fluiddynamik der polydispersen Partikelphase auch gut beschreiben, allerdings fehlt es noch weitere Untersuchungen und experimentelle Validierungen für die Modelle.